フードビジネスの社会史

茂木 信太郎 著

時潮社

はじめに

　本書は、食の近現代史を扱ったものである。
　筆者は、昭和に生まれ育った世代である。子どものころには家の中に冷蔵庫はなかった。小学生高学年になって氷冷蔵庫が置かれると、"氷"を買いに行って持ち帰るのが"お手伝い"であった。マクドナルドやすかいらーく（ガスト）などのチェーンレストランもなく、これらは青年期に突然に現れた。スーパーマーケットはこのころから話題となりつつあったが、多くの国民の食卓を支えていたのは街場の商店街、食料品店であった。
　いま、私たちの家庭には冷凍冷蔵庫があり、町にはチェーンレストランがある。スーパーマーケットも生活圏内にいくつもあるし、それ以上にコンビニエンスストアがある。
　昭和から平成、令和へと、あるいは20世紀から21世紀へと、明らかに食の世界は大きく変貌を遂げている。こうした私たちの食の変化は、いつどのようにして起こったのであろうか。
　世に食をテーマとした書物はたくさんある。そのなかで本書は、社会の変化という観点から食を語ってみようというところに特徴がある。

　本書は、4部で構成されている。
　第1部は、日本の戦後（昭和）に起こった食の大変化を扱う。二つの国家イベントが立役者だ。1964（昭和39）年東京オリンピックと、その6年後1970（昭和45）年大阪万国博覧会。これらの開催のインパクトは絶大であった。大型宴会場付き都市ホテルが次々と建設され、全国各地に"洋食レストラン"が波及した。東京オリンピック開催の成果である。大阪万国博覧会はチェーンレストランが次々と登場するきっかけと動機を与えた。いったい何故そうなったのか。
　第2部と第3部は、日本の食生活のモデルとなったアメリカの食生活の変化に立ち入った。
　第2部は、アメリカの食が19世紀から20世紀にかけてどのようにして形成されたのかということを論じた。人類史上初めて肉食社会が登場したが、ア

メリカであった理由が二つある。"牛"と"氷"だ。"牛"と"氷"がアメリカの食を決定した。「コロンブスの交換」で新大陸に持ち込まれた"牛馬"は大繁殖して、アメリカ社会の主役となる。このうち食の対象としては"牛"である。"馬"が自動車社会を求めた最も切実な動機だった話は第3部です。アメリカに「氷」産業が発展するのは、機械を使って「天然氷」を大規模採取する事業が発展したからだ。「天然氷」産業は第一次大戦後に消滅するので、いまでは議論もないが、往時「天然氷」はアメリカの代表的な輸出品であった。

第3部は、食の流通機構の形成を追った。いったい大量流通の仕組みはどこで、どのような条件で、誰（人、企業）に担われて、出来てきたのか。産業革命は、これまでにはない破格の大量生産を可能とした。その販路のために大量流通の仕組みがなければならない。そして、大量流通には、大量消費を実践する消費者があらかじめ登場していなくてはならない。大量生産と大量流通と大量消費は鼎（かなえ）構造で、どれを欠いても実現できない。アメリカで揃い踏みした。食も然りだ。

第4部は、もう一度、日本の今の食に接近する。主なプレイヤーとして、"兵食"、スーパーマーケット、コンビニエンスストアが登場する。国策としての"兵食"は、和食すなわち米食とみそ汁と総菜を同卓配置する日本型食生活の基本形をつくり上げた。スーパーマーケットは、第二次大戦後にアメリカからやってきたが、まもなく"現地化"して、私たちの食生活の基盤となった。少し遅れてコンビニエンスストアも同様の軌跡を歩んだ。アメリカからの移植と"現地化"の鬩（せめ）ぎ合いの渦中にわれわれの食がある。

本書は、以上4部立てであるが、それぞれ16、14、15、13の節が設けられている。各節で完結して読めるので、読者は、自分の気になる節を随意に取り出して読んでいただいてよいかと思う。

筆者の思いは、食は社会のシステムとして供給され消費されているということである。社会が大きく揺らいでいるならば、食をめぐる環境も揺らいでいる。私たちの食の今とこれからを考えるときに、本書で論じたところは何かしらヒントになるところがあると思うのである。

『フードビジネスの社会史』目次

第1部　コールドチェーンの食　日本ことはじめ

　1節　東京オリンピックの選手村食堂計画　*9*
　2節　GHQ接収と「帝国ホテル」料理人　*16*
　3節　ヨーロッパ料理修行と柔道　*23*
　4節　シベリアでの料理修行　*29*
　5節　「東京ステーションホテル」と機内食　*33*
　6節　オリンピック選手村食堂の四つの課題　*39*
　7節　アメリカ「第五空軍」と「メニュープランニング」　*44*
　8節　ホテル業界の大変革と大躍進　*49*
　9節　食のバイブル「コールドチェーン勧告書」　*54*
　10節　大阪万国博覧会のフードサービス　*59*
　11節　「ロイヤル」の決断と取組み　*64*
　12節　アメリカ料理の一斉上陸　*69*
　13節　「マクドナルド」の食材規格　*74*
　14節　「ペガサスクラブ」と「すかいらーく」　*81*
　15節　資本の自由化と外資の参入　*86*
　16節　セントラルキッチンのシェフ　*93*

第2部　アメリカ食の形成

　17節　「トヨタ」の「スーパーマーケット方式」　*101*
　18節　「フォードシステム」の原点、食肉加工と通信販売　*106*
　19節　イギリス政府調査団が発見した「アメリカン・システム」　*111*
　20節　ナポレオンが求めた新発明　*116*
　21節　缶詰がアメリカの食卓を席巻する　*121*
　22節　「缶詰スキャンダル」　*126*
　23節　「バイソン」肉食から「牛」肉食へ　*131*
　24節　アメリカの錬金術　キャトルドライブ　*136*
　25節　「シンシナティ方式」と食肉産業　*141*
　26節　大量「牛肉」の配送機構　*146*
　27節　アメリカの「氷」産業　*150*

28節　「氷」産業と農業革命　*155*
29節　「ボストン氷」と「函館氷」　*160*
30節　「プルマン」食堂車と「ハーベイハウス」　*165*

第3部　「安全」「栄養」「経済」のアメリカの食

31節　「中産階級」の食文化　*173*
32節　アメリカの「家庭と台所」　*178*
33節　「百貨店」の小売革命　*182*
34節　「通信販売」と耐久消費財　*187*
35節　「商品取引所」と「卸売商」　*192*
36節　「チェーンストア」　*196*
37節　都市と衛生　*200*
38節　「安全」と「栄養」と「経済」の食　*205*
39節　大衆消費社会の登場　*210*
40節　自動車と電気冷蔵庫　*214*
41節　「スーパーマーケット」の誕生　*219*
42節　第二次世界大戦と「冷凍食品」　*224*
43節　「レビットタウン」とアメリカの戦後　*229*
44節　テレビの時代と「TVディナー」　*234*
45節　「ルート66」とロードサイドビジネス　*239*

第4部　日本の近代食と現代食

46節　徴兵制と日本食の形成　*247*
47節　「兵食」と大量炊飯　*252*
48節　連合艦隊と特務艦艇　*257*
49節　給糧艦『間宮』と特務艦『はまな』　*264*
50節　日本初のスーパーマーケット「紀ノ国屋」　*270*
51節　「ダイエー」と冷凍食品売場　*282*
52節　「ダイエー」と中内㓛の栄枯盛衰　*287*
53節　卸売市場と日本型「スーパーマーケット」　*299*
54節　「セブン-イレブン」1号店とリーチイン・クーラー　*306*
55節　「中食」とコンビニエンスストア　*319*
56節　コロナ禍で変わった食市場　*332*

あとがき　*339*

第1部
コールドチェーンの食　日本ことはじめ

【主な登場人物】

大蔵 喜七郎（バロン・オークラ）「帝国ホテル」・「ホテルオークラ」創業者
村上 信夫　「帝国ホテル」新館料理長
馬場 久　「日活ホテル」総料理長
福原 潔　「第一ホテル」料理長
クロフォード・F・サムス　アメリカ陸軍軍医（GHQ公衆衛生福祉局長）
川石 酒造之介　フランス柔道連盟十段
江頭 匡一　「ロイヤル」
野間口 英喜　「東京ステーションホテル」（ティエフケー）
塩月 弥栄子　茶道裏千家
白鳥 浩三　「上高地帝国ホテル」総料理長
平野 赳　「日露漁業」副社長
ハワード・ジョンソン　「ハワード・ジョンソン」
クレランス・バンビー　アメリカ飼料協会会長（農務次官）
相澤 徹　「三菱商事」シカゴ支店長代理兼食料部長（副社長）
藤田 田　「日本マクドナルド」
レイ・クロック　「マクドナルド」
フレッド・ターナー　「マクドナルド」（ドレーク大学医学進学過程中退）
ジューン・マーティノ・ソンボーネ　「マクドナルド」（陸軍通信隊員、電気工事店主）
渥美 俊一　「ペガサスクラブ」主宰（読売新聞記者）
堤 清二　「西武百貨店」（セゾン・グループ）
松田 瑞穂　「吉野家」
横川 端　「すかいらーく」会長
横川 竟　「すかいらーく」専務
番場 善勝　「三井倶楽部」料理長（すかいらーく）
金子 純一　「ライフ・エンジニアリング」技術部長（すかいらーく）

1節　東京オリンピックの選手村食堂計画

代々木選手村

　第二次大戦終結（1945（昭和20）年）の19年後、1964（昭和39）年に東京で第18回オリンピック競技大会が開催されることとなった。敗戦によりGHQ（連合国軍総司令部）の占領下におかれた日本がサンフランシスコ講和会議で49ヵ国と対日講和条約に、かつ日米安全保障条約に調印したのが1951（昭和26）年9月8日、翌1952（昭和27）年4月28日に主権を回復しGHQの統治が終了してから12年後である[(1)]。

　オリンピック開催にあたっては、「大会に参加する選手役員が、大会前後の期間を通じて、国際的な共同生活を行う場を提供すること」が義務付けられている。いわゆる選手村の設営と運営である。オリンピック開催に当たっては、各種競技場の確保と並んで、選手村を何処にどのように確保するかということは一義的に重要な課題である。

　オリンピックの東京招致が決まって、政府は「埼玉県朝霞の在日アメリカ軍の宿舎キャンプドレイク南側地帯を選手村建設予定地と決め」、道路など国や都の関連施策を強力に進めた。そうして1961（昭和36）年5月、日本政府が「朝霞のキャンプドレイク」の返還を要求したところ、アメリカ側から「代々木のワシントンハイツ」を全面返還してもよいとの逆提案があった。日本政府側は、これをいったん退けはしたが、諸々の検討と対策を経て、「同年10月に選手村を朝霞から代々木のワシントンハイツに変更することにし、以後ここを"代々木選手村"と呼ぶこととした」。

　「ここは第2次世界大戦が終るまで、陸軍の代々木練兵場であったが、戦後は在日アメリカ軍の家族宿舎が建てられて、住宅区域とされたところである。都心には珍しく緑の樹木に囲まれた広大な土地で、ここに建てられている多数の洋風住宅は、選手村の宿舎として最適であると考えられた。競技会場や練習会場との地理的な関係も適当であった」。

　1962（昭和37）年に入ると、ワシントンハイツの一部を「オリンピックの

ためのテレビセンター」にしたいという要望が日本放送協会（NHK）から寄せられ、「オリンピック史上初の"衛星中継"」という提案が効いて翌年3月、テレビセンター用地割譲が決まった（現NHK放送センター）。こうして、「最終的に、代々木選手村の規模は約66万㎡の敷地面積に決定した」。当世風の比喩表現で「東京ドーム」（建築面積4万6,755㎡）14個分余である。

なお、選手村は、競技場との距離および輸送事情を勘案して、代々木選手村に加えて4か所の分村（八王子、大磯、相模湖、軽井沢）が設営されている。

東京オリンピックの競技期間は、10月10日（開会式）から10月24日（閉会式）までの15日間であるが、開村式は9月15日で翌日から入村が始まり、退村者最終日は11月3日であった。入村者数（毎日11時でチェックした人数）は延べ17万2,610人（代々木選手村14万7,420人）、ピーク日10月14日7,250人であった。[2]

「日本ホテル協会代々木選手村給食業務委員会」

では、この選手村は実際にはどのように運営されたのであろうか。運営体制の組織図に「代々木選手村関係協力機関」のリストがある（表1－1）。このなかで最大の要員数を示しているのは「日本ホテル協会代々木選手村給食業務委員会」である。

表1－1　選手村組織図の「代々木選手村関係協力機関」(要員数：人)

日本勧業銀行代々木選手村	51
東京オリンピック選手村郵便局	43
代々木選手村電報電話サービス・ステーション	6
代々木選手村国際電報電話臨時取扱所	10
消防所	65
警備隊本部	136
日本ホテル協会代々木選手村給食業務委員会	909
東京ビルメンテナンス協会	673
その他官公庁および各種業者	971

資料：「第18回オリンピック競技大会公式報告書」、312頁。

選手村での食事と食堂について、オリンピック組織委員会は早くより日本ホテル協会を指名して、業務委託した。業務委託内容は、「①選手役員などに対する飲食物の調理とサービス、②原材料の調達と保管、③食堂関係従業員の採用、教育、賃金など従業員に関する一切の業務、④調理器具と給食食器の調達（調理設備は除く）」である。要するに食堂運営に関する一切合切である。

　日本ホテル協会は、開催前年1963（昭和38）年4月に「オリンピック選手村給食業務委員会」を設け、メニュー作成、研修会開催など準備を本格化した。同協会の選手村での想定給食内容は次の通りである。来訪選手役員約7,200人、オリンピック開催期間を挟む52日間、総延べ人数23万人、総供給食事数69万食。ただし、アスリートである。食材量は1人1日6,000キロカロリーが標準となる。一般人の2.5倍、単純換算172万5千食分だ。

　これに対応する要員数は以下の通りである。料理関係要員306名、うち60～70名は全日本司厨士協会（西洋料理の料理人の職能団体）に派遣要請。サービス関係要員は530名。うち30名はボーイ長として傘下各ホテルから派遣、他は都下の各大学の観光研究会、ホテル研究会、YMCAホテル学校の学生を集める。

　代々木選手村には、3つの食堂棟と食品倉庫（名称「サプライセンター」）が設けられた。食堂棟は、それぞれ「富士食堂」、「桜食堂」そして「女子食堂」と名付けられた。前2棟は男女の別なく利用可能だが、後1棟は女性のみである。これらのうち前2棟は新築で、後1棟は既存建物の改装である。「富士食堂」と「桜食堂」は、ともに収容能力約1,000人で、168人収容の小食堂を6つ設け、計12小食堂とした。「富士食堂」ではアジア系の料理を出し、「桜食堂」ではヨーロッパ系の料理を出し、そのうえで「選手団を食習慣や嗜好上からできるだけ親近性の高い12のグループに分け」指定した。これに時間外に食事ができる「インターナショナル食堂」も設けた。食事時間は、共通に朝食7時～9時半、昼食11時半～2時、夕食5時～8時で、「富士食堂」の一部屋に設けられた「インターナショナル食堂」は朝6時～夜12時（他食堂開店時は休憩）であった。

　選手村食堂では、だれがどこの食堂で食べてもよいことになっているが、そうはいっても選手団はどこの食堂でも仲良く同席相席可能というものではない。たんに言葉の壁があるからというのではない。異民族や異宗教者を生

活圏でみかけることのなかった当時の日本では想像だにできなかったことだが、宗教が異なると食事のスタイルが異なる。同席者の資格要件や席次もうるさい。食事で男女が同室禁忌もある。食事は儀式なのだ。イスラム教徒は「ハラル」食でなくてはならないことは、いまでこそ皆が知るところだが、当時は「ハラル」食情報はほぼ皆無であった。料理から立ち上る"におい"も重大問題で、その国では大好物の料理でも、馴染みのない他国の人にとっては耐え難いものもある。また、敵国人たちも、インドやパキスタンのように隣国で紛争の絶えない人たちも、選手村では同村人だが、かりそめにも国家の代表としてここにいる。食堂での同席近席遭遇などあってはならないのだ。(5)

　当然、金メダルチームともなれば、夕食は同国人の祝賀宴会。敗退チーム国は悔しい激励会。競技成績は選手村での食事が美味しかったおかげ、美味しくなかったせいだと調理人にお礼とクレームが交互に、あるいは同時に飛び交う。普段のレストラン営業以上に緊張感を強いられる食堂現場である。日本全国からいわば代表派遣で集まった腕自慢の料理人300人ではあるが、淀みない料理提供、嗜好に合致した料理、一度に1千枚のステーキの下ごしらえなど、これまでの経験では想像も及ばない過酷な現場となる。

　新設の「サプライセンター」は、「2〜3日分を貯蔵できる冷凍設備のある倉庫」とされるが、「原材料の貯蔵」のみならず「料理の下ごしらえをするため」のものである。食材は日々まとめて選手村の外からこの「サプライセンター」に搬入される。そして各食堂には、ここでそれなりに下ごしらえされた食材が持ち込まれるのである。

　食堂三棟と「サプライセンター」とを拠点に、村内の給食の運用全体が、日本ホテル協会に委ねられた。各食堂の総責任者として指名されたのは、「富士食堂」に帝国ホテル村上信夫新館料理長、「桜食堂」に福原潔第一ホテル料理長、「女子食堂」に入江茂忠ホテルニューグランド料理長、そして「サプライセンター」に馬場久日活ホテル総料理長である。年齢と経験が絶対という当時の料理人の世界で、最年少の村上が最前線の「富士食堂」、料理人300人の頂点に立つ最年長の馬場が「サプライセンター」というのも人事の妙である。これまで料理人の世界でまったく馴染みのなかった「サプライセンター」の重要度を内外に宣言しているようにも受け取れるのである。(6)

「サプライセンター」方式と食材調達問題

　各食堂へ食材を運び込む前に、いったんすべての食材を「サプライセンター」で検品し、下ごしらえを施したうえで各食堂に届けるという手法は、今日外食産業界では、チェーンレストラン運営のための「セントラルキッチン方式」と呼ばれているものと同じ考え方である。

　日々数千人、1日3食で万を超える食事を提供するためには、これまでの料理提供方式とはまったく違うなにものかを必要とした。そのなにものかとは、料理の製造場面では上述の「サプライセンター」方式であり、料理のサービス場面ではセルフサービス方式であり、そして食材の調達確保の場面では食品の冷凍保管とその解凍品の活用である。

　選手村での各食堂は、セルフサービスの「カフェテリア方式」とした。カウンターに食器・食具類や料理・飲料など、カウンター前面に各種冷蔵容器とアイスクリーム・水などを用意し、「好きなものを好きなだけとれるようにした」。食堂でのサービス要員は、「使用した食器類、皿台などの跡片づけ、洗浄、食卓の掃除を行う」のであり、「選抜された」ものたちとはとはいえ「学生」が担当従業することでも大丈夫だったのである。

　選手村食堂運営上の最大の難問は、膨大量の食材を潤沢に確保しなくてはならないという問題であった。わけても、食肉、魚介、青果といった生鮮食料品の調達問題である。

　そもそも1960年代（昭和30年代後半〜40年代前半）は、わが国の未曾有ともいえる高度経済成長期であり、諸物価高騰の時代である。東京など都市部への人口集中と物価高が社会問題となり、殊に住宅不足と生鮮食料品の高騰は、この期の国会でもしばしば取り沙汰されるところであった。[7]

　仮にオリンピックの開催が無くても、都市生活者にとって食料品価格の上昇が常態化しているのであり、需給はつねに需要過多、供給不足でひっ迫状態である。こうしたところに生鮮食料品の選手村需要、2週間ほどで100万食分が追加されるとなれば、いな、その情報が露呈しただけで価格はたちまち高騰して、社会を揺るがす大問題となることは必定であった。

　そこで、この事態を招かぬように一計を案じたものがいた。あらかじめ選手村での使用量を計算し、食材を「開会1年前から、毎週2〜3トン単位で

冷凍し」、「日本冷蔵」（旧帝国水産統制、現ニチレイ）の冷凍庫に保管することとしたのである。だが、問題はこれで解決されたわけではない。これら凍結した食品を解凍して、料理食材として、生鮮品と比べて遜色ない程度に活用できるかどうかについてはまったく未知のことなのだ。

　なにより、日本では冷凍食品の市場は未形成であり、そもそも鮮度落ちした食材の延命法として扱われていた時代である。冷凍技術に対する認識もなく、ましてホテル業界に身を置くプライド高い料理人たちにとって、冷凍食材は、ゆめゆめ使用してはならない劣等食材だとの認識である。このような認識は、例えば村上の所属する帝国ホテルトップ犬丸徹三社長はじめ、オリンピックの準備に邁進している政府高官や関係者間においても同様のところである。三択だ。彼らに情報を伏せて内密に冷凍食材を使用するのか、それとも冷凍食材の使用を懇願してなんとしてでも使用の許諾を得るのか、そしてその求めた許諾を得ることができずに、選手村食堂の運営ひいてはオリンピックの開催そのものを断念し返上するのか。1964年10月10日が開会式、その25日前の9月15日が入村式である。

【注】
（1）サンフランシスコ講和会議には中国は招聘されず、インド（中国排除に反対）、ユーゴスラビアは出席拒否、ビルマ（ミャンマー）は草案（賠償規定がない）拒否で、52ヵ国が出席した。ソ連、チェコスロバキア、ポーランドは、署名していない。
（2）引用含め、1964東京オリンピック東京大会組織委員会『第18回オリンピック競技大会公式報告書』（1966年）、「選手村」の項（309〜376頁）。
（3）オリンピックで学生は、食堂のみならず「練習相手、通訳、運転手、選手村スタッフとして」、各方面で活躍した。その実相は、小林哲夫『大学とオリンピック』（2020年、中央公論社）に詳しい。「富士食堂」「桜食堂」はあわせて12小食堂に区分けされ、各小食堂に研究会・サークルごとに配置された。「富士食堂」は、慶応義塾大学（観光事業研究会）、同（ホテル研究会）、青山学院大学（観光事業研究会）、明治大学（観光事業研究会）、成城大学（観光事業研究会）、立教大学（ホテル研究会）。「桜食堂」は、早稲田大学（ホテル研究会）、同（観光学会）、日本大学（観光研究会）、亜細亜大学（観光事業研究会）、東洋大学（観光研究会）、上智大学（ホテル研究会）。小林上掲書では触れられていないが「女子食堂」は、女子栄養短期大学（専攻科）、香川栄養学校（調理師科）。村

（4）等閑視されがちだが、「選手村に勤務する従業員のための専用の食堂2棟も新築した。1棟は168人、他の1棟は240人を収容できるものであった。献立は質がよく低廉であることに配慮して、A棟では2～3種類の献立を、B棟では約10種類の献立を用意した」。上掲『報告書』339頁。
（5）インド・パキスタン戦争はカシミール戦争といわれ、公式には1947年、1965年、1971年の3回とされるが、紛争は間断ない。また1962年には中印戦争もあり、ネパール、ミャンマーなどの隣接地帯でも間歇的に紛争となっている。

イスラム教の「ハラル（ハラール）」食、ユダヤ教の「コーシャ」料理といった用語はいまでは普通に使われているが、これらの用語がわが国で少しずつ用いられていくのは21世紀に入ってからである。事実、大振りの国語辞典でもカタカナ語辞典や外来語辞典を含め、20世紀に刊行されている辞典ではこの2語の収録はない。なお、選手村食堂の食材ハラル・ミートの羊600頭分の調達法については、佐藤陽『人生はフルコース』（1996年、東京書館）161頁の紹介が生々しい。
（6）「日活ホテル」は、1952（昭和27）年に有楽町の皇居の側に建築された日活国際会館の6階から9階を占めたホテル。オリンピック開催を目指して開業した「ホテルオークラ」（1962（昭和37）年）や「ニューオータニ」（1964（昭和39）年）、「東京ヒルトンホテル」（1963（昭和38）年）より10余年前に開業している。1954（昭和29）年にはマリリン・モンローが宿泊し、1960（昭和35）年に石原裕次郎と北原三枝、1962（昭和37）年には小林旭と美空ひばりが結婚式を挙げたなど、当時の存在感は絶大であった。のち、1969（昭和44）年に三菱地所に売却され、「日比谷パークビル」となり、その後には2007（平成19）年に「ペニンシュラホテル東京」となっている。
（7）都心部への生鮮食料品の供給を目指して、産地および消費地で卸売市場の整備を目指す「卸売市場法」が施行されるのは1971（昭和46）年であり、もうしばらく後のことである。

2節　GHQ接収と「帝国ホテル」料理人

バロン・オークラと犬丸徹三

　石川県能美郡根上村（現能美市）出身の犬丸徹三は、東京商高（現一橋大学）を卒業し、1910（明治43）年9月長春（現中国吉林省長春市）にある満鉄経営の「ヤマトホテル」にボーイとして就職し、ホテルマンとしてスタートを切った。ここで3年間ほどコックやスチュワードなどの職種を経験したのちに、上海、ロンドン、ニューヨークにおいて都合5ホテルでの勤務を積み、1919（大正8）年1月に「帝国ホテル」に副支配人としてスカウトされた。
　4年後1923（大正12）年、犬丸は支配人に就任した。このときの社長は、大倉財閥の総帥大倉喜七郎である。大倉は、渋沢栄一、増田孝（三井物産）とともに帝国ホテルの開設に尽力した大倉喜八郎の長男で、爵位（男爵）から「バロン・オークラ」と呼ばれ、希代のグルマンでもあった。
　大倉は、最高の味とサービスを「帝国ホテル」に求めた。そのために、財力（ポケットマネー）を頼みに若手料理人たちを次々にヨーロッパ修行にいかせた。その成果には目覚ましいものがあり、海外からの多くの著名人たちの来日体験の好印象に貢献するとともに、その後のホテル業界の発展に多大な役割を果たしていくのである。(1)
　1945（昭和20）年、第二次大戦の敗戦によりGHQ（連合軍総司令部）の命を受け、大倉財閥は解体され、大倉喜七郎も公職追放となった。代わって犬丸が「帝国ホテル」の社長に就任した。犬丸は大倉に倣って若手料理人たちの海外留学派遣を再開したいと希望したが、事情はまだそれどころではなかった。(2)

GHQ占領下の「帝国ホテル」

　わが国は敗戦により連合軍の占領下にあり、帝国陸海軍の施設だったところは、ことごとく米軍のそれに置き換わり、日本人は立ち入ることさえ許さ

れない。全国各地の100以上のホテル・旅館も接収されて、GHQおよび占領軍専用施設として、彼らの住居、宿泊および保養・娯楽などの使用に供された。「帝国ホテル」は、連合軍将官およびGHQ高官用の宿舎として真っ先に接収された(3)。日本人は客として一切出入りできなかったのはいうまでもない。

　GHQの上級将校であったC・F・サムス大佐（GHQ公衆衛生福祉局長、のち准将）は、「帝国ホテル」を割り当てられ、同ホテルの居心地について次のように書き残している。

　「その頃の帝国ホテルは、住むのに快適な場所と呼ぶにはほど遠かった。…部屋の照明は薄暗い裸電球一個で我慢しなければならず、…灯りがチカチカして、…暖房もなかった。洗面所の湯は出なかった」。そして、夜になると「何百匹ものネズミが…夜通し食べ物を探し回っていた」。そもそもからして半年前の東京大空襲の火災で、「建物の片翼と、舞踏室、劇場の内側は全焼していて、…アメリカのエンジニアたちからは壊して建て直したほうがよい」との意見もあった。

　しかしながら、サムスたちのより深刻な問題は「東京の水道施設は破壊されていたため、検査の結果、水道の水はかなり汚染されていて飲料に適さないこと」であった。彼らは飲み水を「塩素殺菌してある軍用飲料水袋（リスター・パック）に頼る」ことにした(4)。

　では食事はどうしたのであろうか。もちろん調理は、同ホテルの料理人たちが腕を振るうのであるが、食材の調達はどうしたらよいのであろうか。そもそもわが国の主要地帯は焦土となり農水産業は壊滅状態である。衛生環境も深刻で伝染病拡散の懸念も大きい。さらに特徴的なことは、日本の畑作物には「下肥」を撒布する。彼らからしたら、日本の野菜類は、人糞にまみれた身の毛もよだつ恐怖の代物である。

　「下肥」と書いたが、現代では死語である。平成世代以降では聞いたことも見たこともない言葉であろうから、少し補足する。「下肥」とは、地面を掘り下げて大きな桶などを埋めたところ（「肥溜め」という）に人間の糞尿を集めて腐熟させたものをいう。日本では農作物の肥料として古くから使われていたが、江戸時代になり都市が発展すると、人口が集中する都市と近郊農村との間で「下肥」と農作物との大規模な交換ビジネスが発展し、明治大正昭和と全国で確立した農法であった。直前の大戦下では、食糧難対策として、どこの住宅街でも家庭菜園化して「下肥」とこれを運ぶ「肥桶」、掬ったり

散布したりする「肥柄杓(こえびしゃく)」は生活圏の身近に存置散在していたのである。(5)

サムスは「我々の食糧は何か月もの間、C－レーションであった」(戦闘食キット)と書いている。このように「帝国ホテルの調理場に要する食糧は当初、牛乳、卵はむろん野菜に至るまですべて米軍から支給された。…タマネギは乾燥で、缶詰で来たものを水につけて戻して使っていた。卵も乾燥だった」(6)。

それではこうした一時凌(しの)ぎの食材を使用しての肝心の料理の出来栄えはどうであったか。サムスは「パリで修業したコック長が料理したが、彼は米軍用のC－レーションを使って、驚異的な料理をつくってくれた」と絶賛している。このときの総料理長は石渡文治郎、1928(昭和3)年に始まる上記の海外留学第一期生3人のうちの1人である。

冷凍食材との意図せざる遭遇

そして、ここからわが国の料理史における重大な社会実験がはじまる。それは「やがて冷凍船によって、冷凍肉と新鮮な野菜がアメリカ本国から十分に送られて来る」ことになったからである。そう、それまでの日本の料理界にはなかった冷凍食品を基本食材とする本格的な料理の時代が、なんの前触れもなく突如として訪れたのである。

ところが、この冷凍食材を用いて日々米軍の将校らに供食した料理の様子を具体的に伝える資料は見つからないのだ。

筆者は、その理由は、第一に、関係者間においてこの事態を残すべきとする動機と意思とがなかったこと、第二に、冷凍食材使用の時期が限られ、すぐに忘れ去られてしまったからだ、と考える。

第一は、冷凍食材を扱った料理人たちは、これを新しい食材だと虚心に受け止めるのではなく、アメリカから支給される食材で、急場凌(しの)ぎの代用食材に過ぎないものとして、ことさら研究を深めようという気にならなかったのではないかと思う。

帝国ホテルはじめ一流ホテルの業界は、技量の基本はフランス料理にあるが、今ここに滞在し食事をとる人たちはアメリカ人であり、その嗜好に合致する料理とはかけ離れていると思ったのだ。この点について、のちに総料理長となるコック村上信夫(復員し1947(昭和22)年9月から復職)は、当時の料理人たちの様子を次のように説明している。

2節　GHQ接収と「帝国ホテル」料理人

調理場は、「米軍から供給されるあてがいぶちの食材で、もっぱらアメリカ式の食事を作っていて、フランス料理とはほとんど無縁の世界になっていた」。そのため「「フランス料理を作りたい」と辞めていくコックも次第に増えてきた」と。

そして、調理場の雰囲気も、アメリカ軍の監視と指導付きであるので、そうした面でも研究に前向きに取り組もうという気にならなかったのであろう。同ホテル社史には、この件（くだり）が次のように説明されている。

「冷凍食材を扱ったのもこれが初めての経験となる。肉でもなんでも冷凍で送られてきたから、当初は料理の仕方がわからず、米国のメッサージェント（料理下士官）に教わって始めたという」。

二つ目は、アメリカから輸送されてくる冷凍食材頼みの時期はしばらくして過ぎてしまい、冷凍食材を本格的に研究しようにも、その対象そのものが目の前から無くなってしまったことである。そうして、もともと冷凍食材は劣等食材との認識で、使用したくもない食材だったので、無くなったことで安堵することはあっても、思い出す必要はさらさら無いものであった。

とはいえ、この冷凍食材の全面利用という社会実験は、帝国ホテルだけのものではなかった。すくなくともGHQに接収された100以上のホテル・旅館のほとんどの調理場で共通に体験された歴史上の出来事であった。そして、あらためて十数年後に東京オリンピックの選手村会場で、再び突然に冷凍食材を全面的に大量使用しなければならないという事態に直面した。このときに、全国から集まった料理人たちのなかには、占領下での体験記憶が蘇（よみがえ）る人たちもいたと思う。

それにしても当時の食市場をめぐる日米の格差にはあらためて着目せざるを得ない。

アメリカでは、急速凍結の原理が発見されその技術で、1930年代から冷凍食品、冷凍食材の市場が形成され、拡大しつつあった（のち詳述）。第二次世界大戦下で、冷凍食品市場は急拡大し、冷凍食品メーカーがアメリカ各地で発展した。スーパーマーケットでの冷凍食品売場は拡充され、戦後になると冷凍食品はスーパーマーケットの主力売場を占めるようになっていたのだ。付け加えれば、上記引用の「メッサージェント（料理下士官）」とは、軍属雇用の料理人ではなく、訓練を受けた兵に過ぎない。日本の料理人に対して、冷凍食品、冷凍食材の扱いを手解（てほど）きするには、特別な専門知識などなくても、

十分だったのである。

　1952（昭和27）年1月、GHQは接収施設の返還方針を発表した。「帝国ホテル」（他のホテルも）は同年4月1日より自由営業が再開された。食材の「あてがいぶち」もなくなった。思えば、わが国の戦争体制への突入で1942（昭和17）年に「帝国ホテル」が外務省と大東亜省の施設とされてから、ちょうど10年を数えての自由営業である[8]。レストランの食材調達も自由となり、アメリカ人向けの料理から本来に戻ってフランス料理が完全に主役の座に返り咲いた。コックも増えて競い合うようになり、調理場も活況を呈し喧騒（けんそう）が戻った。

　犬丸は、料理人たちの海外留学派遣の復活を目論んだ。戦争や戦後のどさくさで優秀なコックが激減していて、フランス仕込みのコック養成は急務と判断したのである。

　まずは各レストランから中堅幹部たち8人を選んで1954（昭和29）年の夏ごろから声をかけ始めた。だが、面接に呼び込んだ8人はフランス武者修行に尻込みしたり即答しなかったりで、犬丸の眼に叶わなかった。止むを得ず若手の村上信夫（33歳）に打診した。即応であった。のちに村上が選手村食堂を切盛りして獅子奮迅（ししふんじん）の働きをする東京オリンピックは、このあと10年後である。

【注】
（1）海外派遣社員の例（帰国後）を挙げる。
　　　石渡文治郎：帝国ホテル料理長
　　　田中徳三郎：東京会館料理長、パレスホテル料理長
　　　栗田千代吉：帝国ホテル
　　　郡司　茂：新大阪ホテル社長
　　　野島憲二：レバンテ社長
　　　齊藤六郎：ホテルオークラ初代料理長
　　　常原久弥：ロイヤルホテル料理長
　　　藤田良三：レバンテ常務
　　　武内孝夫『帝国ホテル物語』（1997年、現代書館）140頁。
（2）大倉は1951（昭和26）年に追放解除となるが、「帝国ホテル」への復帰はならなかった。ために齢70歳代半ばであったが、自身が理想とする貴族サロン志向のホテル建設に取り組んだ。1962（昭和37）年完成の「ホテルオークラ」である。大倉はこれを見届けてのち半年後、1963（昭和

38）年2月没。享年81。
（3）運営は「請負制」とされ、日本政府が施設（ホテル）を借り上げて進駐軍に提供するかたちとなる。接収当初の米軍派遣の帝国ホテルマネージャーはスタンカス陸軍中尉で、じきにJ・M・モーリス中尉に代わった。その配下に「軍曹クラスを係長とする5〜6人の兵士からなる監督スタッフが日本人従業員の頭上にあるという運営形態」であった。帝国ホテル『帝国ホテル百年の歩み』（1991年、帝国ホテル）49〜50頁（以下『社史』と略記）。
（4）C・F・サムス、竹前栄治編訳『DDT革命』（1986年、岩波書店）（通称「サムス回想録」）46〜48頁。
（5）江戸期には、武家屋敷の糞尿が下町町人のものより高く販売された。「下肥」の品質差が価格差に反映されたものである。江戸市中は人工の水路（川）が張り巡らされた都市であり、糞尿を運ぶ舟は「汚穢舟」と呼ばれた。私事であるが、東京タワー南側の赤羽橋の近くのオフィスに足を運んだことがある。以前は都電が通っていたところなので、さらに以前は水運を担う川であった。武家屋敷が立ち並ぶ"一等地"であり、かつては「おわいばし」と俗称されていたと聞いた。確かめてはいないが、品質が良かったからの俗称であろうか。
　　　また、明治になると殖産興業で、各地に軽工業の工場（製糸工場など）がたくさんできた。労働集約工場なので多数の工員（女工）が集住した。湯浅規子『胃袋の近代』（2018年、名古屋大学出版会）は、紡績工場の女工たちの集団食を賄うためのダイコン（沢庵漬け）農家に、肥料として彼女たちの糞尿が売り渡されていることを紹介している。興味深いのは、その内容が「大便」と「小便」とに区別され、前者の方が高額であったとのことである。こうした経済動機が働いて沢庵漬け用ダイコンの品種改良と産地形成が続いていく。（同書第4章）つまり「糞尿」を媒介項とするこうした"食"と"農"の"循環システム"は、都市と郊外のみならず、わが国の近代の経済を支えるシステムの重要な一部であったと理解される。そのため、他方で、このような「下肥の利用は日本の下水道の発達を遅らせ」ることにもなった（永沢道夫「下肥」永沢他『現代死語事典』1993年、朝日ソノラマ、176頁）。
　　　ちなみに、2023年公開の日本映画『せかいのおきく』（監督・脚本：阪本順治、主演：黒木華）は、江戸末期に江戸の町人長屋で糞尿を買い、これを郊外の農家に売って凌ぐ若者2人が懸命に働く姿を描いた作品で、糞尿の取り扱いのディテールも丁寧である。「下肥」の字を見ることなく育った世代には是非見てもらいたい。
（6）『社史』51頁。
（7）村上信夫『帝国ホテル厨房物語』（2002年、日本経済新聞社）105頁、107

頁。
（8）大東亜省は、1942（昭和17）年11月1日に設置、1945（昭和20）年8月26日に廃止。なお、戦争中に日本が占領したアジア諸地域においては、現地の有力ホテルを接収して兵站基地宿泊所としている。日本軍はそれらの接収ホテルの経営をホテル協会に委嘱し、その数は大東亜省設置時点で31あり、その後も増え続けた。「帝国ホテル」が委嘱され経営に当たったのは、タイ・バンコクの「オリエンタルホテル」、ビルマ・ラングーンの「ストランドホテル」（大和ホテルと改称）、シンガポールの「グッドウッドパークホテル」（海軍水交社）、スマトラ・ブラスタギの「グランドホテル」（ブラスタギ高原ホテル）であった（『社史』、260頁）。

3節　ヨーロッパ料理修業と柔道

ベルギー・ブリュッセルの日本大使館

　第1回東京オリンピック開催の前年、1963（昭和38）年10月に「観光基本法」が制定された。これをうけて、翌1964（昭和39）年4月1日、一般国民の海外渡航の自由化が実現した。ただし1人年1回で持ち出しできる金（外貨持ち出し金）は500ドル以内という制限が付帯されていた。このとき以前に日本人が海外渡航できたのは、特定の政府要人や企業人のビジネス目的、留学（フルブライト奨学金によるものなど実質と身分が担保されたもの）、芸能人の海外公演（外貨の獲得に貢献するもの）など、政府によって認可された特別の場合に限られていた。

　1955（昭和30）年当時においては、「帝国ホテル」のスタッフが海外に留学ないし武者修行に行くからといって、外務省から海外渡航が認可される由もない。同社犬丸徹三社長は事情に明るかった。懇意にしていた武内龍次がベルギーの全権大使として赴任することが決まっていたので、村上信夫を大使館付きコックとして預けることにした。大使館付きコックの任命・採用は、赴任大使の一存である（いまでも、そうである）。

　同年4月5日、村上信夫はベルギー・ブリュッセルに向けて旅立った。村上の仕事は「大使夫妻と書記官のほか、現地採用の執事や掃除係の人、それに日本人のお手伝いさん」の食事作り、そしてパーティー対応。「パーティーもよく開かれる。招待客はふだんでも30〜40人、多いときは百人くらい……普段は和食、洋食、中華となんでも作る。パーティーではフランス料理のフルコースをだすこともあり」、これを村上一人で切り盛りした[1]。

　食材では、コメが長粒種ばかりで短粒種のジャポニカ米が入手できなくて困ったとのことであるが、それ以外は豊富であったという。「スペインから良質の"冷凍"海産物も来る……スープやソース、パン生地は作りためて"冷凍"し、いろいろな食材を瓶詰にしておいたから、多彩なメニューを繰り出すことができた」[2]。

休日には当地のシェフたちと交流したり、街場のレストラン詣(もう)でをしてレシピの採取に精を出した。1年余りが過ぎて、犬丸がパリに来て、村上をパリに呼び寄せた。いよいよ名門ホテル・リッツの調理場での修業がはじまる。ここは戦前にも、「帝国ホテル」から石渡文治郎総料理長や田中徳三郎(のちパレスホテル初代総料理長)などが若き日に料理修業に励んだホテルである。

フランスの「柔道(JUDO)」

1964(昭和39)年東京オリンピックのハイライトは、日本の国技といわれた「柔道(JUDO)」(男子)と「女子バレーボール」であった。両種目とも、この東京大会から採用された新競技である。日本女子バレーボールチームは、その2年前の世界選手権大会で優勝し、その後の欧州遠征でも連勝を重ねて世界各国から「東洋の魔女」と呼ばれた。駒沢体育館でのソ連チームとの決勝戦では、見事勝利し金メダルを獲得する。そのときのテレビ最高視聴率は66.8%であった。

「柔道(JUDO)」は、軽、中、重量級で金メダルを獲得したが、「世界最強」を決める無差別級決勝戦では、オランダのアントン・ヘーシンクが、神永昭夫を9分22秒(当時、試合時間は10分)「袈裟固(けさがため)」一本で破った。

ヘーシンクは、フランス柔道連盟の要請を受けて渡仏した道上伯(みちがみ)(講道館7段)がオランダを訪れたときに見出した逸材で、当時は20歳の建設作業員だった。2002(平成14)年8月、道上が89歳で亡くなったとき、芝増上寺での葬儀には、シラク・フランス大統領やパリ市長からも弔電が届いた。道上と並びフランスおよび世界JUDO界で著名なのは川石酒造之助(みきのすけ)である。1969(昭和44)年に川石がパリで客死した時にはフランス柔道連盟は「十段位」を追贈した。川石はアメリカ、ブラジル、イギリスなど各地で柔道を指導し、パリを拠点に柔道の修得システムを体系化した。白黒の帯の間に5色を設け、各帯色ごとに修得されるべき技の種類を定め、かつその到達期間の目安を明示した。技の呼び方も、足技1号、肩投2号などと分かり易く種類別に番号化し、ある帯色に昇格すると日本語呼びが付されていく。「フランス方式」といわれる。こうした合理的で受け入れやすいシステム化によりフランスでの柔道は"国民的スポーツ"として広がり根付いたのである。[3]

2016(平成28)年時点でフランスの柔道連盟登録者数は57万人を数えてお

り、日本の16万人をはるかに凌駕している。その人気の度合いは、村上がパリの「ホテル・リッツ」に赴いた1956（昭和31）年当時も同様であって、この年のフランス柔道人口は２万人を超えていたという。(4)

パリの「リッツ・ホテル」

　1956（昭和31）年といえば、第二次大戦が終結して10年余である。日本は、ドイツ、イタリアと同盟の枢軸国側であった。フランスは紆余曲折はあったが、戦後は、イギリス、アメリカなどと連合国側の立場である。リッツの調理場でも当然「まだ戦争の旧敵対国の人間を見る目は冷たかった。…これには困った」。

　「そんな窮地を救ったのが柔道だった。ある日の昼休み、ジャン・コックというフランス人の中堅料理人が「柔道を知っているかい」と声をかけてきた。…パリの道場で黒帯だそうで、腕に覚えがあるのか、自信満々のたたずまいだった。私は子供の時から大の柔道好き。…講道館２段になっていた。

　組み合ってみてすぐに、ジャンは実力の違いに気づき、教えを乞う姿勢になった。コック着のまま、夢中で型を教え、気が付くと休み時間が終った。調理場の壁に寄りかかって見物していたコックたちから拍手がわいた」。

　村上の修業は精力的に続けられた。月に４〜５日の休日には、市場に行き、フランス語を学び、料理書を買い漁り、フランス各地の歴史や文化を学び、リッツ以外でのレストランでも学んだ。

　バラエティに富んだ料理をずらりと並べ定額料金で食べ放題とする「スモーガスボード」（デンマーク語で「パンとバターのテーブル」の意味）という北欧料理を修得すべしという特命もあった。レコードでデンマーク語を付け焼き刃で勉強して、すぐにデンマーク・コペンハーゲンに飛んだ。イタリア・ミラノのレストランで２カ月間の研修も経験した。

　1958（昭和33）年６月、村上は３年余りのヨーロッパ武者修行を終えて、日本に帰国した。落成間近の「帝国ホテル」第二新館の地下１階に「スモーガスボード」のレストランを開くことが決まっていて、村上は、そこのシェフになることを予想していた。しかしながら、犬丸からの辞令は大抜擢人事で、第二新館全体の料理長であった。(5)「スモーガスボード」のレストラン（店名「インペリアルバイキング」）、大食堂フェニックスルーム（のち「シ

アターレストラン」)、カフェテラス(収容数4百人)を擁して、コック80人を束ねる立場である。(6)

　その翌1959(昭和34)年、西ドイツ(現ドイツ)・ミュンヘンで開催された第55次IOC総会において、東京(日本)は、招致合戦の名乗りを上げていたデトロイト(アメリカ)、ウィーン(オーストリア)、ブリュッセル(ベルギー)を退けて、第18回オリンピック開催都市に指名された。

　東京オリンピック開催は国家事業である。各界各層が挙げて協力態勢を組んだ。「帝国ホテル」を筆頭にホテル業界も「日本ホテル協会」として1961(昭和36)年7月5日に「オリンピック準備委員会」を発足させた。また、翌年1962(昭和37)年には「オリンピック宿泊対策協議会」として「東京オリンピック協力ホテル」設置を決定した。そして、東京オリンピック開催の前年1963(昭和38)年4月5日に、選手村の食堂を担うべく「オリンピック給食業務準備委員会」を設置した。

　しかし、当然のことながらもっと早くから具体的な準備を進めておかなければ間に合わない。東京オリンピックより先駆けて1960(昭和35)年8月にローマオリンピックが開催される。これの視察研究が是非とも求められるところだ。たとえば、オリンピックの記録映画の監督に決まっていた映画界の巨匠、黒澤明は、ローマオリンピックの会場に取材に行って熱心に競技を見て回り、東京オリンピックの開会式の聖火の点火シーンの演出まで考えていたという。なお、この記録映画は、その後に黒沢が降板し、気鋭の市川崑が監督した。(7)

　さて、選手村の食堂運営についての情報収集は、誰が当たれば良いのか。

　この点で、すこし前までヨーロッパで修業を積み、イタリアでも料理研修の実績があり、日本最大規模食堂を擁する帝国ホテル第二新館の料理長である村上信夫が、ローマに行って情報収集の任に当たることは適任と思われた。村上は、東京オリンピック組織委員会の要請と犬丸の命を受けてローマに出かけた。

　そして、その後実際に選手村食堂の運営の陣頭指揮を執ることになるのであるが、このときには村上のベルギーでの体験も大いに役に立ったに違いない。当地の料理と食材情報は相当程度に収集しており、それらを使って賓客を招いての晩餐会も幾度となく体験済みである。また、喫食者が自身で料理を厨房前のカウンターに取りに行くという方式の北欧「スモーガスボード」

(「帝国ホテル」では「インペリアルバイキング」)は、選手村会場に相応しい料理提供法だ。イタリア・ミラノのレストランでは、イタリアの料理専門用語に馴染(なじ)んだ。ローマのオリンピック会場・選手村の中に入った時に、厨房で飛び交っている言葉もある程度なら聞き取れよう。村上は、ローマ行きに際して、ヨーロッパでの修業に触れ、「人生、何が幸いするか分からない」と呟(つぶや)いた。

　しかしながら、この呟きは、東京オリンピック選手村の食堂運営本番でこそ発せられるべきセリフであったと思われる。村上は、1942（昭和17）年1月に出征し、中国各地を転戦して、敗戦後はシベリア抑留となった。引き揚げで日本に戻ったのは1947（昭和22）年7月。極寒のシベリア抑留では零下40度以下の長い冬を2回体験した。抑留兵士300人の炊事当番として、"天然の冷凍食材"しかない条件下で、さまざまな解凍法・料理法を工夫した。そして、村上自身も、この時の取り組み体験をして「後年、思いもかけない場面で役に立つことになる」と記している。それにしても、「帝国ホテル」の調理場から出征した13人中、生きて帰ったのは村上を入れて3人だった。

【注】
（1）村上信夫『帝国ホテル厨房物語』（2002年、日本経済新聞社）119～121頁。以下、村上に関する記述は主に同書による。
（2）ベルギーは、オランダ、フランス、ドイツと国境を接し、北海に面している。スペインからは大西洋（ビスケー湾、イギリス海峡、ドーバー海峡）で繋がるが、陸路ではフランスを縦断することとなり1千数百kmの距離である。
（3）「柔道（JUDO）」のヨーロッパおよび世界の様子は、主に玉木正之『スポーツ 体罰 東京オリンピック』（2013年、NHK出版）第4章「柔の道」による。吉田郁子『世界にかけた七色の帯　フランス柔道の父　川石酒造之助伝』（2004年、駿河台出版）も参照。
（4）全日本柔道連盟によると、2020年時点でのフランス登録者数は56万3千人、日本のそれは15万人である。同年ではコロナ禍で新規登録者が増えない事情にあるが、21世紀では漸減しているようだ。
（5）通例、料理長は、宴会、アラカルト、グリルなど各所の1番シェフを経験した後に就くポストであり、村上のそれまで（留学直前）の最高位は宴会2番シェフであった。なお、このときの本館・総料理長は一柳一男（十代目）である。
（6）今日、定額での食べ放題スタイルを「バイキング（料理）」と呼ぶが、

これは「インペリアルバイキング」が語源で、つまり「帝国ホテル」の造語である。海外では「バイキング（料理）」といっても「？」と反応される。日本人観光客が増えたアジアのホテルでは通用することもある。
（７）野地秩嘉『TOKYOオリンピック物語』（2011年、小学館）第五章「記録映画『東京オリンピック』」、文藝春秋編集部『異説　黒澤明』（1994年、文藝春秋）参照。
　　　黒沢は当時もっとも名声のあった映画監督で『羅生門』（1950年、ヴェネツィア国際映画祭金獅子賞受賞）、『七人の侍』（1954年、同銀獅子賞）などがある。その後黒沢は降板して、劇映画『赤ひげ』（1965年、同サン・ジョルジョ賞）の撮影に入った。

4節　シベリアでの料理修行

シベリア抑留

　1930年代は、世界が第二次世界大戦へ向かって突き進んだ時代である。
　日本は、1932（昭和7）年に満州国を建国し、翌1933（昭和8）年に国際連盟を脱退。1937（昭和12）年の盧溝橋事件をきっかけに日中戦争に向かい、1941（昭和16）年からはアメリカを敵に太平洋戦争へと突入する。この間、日本はドイツ、イタリアと同盟を結び枢軸国軍として、イギリス、アメリカなどの連合国軍側と、対立を深めていく。ソビエト連邦（ソ連）は当初は、独ソ不可侵条約、日ソ不可侵条約を結び中立的な立場にいたが、やがて方針を変更し、英仏と相互援助協定を結んで、ドイツとの戦いに備えた。
　大戦の端緒では枢軸国軍側が圧勝を重ねたが、戦線の拡大にともない、連合国軍側が優勢に転じると、そのまま形勢が逆転することはなく、1943年9月にイタリアが、1945年5月にドイツが、無条件降伏した。
　ソ連は、1945年8月8日に日本へ宣戦布告し、9日午前0時にはソ満国境はじめ各所で一斉攻撃をかけた。満州にいた日本軍（関東軍）のほとんどは敗退、降参、自滅（自爆）して、8月15日のポツダム宣言受諾（無条件降伏）を迎える。
　大戦での推計死傷者数は、イギリス約98万人、フランス約75万人、アメリカ約113万人、インドネシア、ベトナム、朝鮮半島それぞれ約200万人。「本土決戦」を寸前のところで回避した日本は約646万人。ドイツ約950万人、中国2,100万〜2,200万人、そしてソ連約2,060万人とされている。当時のソ連人口は約8千万人、調査欠損地区もあり詳細は不明だが、とくに男性人口は急減した。
　大戦中からソ連の男子労働力不足は深刻な状態であり、ソ連の指導者スターリンは、戦争捕虜を労働力に活用する方針を打ち出した。ソ連側資料では、欧州での捕虜は約412万7千人、極東で67万7千人（日本側調査で約60万人）。ただ正確な数字は判然としていない。(1)

かくしてソ連は、捕虜を領内収容所に留置して労働力として使役すべく、すでにヨーロッパ方面では350万人以上の捕虜を配置していた。これに極東とシベリアでの寒冷地での作業に肉体的に対応できる日本人50万人の選別を命じて、加えることとした。

「餞別（せんべつ）レシピ」

　のちに1964年東京オリンピック選手村食堂の運営を陣頭指揮することになる村上信夫が、「帝国ホテル」に入社するのは1939（昭和14）年12月であった。当時17歳。この年は9月にドイツ軍がポーランドに進攻を開始して、第二次世界大戦の口火が切られた年である。その1年数か月後（1941（昭和16）年5月）に村上は徴兵検査を受け、甲種合格する。同年12月8日、日本海軍のハワイ真珠湾攻撃である。村上の入営はその1ヶ月後1942（昭和17）年1月10日と決まった。

　すでに戦時色は各方面で顕わになっており、村上が「帝国ホテル」に入社した年の11月には、一般常食の白米が使用禁止となり、翌年には主要食材の切符制が採られる。軍事物資への振り向けが優先され、国民には耐乏生活を強いた。

　帝国ホテルでも食材の入荷は減り、食材調達もままならず「マヨネーズやオムレツは、香港から一斗罐（18Ｌ容量の缶）で入ってくる乾燥卵を使って作る」といった「代用品」も用いられた。ただ、軍および「役所の宴会だと、ないと思っていた肉や魚が大量に厨房に届けられ」て、「コックたちは目を丸くした」。イタリアやドイツの要人たちの接待では、何百人分であろうともトリュフやキャビアも並んで「贅沢ざんまい」のもてなしであった。

　そのころのコック修業は、「鉄拳制裁付きのOJT（オージェイティー）」（筆者造語）。先輩調理人のしぐさを見様見まねで覚えるしかなく、その先輩は、後輩に自分の技を盗まれまいと隠すことに余念がない。それなのに、いささかでも手違い、思い違いがあると罵声より先に鉄拳が飛んでくる。

　村上が最初に配属された「洗い場」での仕事始めは「せっけん水作り」。「コックはそれを鍋にぶちまけ、それから洗い場に寄越す」。鍋の底に残ったソースを余人に"味見"されないためである。村上はめげずに鍋磨きに邁進し、ぴかぴかに磨き上げていくことで「ソースがほんのちょっぴり残った鍋」が回ってくるようになったという。ちなみに、こうした当時の慣行はいわば

"業界標準"であり、どこでも同様で、その後も長らく続く。

　そうした現場で、あるころから村上は不思議なことを体験していく。雲の上ともされる各部門の料理長クラスをはじめ秘伝の技を持つとされるコックたちから声をかけられて、その作り方を伝授されていく。オードブル料理長吉田徳平の「イモサラ」（ポテトサラダ）、筒井福夫ムッシュの「シャリアピアン・ステーキ」、一柳一雄の「マリナード」（マリネ液）、藤森富作の「ソース」など、その数30ほどとなった。

　入営が決まった村上への「餞別レシピ」であった。「おまえはどうせ戦争で死ぬんだから、秘密は漏れない」という言い添えが、それまでの主義（業界ルール）を逸脱する先輩たちの言い訳であった。後年、シェフたちはこのことを「20年間は口外するな」と当時の犬丸徹三社長から厳命されていたようである。(4)

「イマン団子」

　1942（昭和17）年1月、村上は千葉県佐倉の連隊で戦地での心構えや自決の仕方などを教わり、やがて舞鶴から船で釜山に渡り、貨車とトラックを乗り継いで、中国奥地へ赴任する。村上は、小銃隊、軽機関銃、擲弾筒（手榴弾を飛ばす）、と次々と失格の烙印を押される。けっこうな乱視であった。が徴兵検査では検査項目になかったのである。結局大砲を発射する照準手として前線を転戦し、都合4回負傷する。そのときの銃弾と地雷の破片を最後に摘出したのは1988（昭和63）年2月のことで、本人も「生きているのが不思議なくらいで」あったという。(5)

　村上は、敗戦時朝鮮半島の咸鏡南道の山中の砦にいた。朝鮮半島での戦後処理は、北緯38度線を境にして、南側はアメリカが、北側はソ連が管轄した。村上は北側にいた。移動中も抑留中も、極限までの食糧不足と重作業。粗末な住環境と極寒から逃れるすべはなく死者負傷者は止むことが無かった。村上たちはいったんウラジオストックに集められ、そこからイマン、しばらくしてマンゴーというところで森林伐採に従業した。3百人の共同生活である。冬は零下40度以下になり、起床、点呼、朝食を済ませ、出発時間の午前8時に零下35度以下なら作業中止だが、日が昇ると緩み「残念ながら休みはほとんどなかった」。

村上は炊事班にはならなかったが、乞われて知恵と腕は発揮した。そのヒット作に「イマン団子」がある。「米やパンの代わりに…支給される…得たいの知れない澱粉(でんぷん)」、「水で溶くと、ゆるゆるのスープになり、…腹に全然たまらない。」あまりの評判の悪さに、炊事班長が泣きついてきた。「でんぷんを固めるコツは、じつはお湯にある。…大量の湯にでんぷんを入れ、…攪拌(かくはん)すれば、結構固くなる。そこにでんぷんをさらに加え、グルグル回して団子の素を作り、味付けして焼くのだ。…断然うまいし、固まっているから、原料の量は同じでも腹にたまる」[6]。

　やがて、食事が唯一の慰めである3百人のために炊事当番となって本領を発揮した。すぐに評判となった。隣町の結婚式での料理依頼があり、お礼にと持ち帰った端材を料理して皆に喜ばれることもあった。嵩じてソ連の将校たちの炊事にまで駆り出された。

　極限状態の抑留生活でも料理人としての技術や心得は進化する。「生き残るための切実な生活の知恵」として、「極寒のシベリアで…私は冷凍食品のノウハウを自分なりに研究した」[7]。

　「零下数十度という環境で、凍った食べ物をおいしく食べるコツは、解凍の仕方にある。たとえば、カチンカチンのジャガイモをゆっくり解凍すると、すかすかになって味も落ちる。熱湯で煮ながらすばやく解凍するとシャキシャキ感が残り、味もあまり落ちない」など。

　シベリアで2回の長い冬を体験した村上が引き揚げ船で舞鶴港に到着し、5年半ぶりに日本の地を踏んだのは1947(昭和22)年7月。26歳であった。彼のこのシベリアでの「天然冷凍食品」研究の成果が「思いもかけず」発揮されることとなる東京オリンピックはここから17年後に開催される。

【注】
（1）蔦信彦『伝説となった日本兵捕虜』(2019年、KADOKAWA)、御田重宝『シベリア抑留』(1986年、講談社)など参照。
（2）佐藤陽『人生はフルコース』(1996年、東京書籍)44頁。
（3）村上信夫『帝国ホテル厨房物語』(2002年、日本経済新聞社)69頁。
（4）佐藤、上掲書、54頁。
（5）村上、上掲書、84頁。
（6）佐藤、上掲書、79〜80頁、村上、上掲書、95〜96頁。
（7）村上、上掲書、97頁。

5節 「東京ステーションホテル」と機内食

航空業界黎明期

　1930年代アメリカ民間航空業界がまだ黎明期であったころ、スチュワーデス、いまでいうCA（キャビンアテンダント）に相当する乗務員は、看護婦であった。何人もの人を乗せて金属製の人工物が空高く猛スピードで移動する飛行機、いくら安全だといわれても、乗り合わせる客は、かなりの緊張を強いられる。専属看護婦の同乗は、こうした緊張が増幅されないための安全装置である。[1]

　同様に、狭い空間に閉じ込められている状態で、唯一の気分転換の機会が機内食だ。機内食が豪華であれば、緊張の中での気晴らしになる。なにより、往時、飛行機に乗るような客は、富豪や大物経済人やセレブリティといった人たちなのだから、飛行機移動という特別な"イベント"に貧相な料理しかないということはありえないであろう。

　逃げ場のない空間に見知らぬ客が多数乗り合わせて数時間を無事に過ごすためには、客一人ひとりの心理状態が安寧に保たれていなければならない。要するに、機内での最大のリスクは、乗客（目に見えない心理）そのものなのである。したがって、CAと機内食とは、いわば民間飛行機の安全を担保するための両輪である。

「もく星号」の機内食

　1951（昭和26）年1月31日、GHQは航空輸送の会社設立を許可した。同年8月1日戦後初の民間航空会社として「日本航空」が設立された。

　「日本航空」は同年10月25日、国内線定期空路の第1便をフライトさせた。東京・羽田空港から大阪・伊丹を経由して福岡をめざす「もく星号」（マーチン202型、44人乗り双発プロペラ機）。

　まだ羽田空港は連合国（米軍）の管理下であり、日本人パイロットの操縦

も許されておらず、正・副操縦士はアメリカ人であった。なにしろ、ほんの数年前までは、大日本帝国海軍「神風特攻隊」はじめ次々と自爆兵器攻撃を繰り出していた国民である。機体整備も日本人は行うことはできなかった。

スチュワーデス1期生の募集は、同年7月20日から22日の3日間。新聞6紙に掲載されたタイトルは「エアガール募集」、締め切りは8月2日必着で、8行の小さな広告。応募資格は「英会話可能」などなかなかのものであったが、1千3百通の履歴書が送付されてきて、募集枠12名のところ15名が合格した。

8月20日、入社初日から研修が始まった。まず、東京慈恵医科大学東京病院で航空医学、衛生救急法、看護法などの講義や実習。24日からは「ホテルテート」(現「パレスホテル」、当時国営)にて2日間サービスの訓練が行われ、アナウンスはNHKが手ほどきした。

「もく星号」の機内食は、「卵とハムのサンドイッチと紅茶」であった。「まだ食糧難にあえぐ当時としては、きわめてモダンな食べ物である」。この機内食は、丸の内の「ホテルテート」(しばらくのちには営業再開した「東京ステーションホテル」)で調整されたものを"自転車"で銀座8丁目の東京営業所(のち「日航ホテル」)まで運び、そこからスチュワーデスが手持ちしてバスに乗って飛行場にいき機内に持ち込んだものだ。

福岡(米空軍板付基地)からの便の機内食も「サンドイッチと紅茶」。福岡では、"米軍"の御用商人として知られていた江頭匡一の「キルロイ貿易」(のち「ロイヤル」)の調整納品であった。

江頭は機内食進出に野望を抱いていて、「日本航空」の福岡支所の探索の際には、江頭が目抜き通り東中洲に180万円かけて物件を用意斡旋した。さらに"米軍"のカマボコ兵舎も借りて空港待合室兼事務所とし、空港内食堂も手掛けた。これらを足掛かりとして江頭は、その4年後には同じ中州に高級レストラン「ザ・ロイヤル」(のちの「花の木」)を開業している。やがて1970(昭和45)年大阪万博でアメリカ館ゾーンのレストランの運営を大成功させ、わが国の「外食産業革命」を牽引していくことになるのは、もうしばらく後のことである。

塩月弥栄子と"おもてなし"

同じころ宿泊業界も航空業界と同様の流れの中にあった。

東京駅舎はアメリカ軍の空襲で焼け落ちており、戦前には「帝国ホテル」と並び評価を得ていた「東京ステーションホテル」(1915（大正4）年11月2日開業)も類焼していたが、復旧を進めて1952（昭和27）年4月10日の1階「コーヒーショップ」（のち「グリル丸の内」）オープンを皮切りに、6月15日「メインダイニング」（のち「ばら」）、「宴会場」と開業し、11月15日にはホテル営業を始めた。「日本航空」の第一便からほぼ1年後である。

　食堂関係など女性スタッフはすべて新規採用。「コーヒーショップ」20余人は縁故、他の約70人は新聞広告で募集した。「日本の表玄関たる東京駅階上にあるホテルで内外知名士の出入りが多いので特に教養高き良家の子女を求む。身長五尺一寸（約150cm）以上」。応募者は1千人であったという。初任給は、当時百貨店が6千5百円といわれた時代に、7千円であった。[7]

　接客教育は、約1カ月かけて行い、テーブルセッティング、ナイフ・フォークの使い方、接客英語、特急・急行の東京駅発着時刻など幅広いものであった。田　誠社長（元鉄道省国際観光局長、華中鉄道副総裁）との縁で入社していた茶道裏千家の塩月弥栄子が、お客との対話、身のこなしなどの作法一般を担当した。塩月は、開業後も和装スタッフを率いて「コーヒーショップ」の奥に設けられた関西料理と銘酒の酒場でサービスにあたった。評判は良かった。

　塩月はのちに、『冠婚葬祭入門』(1970（昭和45）年、光文社)を刊行した。たちまちベストセラーとなり時の人となった。同書続編もあわせ700万部。当時の世帯数2,684万世帯で割ると3〜4世帯に1世帯の割合で買われたことになる。その後も夥しい数の類書を世に送り出し、戦後の核家族化が進行する中で、新時代の人付き合いマナーのスタンダードを提案し続けた。今日の日本の"おもてなし"の基礎を造形した人である。

　「日本航空」は、スチュワーデスの接客教育研修をこの「東京ステーションホテル」に依頼することとなった。ホテル側では、新たにテキストを作成し、宴会場「藤」を貸し切りにして約3週間の研修講座を行った。のち1954（昭和29）年に日本航空が国際線へ進出するに臨んでは、後発であるために、「機内サービス」を「唯一、最大のセールス・ポイント」[8]とした。この「セールス・ポイント」は、その後も一層の磨きをかけて主張されていく。

　両社はタイアップして、1952（昭和27）年1月に羽田飛行場に「羽田エアポート・ティールーム」を開設した。喫茶店営業と機内食用サンドイッチづ

くりの事業所である。航空会社とホテルは、互いに送客し合うパートナーであり、機内食とホテル料理の類縁性もある。そもそもアテンダントとは給仕係のことであるから、サービスも相似形だ。いろいろな連携や思惑があったであろうことは想像に難くない。

同年末、この事業所の経営権は、新設の「東京空港サービス」に移譲されることとなった。このときのホテル側の事業担当役員であった野間口英喜は、やがてホテルを離れて1959（昭和34）年「東京フライトキッチン」（のち東京空港食品、現ティエフケー）を創設し、機内食企業として最大手に成長させていく。

「パンナム」の機内食

機内食需要は、もちろん「日本航空」だけではない。このころ最大需要者はいうまでもなく、「パン・アメリカン航空」（通称パンナム）である。敗戦直後の1946（昭和21）年には日本への就航を果たし、翌1947年にはニューヨークから東回りの世界一周路線を開設するなど、アメリカの威信を世界に運ぶ自他ともに認める空の王者だ。[9]

この「パンナム」の機内食を担当したのも「東京ステーションホテル」であった。ここでこそ今日の機内食産業の原型と基礎が学ばれたとみることができる。

なぜなら、おなじ機内食といっても日本の国内線のそれと国際線のそれとはまるで異なるからである。まずフライト時間である。サンドイッチでも2時間前後のフライトなら、作り置きの提供でも構わないかもしれないが、10数時間となると機内調整が求められる。乗客の特性も異なる。国際線では食文化の多様性があらかじめ考慮されなければならない。国際線では、必ずメニューのチョイスがある。われわれは好みを尋ねられていると思いがちだが、そうではない。食文化が違えば、食べられない、あるいは食べてはいけない食材や料理があるのだ。ゆえに選択肢の組み合わせにもノウハウがある。要するに、国際線の機内食には、携わってみなければわからない技術とノウハウがあるのである。そしてなにより当時、機内食こそ、世界の食の情報が凝縮された唯一のチャネル（回路）であったのである。[10]

のちに1964（昭和39）年東京オリンピックの選手村食堂三つのうち「富士

食堂」の料理長を務めたのは「帝国ホテル」村上信夫であるが、副調理長格は白鳥浩三（のち「上高地帝国ホテル」総料理長）だった。白鳥は、1961（昭和36）年から2年半、「パンナム」の機内食を担当していた「東京ステーションホテル」に出向していた。その思惑は筆者には不詳だが、「帝国ホテル」は1952（昭和27）年に国鉄（現JR）特急列車「つばめ号」の食堂車の運営を開始しており、のちには新幹線の食堂車の運営も担っている。ゆえに空の旅客へのフードサービスの展開を構想したとも推測できる。さらに世界の食情報の探索と収集も期待できよう。

後年、村上は次のように記している。

「白鳥さんは、…アメリカのパン・アメリカン航空に出向した経験がある。冷凍食品といえば飛行機の機内食が大先輩で、技術もずいぶん進んでいた。…冷凍食品の最新事情を知り尽くした白鳥さんは、…得難い補佐役だった」と。白鳥が2年半の出向で獲得しようとしていたものの一つは、わが国の料理界には無かった機内食の技術、わけても冷凍食品の取り扱い技術であった。[11]

【注】
（1）女性の客室乗務員第1号は、1930年「BTA（ボーイング・エア・トランスポート、のちユナイテッド航空）で8人の正看護婦を雇用し、客席に配置したことが始まり」で、ここからまたたく間に各航空会社に広まるが、第二次大戦になって看護婦（有資格者）の軍希望者が続出して、看護婦資格が撤廃される。生井英孝『空の帝国 アメリカの世紀』（2006年、講談社）、ヴィクトリア・ヴァントック（浜本隆三、藤原崇訳）『ジェット セックス』（2018年、藤原書店）など参照。
なお、アメリカ軍では、1千人余の女性パイロットだけの空輸部隊WASP（Womens Air Service Pilots）が結成されており、ソ連では第586女子戦闘機連隊も活躍している。

（2）「エアガール」募集の文面は「20－30歳、身長1.58m以上、体重45kg－52.5kg迄／容姿端麗、高卒以上、英会話可能、東京在住」であった。中丸美繪『日本航空一期生』（2016年、白水社）13頁。
なお「エアガール」（和製英語）の呼称は、すぐに当時世界的に呼ばれていた「スチュワーデス」に変わった。「フライト・アテンダント」「キャビン・クルー」の呼称もあったが、今世紀では「CA」（シー・エー、キャビンアテンダント）（和製英語）で定着している。（国際線は別で、「キャビン・クルー」が多い。）山口誠『客室乗務員の誕生』（2020年、岩波書店）参照。

（3）それまでのわが国の主要ホテル、旅館が進駐軍の接収で使用できなくなっていたため、急遽政府（貿易庁）が1947（昭和22）年に帝室林野局庁舎を改装し開業した貿易庁管轄の官営ホテル。他に「ホテルトウキョウ」（東京）、「ホテルトキワ」（名古屋）、「ホテルラクヨウ」（京都）、「ホテルナニワ」（大阪）があった。
（4）中丸、上掲書、121頁。
（5）「日本航空」は、本社に兼設して東京営業所があり、東京、大阪、福岡、札幌に各支社が置かれた。
（6）佐野真一『戦国外食産業人物列伝』（1980年、家の光協会）62頁。「日本航空」福岡支社の社員は14名。また中丸上掲書は「（福岡）市内の営業所探しは予算が月額三万円以下におさえられたため難航した。飛行機好きとして有名で、戦後米軍の御用商人として羽振りのいい『ロイヤル』の社長のところに出向いてなんとか敷金を借り、中洲の建物が借りられることになった」（87頁）と書いている。
（7）種村直樹『東京ステーションホテル物語』（1995年、集英社）206・207頁。
（8）中丸、上掲書、214頁。
（9）1991年12月に破産。
（10）機内食の技術開発史は、リチャード・フォス（浜本隆三、藤原崇訳）『空と宇宙の食事の物語』（2022年、原書房）参照。
（11）村上信夫『帝国ホテル厨房物語』（2002年、日本経済新聞社）149頁。

6節　オリンピック選手村食堂の四つの課題

四つの課題

　1964（昭和39）年東京オリンピックの選手村食堂。15日間の開催期間を挟み52日間、1人1日6千キロカロリー、世界中から馳せ参じる7千人以上におよぶ屈強の選手たちおよび役員に一日三食および夜食を滞りなく提供しなくてはならない。総延べ人数23万人、総供給食数69万食。

　いうまでもなく選手にとって"食"は、オリンピックでの記録と成績の源泉である。適切においしく食べることで競技パフォーマンスが発揮されるからである。俗に「食べ物の恨みは恐ろしい」といわれるが、そんな悠長な話ではない。国家の威信もかかって、競技人生の天国と地獄を分ける決定要因なのである。

　選手村食堂の運営を手がけるといっても、想像を絶する事態である。課題は山のようにある。この課題に取り組むために当時の代表的ホテルの料理長ら18人を糾合して「日本ホテル協会オリンピック選手村給食業務委員会」（以下「給食委員会」）を設けた。委員長は名門「日活ホテル」総料理長の馬場久である。

　メインの代々木選手村には、3ヵ所の食堂とこれらの食堂に膨大量の食材を日々円滑に供給するための施設「サプライセンター」が設けられることとなり、各所に最有力の料理長が責任者となって陣頭指揮を執った。「サプライセンター」は最年長でもあった馬場久が陣取った。最重要部署との認識もあったものと思われる。参加国や民族構成も考えてヨーロッパ各国選手団の利用を念頭に置いた「桜食堂」には福原潔「第一ホテル」料理長が、「女子食堂」には入江茂忠「ホテルニューグランド」料理長が、そして日本・アジア・中東の選手団利用を意識した「富士食堂」には最年少の村上信夫「帝国ホテル」新館料理長がトップに就いた。(1)

　で、課題である。あえてまとめると、①「料理情報」、②「料理人」問題、③大量調理の機器・厨房設備問題、④食材の調達、の4つである。

まず、①そもそもどのような料理を提供したらよいのか皆目見当もつかない。世界の料理を知ることなど誰もが想像の範囲外だ。

次に②その料理は誰がどのようにして作成し提供したらよいのか。料理人にも見たことも聞いたこともない料理の数々である。各々職人気質に凝り固まった料理人たちのスキルをどのようにあわせていったらよいものか。

そして、③膨大な数量の料理を一日中絶え間なく、ときには一気に作成し提供するにはどのような機具機材を動員すればよいのか。どう考えても日ごろの厨房で使用している鍋釜を持ち込んでは用が足りないではないか。

さらに何より④その料理に必要な膨大量の食材をどのように手当したらよいのか。

少し考えてみただけで、途方に暮れてしまおうというものである。

今日の時点で振り返って、この「給食委員会」がこれらの課題に挑んで編み出し採用した数々の手法は、その後のわが国の食の世界を新しく切り開くものとなったのである。東京オリンピックの選手村食堂の運営体験は、間違いなくわが国の「食の画期」となったのである。

秘匿から公開へ

まず、①「料理情報」。どのような料理を作らなくてはならないのか。ほんの一握りの人たちがフランス料理の修行を積んでいたとはいえ、彼らでも世界各地の料理となると如何ともしがたい。

そこで、料理情報の探索でまず頼りとしたのは、各国の在日大使館、大使やスタッフの夫人、大使館付き料理人たちだ。手分けして、こうした人たちを訪ね、代表的な料理を作ってもらい、試食し、記録すること（レシピ作り）を繰り返した。

次に②「料理人」問題。調理関係要員306名と記録されている。業界組織である「日本ホテル協会」参加の調理場から選りすぐりのシェフたちを募り、専門職団体の全日本司厨士協会に派遣要請し、全国から3百余名の最精鋭の調理人たちが集められた。各地では、オリンピック選手村の食堂に赴く料理人たちを、パレードして送り出すという風景も出現した[2]。

とはいえ、当時一流ホテルのシェフたちといっても、実際に日本以外に赴いてその土地の料理作成を体験した人など数えるほどしかいないのである。

ほとんどの人たちは、旧態然とした徒弟制度の現場で見よう見まねで"自己流"の西洋料理（もどき）を作ってきた人たちである。技量に大いにばらつきもあれば、手法もまちまちだ。

そこで、そのちぐはぐな技量を均（なら）して引き上げ、事前にある程度の水準にまで引き上げ整えておかなければならなかった。そのために、選手村食堂で提供されるべき料理の基本レシピ（仕様書）を書き出し、冊子にして全員に配布し、そして、事前学習を必須とした。このレシピ（冊子）はもちろん選手村でも必携とし、常時活用を推奨した。このことは、業界のコペルニクス的転回であった。それ以前は（それ以後もそうだが）、自分が得たレシピはいわば秘中の秘、秘匿しておいてこそ自分の評価の源泉である。それが惜しげもなく公開されたのである。

やや先走れば、大会後に帰郷した彼らはそれぞれの土地で看板メニューを磨いて「西洋料理」を知らしめ、わが国の「食の洋風化」を演出する土台作りを成していくのである。

続いて③「大量調理機器」問題。一度に大量の料理を短時間で作成して提供するためには、この目的に適う調理のための機器を開発して特注することとなった。また、各食堂へ淀みなく食材を供給するための施設「サプライセンター」を食堂とは別建物で用意した。この施設で、食材は、選手村食堂に持ち込まれる前に、開発された大量調理機器に適合するようにあらかじめ下処理され規格化を施されたのである。「サプライセンター」とは、今日の外食チェーンにみられる「セントラルキッチン」のことに他ならない。

特注機器について、一つだけ例を挙げる。ステーキを焼く「フライパン」。ステーキは「昼食用に8,000枚」を焼かなくてはならないので、ステーキ肉90枚分をズラっと並べられる「フライパン」を開発導入した。エネルギー供給能力への適合は無論のこと、肉を並べた場所によって、焼きムラ、温度ムラが生じないようにするための「形状」や「厚さ」など格別のものとなった。

そして④大量の食材の手当である。選手村「富士食堂」を指揮した村上信夫はつぎのように語っている。

「食材を安定確保するため、冷凍保存することにした。…一日分の消費量を計算し、それに見合う肉、野菜類を毎週木曜日に検品、パックして日本冷蔵（現ニチレイ）の冷凍庫に保管した。…開催１年前から毎週２〜３トン単位で冷凍した。…大会開催直前、生鮮食品の価格が高騰しましたが、その影

響はまったく受けなかった。」(3)

「清浄野菜」

　④「食材問題」には、膨大量を調達しなければならないという問題以前に、そもそも日本産食材を用いることに諸外国から強い懸念が示されていた。なにしろ「下肥(しもごえ)」(人糞を腐熟させた泥液状のもの)を「肥柄杓(こえひしゃく)」で野菜畑に撒いている様子が、写真付きで広く知れ渡っていたからである。特にヨーロッパの大会役員たちは「不衛生」極まりないと難詰した。

　しかしながら、当時はすでにGHQの要請で取り組んできていた「清浄野菜」の産地形成が確立し拡大していた。GHQの日本占領は、1951（昭和26）年の講和条約締結で"一応"の終結とはなるが、アメリカ軍は引き続き残った。日本を後方基地として最大限に活用する朝鮮戦争、ベトナム戦争が続いており、日本をベースキャンプとしての定期的恒常的な軍兵の交替や休息、輸血用の日本人の血液、前線への軍事物資、そして食料の調達と輸送など、軍需は膨大だったのである。いわずもがな、アメリカ軍への納品は同軍の衛生基準をクリアしていなくてはならない。

　こうして、日本産の食材にダメだしを続ける「大会役員をバスに乗せて、長野県にある野菜の産地を視察に連れて行った。その結果、「素晴らしく清潔だ」と一同感嘆して、誤解はすぐに解けた」(4)。

　さて、いよいよ食材の冷凍保管であるが、実はこの冷凍食品の利用問題こそ「給食委員会」をもっとも手古摺(てこず)らせた問題であった。それは、調理人はじめ関係者のほとんどは、冷凍食品は「品質面で劣る」と認識していたからである。「ホテル業界はまだ生鮮一本やり」で、「冷凍というと、鮮度が落ちた物の処理方法」なのであり、したがって冷凍食材なるものの使用には、強烈な忌避反応があったのである。

　実際、冷凍設備、冷凍庫は、どのホテルでも無かった。いわば冷凍品は蔑(さげす)むもので見たことも無い物という状態である。ちなみに、帝国ホテルの調理場には、マイナス10度までしか下がらない「GHQの置きみやげの冷凍庫つき冷蔵庫」1台があるきりだった。(5)

　冷凍食品に対するこうした業界認識を覆(くつがえ)すことができなければ、食材調達に取り掛かることそれ自体が危ういのである。ここでは、業界常識のもう

一つのコペルニクス的転回が必要であった。

【注】
（1）「第一ホテル」は1938（昭和13）年開業、「ホテルニューグランド」（横浜）は1927（昭和2）年、「帝国ホテル」は1890（明治23）年、「日活ホテル」は1952（昭和27）年開業（本書第1節注（6）参照）で、当時の日本を代表する名門4ホテルである。その後に著名となる「ホテルオークラ」（1962年開業）、「東京ヒルトンホテル」（1963年）、「ホテルニューオータニ」（1964年）、「東京プリンスホテル」（同）は、東京オリンピックの少し前もしくは直前開業の新参であり実績も（少）なかった。戦前には名門ホテルに数えられていた「東京ステーションホテル」（1915（大正4）年開業）は、東京駅という建物の制約上、増改築案が思うように進められず、実質的な親会社である国鉄は新幹線開業に向けて大わらわの最中で、資金や人材配置など難儀が重なり、この時期にはプレゼンスを上げることが叶わなかった。
（2）公式記録には無いが、調理人たちの中には、その任の重圧に耐えられずに、選手村食堂から姿を消してしまう人も一人や二人ではなかった。労務として過酷な現場でもあったが、これまで磨いてきた技量の差を見せつけられ、選手村での学習についていくことができなく、自らを見切ってしまった人たちである。
（3）講談社総合編集局編『20世紀「食」事始め』（1999年、講談社）31頁。
（4）村上信夫『帝国ホテル厨房物語』（2002年、日本経済新聞社）150頁。
（5）佐藤陽『人生はフルコース』（1996年、東京書籍）152～154頁。村上、上掲書、159頁。

7節　アメリカ「第五空軍」と「メニュープランニング」

アメリカ「第五空軍」

　第二次世界大戦中に日本軍への攻撃を主任務として新たに編成されたアメリカ「第五空軍」は、戦後そのまま日本の占領任務に就き、その後も引き続き日本、沖縄、朝鮮の極東区域を責任区域とした[1]。

　「コールドチェーン勧告書」（科学技術庁資源調査会）の取りまとめ役を担った平野赳（日魯漁業副社長）は、この「第五空軍」の給食体系（給養システム）を分析した[2]。

　まず、「任務の対象」は、「戦闘隊員、将兵家族、カフェテリア、将校食堂および特務機関」であるとしたうえで、「給養の任務」とは、「認可されている給養物の取得、貯蔵、配給、販売とその勘定記録」であるとしている。

　次に「食料取得の方法」は、アメリカ「国防省中央給養センターがだいたいの海外派遣部隊用の食料を買い入れ、腐りやすい食料品については現地で取得するようにして」いる。

　この「食糧給養計画の基本」は、「Area Master Menu」といわれ、「向う三年間にわたるメニュー（毎日、毎食の内容を細かに決めたもの）が常に用意され、それにもとづいて、合理的な購入、輸送、配給計画が立てられている」という。

　平野は、ここで大切なことは「メニューの読みかえ」であり「メニュープランニング」であると強調する。

　「メニュー」は、〈健康維持〉〈栄養基準〉〈食料種類別〉〈「低温保存必要性」の有無〉〈有りの場合の「適温」〉〈「加工品」の組み込み度合い〉〈費用〉といった観点から分解され、その観点から綿密に再構成される。すなわち「メニュープランニング」とは、「仕入れ・貯蔵・輸送などを計画化する」ことだということに辿り着くのである。

　ここから平野は、「第五空軍」の「食料品の保存法別…の構成表をつくってみて」、「カロリーでは全体の58％、重量では60％」が「低温保存を要する

食料品」であることを発見する。そしてさらに、「この要冷蔵食品は、輸送、貯蔵を通じて、その保存適温別に、マイナス17.8度C以下で保存するもの（冷凍）、マイナス2度C～プラス2度Cで保存するもの（氷温冷蔵）、プラス2度C～プラス10度Cで保存するもの（冷蔵）――と厳密に分けられ、その品質保持に十分な考慮が加えられている」ことを突き止める。

「メニュープランニング」

　1964（昭和39）年東京オリンピックの選手村食堂の運営は、わが国ではじめて「メニュープランニング」が企図され具体化された画期的革命的な出来事であった。メニュー種類も多種多様で、毎食1万人分の料理、しかもカロリーは一般人の2.5倍の6千キロカロリー、一般人に直せば2万5千人分の食事供給。ピーク時の食材量は、一日当たり肉が15トン、野菜が6トン、卵が2万9千個。平野は、アメリカ軍の「給養」と同様の機制だと喝破した。食材の「低温保存」は不可欠である。

　しかしながら、食材の冷凍化と冷凍食材の使用については、極度の抵抗があった。一般の人たちはいうに及ばず料理人たちにおいても、「冷凍食品」にたいするイメージは酷かったのである。

　その理由は、なによりも戦中戦後の食糧難時に、劣等食材を「冷凍」にして配給したり、流通過程で毀損して悪化した「冷凍」食品を国民に押し付け続けたことである。「冷凍」された食材食品は、「臭い、不味い、不衛生」の代名詞であった。料理人たちにとっては、下等な身分の食材であり、使ってはならない食材、彼らのプライドが使用を許さない代物であった。

　東京オリンピック選手村給食業務を受託した日本ホテル協会会長の犬丸徹三（「帝国ホテル」社長）からして、徹底した「冷凍」食材排除派であり、実際のところ同ホテル厨房でも「冷凍」食材の持ち込みは厳禁であった。

　だが、「選手村給食業務委員会」の村上信夫（「帝国ホテル」新館総料理長）は、すでに冷凍食材の貯蔵を始めており、犬丸徹三に対して、選手村での「冷凍」食材使用の許可を懇願するほかなかった。

　犬丸は伝統的なホテル業界に長年君臨してきているが、筆者の見立てでは革新的な経営者である。ヨーロッパやアメリカのホテル業界もつぶさに研究している。村上の達ての申し出に、犬丸は「試食会」開催を持ち出した。片

や生鮮食材、片や冷凍食材で同じ料理を作り食べ比べる「試食会」(5)だ。

そして、冷凍食材の正式採用が決まった瞬間を村上は次のように書き残している。

「数知れない準備作業のハイライト…最大の催しが昭和38年8月23日、帝国ホテル「孔雀の間」に何百人もの招待客を招いて開いた試食会だ。苦心した料理をたくさん並べた。

スタッフはこの場で、ある実験を試みた。冷凍、生鮮それぞれの素材で作った同じ料理を別皿に盛りつけて並べたのだ。宴が盛り上がり、一段落したころに種明かしをしたが、「全然わからなかった」という感想ばかり。オリンピック担当相をつとめていた佐藤栄作さんが「村上君、どちらもおいしいよ」と言ってくださった。…我々スタッフはほっと安心して、自信をつけて本番に臨むことができた」(6)。

関係者や著名人が一堂に会したこの時の「試食会」の写真を見ると、どの写真にもオリンピック担当大臣の佐藤栄作（のち首相）の隣に寄り添う犬丸徹三が写っている。

未知の食材に頼る

「冷凍」食材食品が、それまで日本社会で受け入れられないできたのは、上記したようにいわばこれまでの実績が酷いものだったからである。

しかしながら、それだけではなかった。本質的にはさらに二つのことが課題としてある。

一つは、「冷凍」食材そのものの扱い方にある。いってみれば「冷凍」食材としての特性に関してまったくの研究不足、というより無知であったということである。

村上は、「冷凍」食材の取り扱いについては、例外中の例外調理人である。なにしろ物事の吸収力の最も旺盛な青年期に零下40℃を下回るシベリアの長い冬で、生存を賭して「冷凍」の食材特性を必死で研究した。このような実績とノウハウは余人にはないものだ。その村上をしても、「冷凍」食材と料理の関係についてはほんの局所を扱ったにすぎない。実際、村上は、冷凍食品に詳しい白鳥浩三、「日本冷蔵」の技術者と一緒にさまざまな食材冷凍法・解凍法について研究を重ねた。生のままの冷凍がよいのか、調理もしくは半

調理してからの冷凍がよいのか。味を付けてからか、素のままか。

いろいろな発見があった。「ブロッコリ、アスパラ、にんじんは茹でてから冷凍する」、「ヒラメとタイはダメだったので生鮮ものを使うしかなかった」などなど。

二つ目は、「冷凍」食材を支える流通や保管などのインフラストラクチャーが未整備状態であり、食材として供される時点で品質が著しく劣化してしまっていることがほとんどであったからである。

東京オリンピック開催時点で、「帝国ホテル」にあった冷凍設備は「GHQの置きみやげの冷凍庫つきの冷蔵庫しかなかった」状態である。しかもこれは「マイナス10度までしか下がらない」。推して知るべし。

要するに、「冷凍」食材の威力は、ごくごく限られた範囲で、限られた人たちでしか発揮しえないものであった。「冷凍」食材の大活用が東京オリンピック選手村食堂運営の大成功の最大要因であったことも、事実上長らく封印された。ホテル業界関係者は、その威力に刮目しても、使用を広言することは世評を気にして憚ってきたのである。

「冷凍」食材食品が食品業界全体に、そしてわが国食生活全体に向けて開放されていくためには、次の何かが必要であった。

東京オリンピック閉会から3カ月、1965（昭和40）年1月に科学技術庁資源調査会から2年間の討議を重ねてとりまとめられた「食生活の体系的改善に資する食料流通体系の近代化に関する勧告」、いわゆる「コールドチェーン勧告」が公表された。それは、「メニュープランニング」の視点で日本の食品流通諸機能の連結（チェーン）を唱えるものに他ならなかった。

【注】
（1）朝鮮戦争（1950年〜）では主力部隊および司令部が朝鮮半島に移動した。
（2）平野赳『これからの食品流通』（1967年、ダイヤモンド社）119〜134頁。
（3）上掲書、132頁。
（4）上掲書、126頁。
（5）野地秩嘉『TOKYOオリンピック物語』（2011年、小学館）107頁。
（6）村上信夫『帝国ホテル厨房物語』（2002年、日本経済新聞社）152頁。
（7）野地、上掲書、107〜109頁。
（8）当時の食品衛生法上（厚生省告示）では「－15°以下で保存」することが「冷凍食品の規格基準」であった。業界（日本冷凍食品協会）での

「自主的取扱基準」として"国際標準"の「-18℃以下」とされるのは1971年、「日本農林規格（JAS)」で調理冷凍食品規格基準が定められ保存温度が「-18℃以下」とされるのは1978年である。

8節　ホテル業界の大変革と大躍進

調理場のシステム化

　1964（昭和39）年東京オリンピック開催。来訪選手役員約7,200人、オリンピック開催期間を挟む52日間、総延べ人数23万人、総供給事数69万食。選手村食堂の運営のためには、食堂とは別棟で下ごしらえを分担する「サプライセンター」の設置と、冷凍食材の活用とが必須であった。

　選手村食堂を担当するのはわが国の代表的なホテルが参画する「日本ホテル協会」（代々木選手村給食業務委員会）。しかしながら、それまでのホテル業界においては、「サプライセンター」方式（セントラルキッチン方式）も、そして冷凍食材の使用も、ほとんど未知、未経験のものであり、これらの採用には、英断がいる。

　前者「サプライセンター」の活用については、大型ホテルでは調理場は分業制が採られているので、まだ理解がしやすかった。だが、冷凍食材についてはトップも料理人も"劣等食材"だと決めつけ使用厳禁としていた。この状態を覆したのが、オリンピック開催前年に盛大に催された「生鮮冷凍食材の食べ比べ試食会」であったことは前節で述べたところである。

　こうして「サプライセンター」方式と冷凍食材は、選手村食堂の運営にあたって大活躍した。

　選手村食堂の一つ「富士食堂」の料理長を務めた村上信夫（「帝国ホテル」新館料理長）は、「苦労が実って、選手村の料理は好評を博した」と総括し、そして付け加えた。「「日本は長い国だから、魚も野菜も一年中何でもそろうのか」と聞かれ、鼻を高くしたものだ」と。冷凍食材活用の陣頭指揮を執った村上の自慢がこぼれ出たひと言である。[1]

　では、この東京オリンピックで実証された「サプライセンター」方式と冷凍食材は、その後どのように食の世界に広がっていくのであろうか。なかんずく、未知、未経験であったところのホテル業界はどうしたのか。

大型ホテルと「大型宴会」

　村上は、冷凍食材について、次のようにいう。
　「オリンピックで冷凍食品が大活躍したおかげで、各ホテルは一斉に冷凍設備の導入を急ぎ始めた。帝国ホテルでも五輪閉幕の直後に、零下五十度まで下がる大型冷凍庫を購入した。…その後、急ピッチで増えた大型宴会に対応、千人を超す宴会は何でもなくなった(2)。」
　では、次に「サプライセンター」方式についてはどうか。
　「オリンピックで威力を発揮したサプライセンターの方式も取り入れた。大量に使う食材は、事前に質や形をそろえ、下ごしらえしてストックしておく。…このやり方を徹底し、…大宴会で威力を発揮した(3)」。
　要するに、村上は、東京オリンピックで威力を存分に発揮した「サプライセンター」方式と冷凍食材活用をセットで取り入れて、ホテルの調理場をシステム化して、料理の提供力を飛躍的に増大させたのだというのである。
　オリンピック選手村の運営の受託先は日本ホテル協会である。すなわち、この経験は独り「帝国ホテル」に止まらずにホテル業界全体の経験であった。いい方を変えれば、ホテル業界は、東京オリンピックの経験を通して、4桁の人数を一堂に集める「大型宴会」に難なく対応できる料理提供システムを入手したのである。
　おりしもわが国は高度経済成長の真っただ中。企業・団体などの宴会、パーティが増大拡大していく最中である。
　東京オリンピック開催の翌1965（昭和40）年、大阪で5年後の1970年万国博覧会開催が正式決定すると、関西でホテル建設ラッシュとなり、東京での大型ホテル追増も激しくなった。この動向をホテル業界史では「第二次ホテルブーム」と呼び、今日のわれわれが知るホテル業界の輪郭がほぼ出来上がることになる。
　ちなみに、「第一次ホテルブーム」とは、東京オリンピック開催を控えての1960年代前半の大型ホテルラッシュを指す。おもなところとして、「銀座東急ホテル」（1960年）、「パレスホテル」（1961年）、「ホテルオークラ」（1962年）、「東京ヒルトンホテル」（1963年）、「東京プリンスホテル」（1964年）、「ホテルニューオータニ」（1964年）がある。

その後の帝国ホテル

　東京オリンピック閉幕から2年後1966(昭和41)年、帝国ホテル本館「ライト館」(設計者フランク・ロイド・ライトの名から)の老朽化による解体と新本館建設が決定した。そして4年後、大阪万国博覧会開幕の直前1970(昭和45)年3月、新本館完成の開業式が行われた。この一連の陣頭指揮を執ったのは犬丸徹三社長の長男で英才教育を施され米欧のホテル事情に精通する犬丸一郎取締役(のちに社長)であった。

　犬丸一郎は、新本館に最新鋭の設備とシステムを施そうと、さまざまに研究を重ねた。

　1968(昭和43)年春、犬丸一郎は「帝国ホテルのスタッフを連れて米国に…料理の急速冷凍・解凍技術を学ぶため」出張した。そこで「ロータリーオーブン」を目にして、即決で2台購入した。幅約4メートル、奥行き約3メートル、高さ5メートル。「内部では何枚もの鉄板が回転し、…1台でローストビーフなら十八本、人数で言えば五百人分を一気に焼ける。」

　そうして、「新本館では、…国内では初めてセントラルキッチン・システムを取り入れた。地下に大きな調理場を設け、肉や魚の処理、野菜の下ごしらえなどをすべてまかなうことにした」のである。[4]

　かくして、地上17階、地下3階。777の客室と、一日に22組が結婚披露宴を行える各宴会場をそなえた巨大なホテルが営業可能となったのである。[5]

　新本館開業式の翌日3月11日、「パン・アメリカン航空」のジャンボ機が羽田空港に到着した。500人もの乗客を一度に運ぶ大量旅客飛行時代、国内外旅行大衆化時代の幕開けであった。その3日後3月14日、大阪万国博覧会が開幕した。

食材革命と緘口令(かんこうれい)

　冷凍食材は、たしかにホテル業界で活用されるようになったはずである。大型の急速冷凍庫も常備されていると"当事者"は口を揃える。が、そうした認識をほとんどの人は有していない。ホテル業界は、生鮮食材にこだわっているはずだと。謎だ。

この理由は二つある。わかりやすい理由とわかり難い理由だ。
　一つ目、わかりやすい理由は、ホテルで調理に携わる人たちが冷凍食材の利用について口を閉ざしてきたからである。箝口令といってもよい。世間に、冷凍食品、冷凍食材は、生鮮品と比べて劣等食材であるとする思い込みがあり蔓延している。そうである以上は、高級料理を謳うホテル業界では評判を気にして、冷凍食材使用については口を塞がざるを得ないのである。
　二つ目、わかり難い理由は、冷凍食材の食材としての特性の難しさにある。食材は、急速冷凍庫を用意して端から冷凍していけばよいというわけではないのだ。二つのことを考えなければならない。
　第1点は、食材そのものの特性についてだ。第2点は、料理という観点だ。
　第1点について。食材はその種類によって、さまざまな特性がある。魚、肉、野菜。脂質や蛋白成分や水分成分の組成によっては、冷凍速度、冷凍温度帯、解凍法など適性が相違している。つまり、食材種類ごとに冷凍材としての扱い方が異なるのである。
　たとえば、東京オリンピックのために村上たちが行った研究の成果を聞いてみよう。
　「野菜は、どれでも生で冷凍しても味が落ちないとわかったが、ブロッコリ、アスパラ、にんじは茹でてから冷凍すると状態がよく仕上がり、ねぎ、玉ねぎは茹でた後、ソースの状態にしてからの方がいいと知った」。
　魚については、「マグロ、鮭は生でも調理してからの冷凍でも、おいしかったけれど、ヒラメとカレイはぜんぜんダメ。冷凍すると格段に味が落ちました」[6]。
　食材の種類ごとに冷凍特性が異なる。ゆえに研究の蓄積が必要なのである。
　第2点について。料理の観点である。食材なるものは、およそどのような食材もそうであるが、特定の料理に使用されるがゆえに食材である。煮たり焼いたり炒めたり切ったり茹でたり蒸したりと、その食材を用いてどのように調理しようとするのかによって、用意されるべく食材特性が異なる。その料理に合わせた食材が用意されなくてはならないのである。おなじく村上の言を聞く。肉は、「シチューのような煮込みのものは味を付け、料理の形にしてから急速冷凍するといいと分かった」。
　要するに、どのような料理に仕上げようとしているのか、さらにその食材をどのような調理施設能力で料理しようとしているのか、という観点で食材

は用意されなくてはならないのである。
　たとえば、「帝国ホテル」内レストランであるならば、料理も厨房設備もここに固有のものだ。ここで使われる食材は、端的に言ってここで使われるべく整えられた食材であり、他所では適性を欠く食材となる。今日われわれがスーパーマーケットの冷凍食品売り場で手にする市販用（家庭の食卓用）の冷凍食品とは、性格の異なるものだと理解しなければならない。
　総括しよう。ホテル業界が学んだ冷凍食材の活用術とは、当該ホテル内においてこそ威力を発揮するものであったのである。
　こうして、ホテル業界だけが、冷凍食材と「セントラルキッチン」方式を活用してこれを秘匿し、大宴会を一手に受注する術を独占したのである。

【注】
（1）村上信夫『帝国ホテル厨房物語』（2002年、日本経済新聞社）160頁。
（2）同上、158～159頁。
（3）同上、159頁。
（4）犬丸一郎『「帝国ホテル」から見た現代史』（2002年、東京新聞出版局）164～165頁。この「ロータリーオーブン」は、同書執筆時の「30年以上過ぎた今も、ホテルの調理場で稼働している」（165～166頁）。
（5）総工費230億円。当時の年間売上高は130億円ほどで過大投資ともいわれた。なお、この時期1967～1969年頃の帝国ホテル筆頭株主は「日本冷蔵」（現「ニチレイ」）であった。武内孝夫『帝国ホテル物語』（1997年、現在書館）261頁。
（6）野地秩嘉『TOKYOオリンピック物語』（2012年、小学館）108～109頁。

9節　食のバイブル「コールドチェーン勧告書」

「いざなぎ景気」

　1964（昭和39）年の東京オリンピックが閉会すると、日本経済はたちどころに不況になった。「四十年不況」とも「証券不況」ともいわれる。直前3年間を「オリンピック景気」とも呼ぶので「反動不況」という言い方もあった。が、この不況はほぼ1年で脱し、ここからさらに未曾有の好況期を迎える。第二次高度成長「いざなぎ景気」である。(1)
　この期は、日本を後方基地としたアメリカのベトナム戦争が"どろ沼"化していく時期と重なるが、国内的には急激な経済成長の負の側面が多方面で深刻化していく時期でもある。なかでも「公害」問題とならび、大都市への人口集中、過密問題は、国会でもしばしば議論の的であった。なにしろ経済成長下で物価は常にインフレ気味であるが、政府肝煎りの「物価安定推進会議」の設置も効果なく、大都市部では"民の竈（かまど）"を直撃する生鮮食料品の価格高騰が繰り返されて政治問題化していた。とくに野菜は、常温ですぐに劣化・萎れてしまい、卸売市場では日々の大量廃棄が常であったという時代である。
　1965（昭和40）年ごろを歴史的に俯瞰（ふかん）するとこのような状況であった。科学技術庁長官宛てに資源調査会（会長内田俊一、元東京工業大学学長）から「食生活の体系的改善に資する食料流通体系の近代化に関する勧告」が提出されたのは、この年の1月であった。表紙に「コールドチェーン勧告書」と副題が添えられていた。

「コールドチェーン勧告書」

　「勧告書」は、長官宛「書簡」2頁、「本文」6頁、「附属資料」178頁の三部から成る。「附属資料」は、「本文」の簡潔な物言いに対して、111点の表、79点の図を掲げていちいちの論拠を提示したり論じたりするものである。

「付属資料」という控えた見出しとは釣り合わない、紛う方無い最先端の「食生活」研究書に他ならなかった。長年月を経て色褪せることなく語り継がれることの根拠と魅力である。

以下に、「本文」の目次を掲示する。
　　Ⅰ　食生活の改善を体系的に行うことの必要性
　　Ⅱ　健康水準の向上に資する食生活の改善
　　Ⅲ　食生活の改善に資する食料流通システム
　　Ⅳ　食料流通改善のための措置

目次にみられるように、前段のⅠ、Ⅱはいわば目的論、後段のⅢ、Ⅳは手段論である。すなわち前段ではわが国の食生活のあるべき姿を提示し、その未来へ向かっての具体的な改善の方向を示す。そして後段では、それを実現するために必要なシステムとはなにかということを提言するのである。

前段の議論でモデルとなるのは、欧米、就中アメリカの「健康的食生活」の営みである。一つの証左は「脳卒中死亡率」だ。日本は極めて同率が高い。かつてはアメリカでも高位であったが、いまは極めて低い。そこでアメリカの食品類別消費推移と「脳卒中死亡率」の推移とを照合してみると、両者の推移曲線は見事に重なり合うではないか。食品類は、「塩蔵・塩干」食品の摂取に頼っていた時代から、「冷凍・缶詰」食品の摂取に移行していたのである。同じく、「エネルギーの補給を主とする低位保全食品」を偏重して摂取していたことから、「良質蛋白、ビタミン、ミネラルなどに富む高位保全食品」の摂取へと転換していたのである。食生活における食品群の入れ替わりこそ「健康的食生活」のための処方箋なのである（67〜71頁）。

世界を見ても同じことが観察される。かつてはどこも「Non Perishable Food（常温で相当期間保存しえる食品）（穀類、豆類、いも類など）」依存割合が高かったが、それが「世界の健康国」になるほどに、「Perishable Food（低温保存、加工保存を必要とする食品）の摂取量が多く」なっているのである（75頁）。

では後段、実現のための具体策についてはどうか。第Ⅳ項「食料流通改善のための措置」に、次の5項目が明記されている。「勧告」内容そのもののストレートな提言である。

　1．コールドチェーン（低温流通機構）の整備
　2．食品の等級・規格及び検査制度の確立

3．食品流通に関する情報体系の整備
　4．生産地、中継地加工体制の確立
　5．食品流通に関する研究開発（許容温度時間：T.T.T.、加工、包装、等級・規格）

　これら5つの項目のなかで目新しい言葉は、第5項目にある「許容温度時間：T.T.T.」であるが、これについての説明は短文の「本文」にはなく、研究書である「付属資料」にある。
　「T.T.T.」とは、「Time Temperature Tolerance 品質の保持時間に応ずる限界温度」(100頁) の略であるとして、主にアメリカの農務省 (USDA) や専門誌での資料を駆使して、生鮮食品を中心に様々な食品類の品質が保持される温度と時間を紹介している。
　分かりやすい解説としては「アイスクリームは、－17.8℃に貯蔵して95日間品質を変えずに貯蔵できるが、1年間なら－20℃でなければならない。また卵は7℃で11週間、生牛乳は4℃で3日、肉は3℃で2日間品質を保持できる」としている。多数の生鮮食品、加工食品を俎上に載せ、貯蔵温度と時間期間による品質劣化の勾配曲線を表示図示している。アメリカにおける膨大な実証実験の成果の紹介だ。
　さらに野菜・果実のビタミン減損率や魚フィレ（タラ）の初期腐敗条件にいたるまでなどを、温度と時間の函数としてわかりやすく数値を示している。
　当時これだけの多くの食品類の「T.T.T.」を一堂に紹介した文献は、この「勧告書」が唯一であった。食品流通業界や「コールド」に携わる人たちにとってバイブルとなった。
　前段、後段ともに、ことごとく日本国内では蓄積もない収集もできなかった実証データが論拠として、これでもかというがごとくふんだんに使用されている。いったいこの膨大な資料はどのようにして入手され、そして分析されたのであろうか。
　「勧告書」の「あとがき」には、取りまとめにあたった「食生活環境小委員会」（委員長平野赳（「日魯漁業」副社長））から、資料提供者、助言者への謝辞として、「アメリカ第5空軍」と「アメリカ大使館」が特筆されている。
　実際のところ、これら論述の中心をなす「食生活の改善に資する食料調達システム」の章（84～178頁）は、その冒頭6ページにわたり「米国第5空軍における食料給養計画」を丁寧に精察し「解析」することからはじまってい

たのである。

「予冷出荷」にそれる

「コールドチェーン勧告」の翌1966（昭和41）年、1億9,415万円の大型予算が組まれて"生鮮"食料品での実験がスタートした。現在の貨幣価値でおよそ20億円になろうか。

実験第1号はキュウリだ。同年9月、「福島県岩瀬郡岩瀬村（現須賀川市）で10日に収穫して、12時間低温処理され、平均7.5度前後の冷蔵コンテナで輸送され、12日に東京都内の15の実験店（八百屋）で販売された」。

「ビニール袋4本入り25円、5本入り30円。同日神田市場から仕入れた同県産のキュウリに比べ、実が引き締まっていたという。実験は好評を博し、以後キャベツ、ニンジン、リンゴなど続いた」。

「実験はマスコミでも写真入りで紹介され」、この話題は大賑わいであった。だが、あくまで"実験"の域、国費負担があればこそで、肝心の物流費については端から計測外であり報告はない。

それ以上に、上記の「勧告書」に照らすと違和感を持つ。

そもそも野菜の「冷凍」と「冷却」とでは、目的も技術も別物であるからだ。

「冷凍」は、野菜そのものの損傷を避けるために凍結前にブランチング（加熱処理）しなければならない。保管と流通も「冷凍」下に置かれたままであることが要件だ。相当の長期にわたる保存が叶う。

これに対して、「冷却」はせいぜい2・3日の品質劣化のミニマム化を目的とする。いわゆる「予冷出荷」、すなわち産地で冷やして、冷やした状態で消費地に運ぶというものだ。ただ、生鮮食料品なら中央卸売市場への出荷が目指され、「予冷野菜」は歓迎はされるが、卸売市場では外気温での荷捌きなので「冷却」チェーンにはなっていない（近年は冷蔵設備がある）。

すなわち、科学技術庁「コールドチェーン勧告」は政策的には東京での生鮮食料品の物価高騰対策の目玉として活用されるところとなったのである。のちの史家がこの実験を評価するのは、そうした政策面の効用なのである。

では、「勧告書」で説かれた「食品流通の整備」、「アメリカ第5空軍」の「給養システム」を範とする「コールドチェーン」は、どこでどのようにし

てわが国に登場するのであろうか。その壮大なスケールのテストランは、1970（昭和45）年大阪万国博覧会にて、われわれの眼前に姿を現し、絶大な威力を見せつけることになるのである。

【注】
（1）戦後復興期、高度成長前期の好景気を日本神話になぞらえて「神武景気」「岩戸景気」と呼んだことに対応して、今般はこれらを超えるという意味を込めて「いざなぎ景気」と呼称された。
（2）日本経済新聞社『流通100問100答』（1977年、日本経済新聞社）26頁。
（3）西東秋男『食の366日話題辞典』（2001年、東京堂出版）224頁。
（4）「ブランチング」は、一般的に熱湯や高温の蒸気を用いて野菜や果物を加熱し、冷水や低温の空気で冷却することをいう。主な目的は酵素の働きを弱めることで、さまざまな変化の防止効果がある。
（5）「予冷出荷」は、農林省下の各県農業試験場で1960年代半ばから試験研究されていく。このころ長野県（農協）のレタスでの成功例で注目されるようになり、本文中の実験も関心を高めるのに役立った。ただこのころは、まだ低温の品質への影響、冷却方法別速度、冷却方式など基礎研究・試験が主であった（石井勝「わが国における青果物の予冷出荷の現状と研究の動向」、『日本食品工業学会誌』第31巻第7号、1984年7月）。なお福島県産野菜類が首都圏市場で存在感をつくっていくのは、1970年代後半以降で東北自動車道の北伸によるものである。
（6）小菅桂子（食文化）は、この実験は科学技術庁の「新鮮な野菜を早く安く消費者に」という提唱によってはじめられたと紹介し、「コールドチェーンとは、輸送を低温で行う流通ネットワークのことである」と説明している（『近代日本食文化年表』1997年、雄山閣）、220頁）。他方、岸康彦（農政史）は、冷凍と低温（冷蔵）を峻別し「実験自体は生のキュウリを運んだもので、冷凍食品と直接の関係はなかったが、国民の目を「低温」に向けるためには十分な効果があった」と正鵠な指摘をしている（『食と農の戦後史』1996年、日本経済新聞社、182・183頁）。

10節　大阪万国博覧会のフードサービス

米ソ宇宙戦争

　1960年代の同時代人は「地球は青かった」という言葉と、この言葉を発したユーリイ・ガガーリンという名前を知らない人はいない。

　1961年4月12日、ソビエト連邦（ソ連）の有人宇宙船「ヴォストーク1号」が地球を一周し、単身搭乗者ガガーリンは、1時間48分の飛行時間を終えて帰還した。その時のインタビューに「空はとても暗かったが、地球は青かった」と印象を語った。(1)

　アメリカとソ連の二大超大国の覇権争いが宇宙空間にも及んでいたという現実にも衝撃を受けたが、それ以上に人類の宇宙空間進出の第一歩として、世界中がこのビッグニュースに沸いた。アメリカ・ケネディ大統領も祝賀メッセージを送った。

　8年後1969年7月20日、アメリカがこの競争で起死回生の逆転劇を演じた。ニール・アームストロング船長とエドウィン・オルドリン大佐を乗せた宇宙船「アポロ11号」の月面着陸船「イーグル」が、月面着陸に成功した。着陸した平原は「静かの海」と名付けられた。

　アームストロングは、"ゆっくりと"月面に降り立った。「人には小さな一歩であるが、人類には巨大な一歩」と語った。オルドリンも月面に降り立ち、二人は"アメリカ国旗"を立てて記念写真を撮り、47.5ポンド（21.5キログラム）の月物質を地球に持ち帰るために採取した。

　60年代初頭との決定的な違いは、"テレビ"である。普及の前と普及の後。世界中が酔った。誰もが月面カメラから地球に送られてくるアームストロングの"ゆっくりと"歩く様子を"テレビ"を通して映像として目に焼き付けたのである。

ソ連館とアメリカ館

　1970（昭和45）年3月14日午前11時、大阪・吹田市の千里丘陵を会場として日本万国博覧会（EXPO'70）が開幕した。テーマは「人類の進歩と調和」。ここでは人類の未来を知り体験できると。のみならず大多数の日本人にとっては、未知の外国を知り体験できるはずだ。当時、海外に行ったことのある人はほんの一握りで、ほとんどの日本人は"外国人"さえ見たことがないという状況であった。この会場には世界77カ国から参加がある。
　会場内に建設されたパビリオンは116館。海外が85館、国連館やEC館、州や州と企業の合同館もあった。日本が31館、同じように、日本館、さまざまな企業館・業界館、地方自治体館、中堅企業の合同館もあった。
　特広の敷地に特大の建物で臨んだところが3館ある。日本館、ソ連館、アメリカ館である。
　日本館は、5棟の円形型建物を配置した。「むかし」（1棟）「いま」（2棟）「あす」（2棟）を巡回させるというものである。
　ソ連館は、地上3階で、万博最大の敷地面積、延床面積を有し、高さも最高の109mで、内部にも80mの吹き抜け空間を構えた。レーニン生誕100年で彼の生涯とソ連の歴史展示に力が入り、文化・芸術も満載であるが、最大の見せ場は、吹き抜け全体を使ったダイナミックな宇宙開発の展示である。高さ20数階建にも及ぶこの吹き抜け空間に、ガガーリンの肖像を中心にして「ヴォストーク」などが群舞し、来場者を宇宙への旅と誘った。
　アメリカ館。地面を6m掘り下げ、長径142m、短径83.5mの楕円形の膜を架けた空気膜構造の建物で、芸術やスポーツにも力を入れた展示であった。が、飛び抜けた話題は"本物"の「月の石」の展示で、「人類の巨歩」の熱狂が際立った。「アポロ11号」の月着陸船、月面に残してきたものと同じ機械装置など、着陸地「静かな海」の原寸の再現空間に展示され、黒山の人だかりが絶えることはなかった。
　ちなみに、ソ連館の設計と監理はモスクワ市建築計画局であった。日本人が初めて目にしたエアードームを持ち込んだアメリカ館の施工監理は（日本にはノウハウがなく）アメリカ軍極東地区工兵隊であった。

ハワード・ジョンソンの撤退

　平野暁臣編著『大阪万博』に各パビリオンのレストランの紹介がある。
　日本館は席数150席。ソ連館は別棟のレストラン「モスクワ」とカフェテリアで計1,000席。
　アメリカ館は隣地に「アメリカン・パーク」が配置されていて、ここに「アメリカン・レストラン」（500席）があり、ビーフシチュー、ハンバーグステーキ、ビーフステーキなどが提供された。日本初お見えの「ケンタッキー・フライド・チキン」も出店（テイクアウト）した。「アメリカン・パーク」は、13の建物と2つの広場から成る共同展示館で、アメリカ政府観光局、アラスカ州など自治体、「コカ・コーラ」など民間企業が共同で出展したものである。
　大阪万博は、すべてにおいて破格であった。9月13日までの183日間の会期中に6,421万8,770人が入場した。開会3年前の予測では2,799〜3,613万人、さまざまにプロモーションをかけ直前予測でやっと5千万人。すなわち誰もが予想だにしえなかった来場者数である。
　一日平均35万人強。いったいどのくらいのものか、よくわからないので、書く。会期中に迷子4万8千人、落とし物5万4千件、救急車出動1万1千回、東海道新幹線利用者前年比34％増、カラーフィルム出荷数59％増。やはりよくわからない。最終土曜日、83万5千人超え。会場全体が満員電車並み状態で身動きとれず、退場できなかった数千人が野宿した。
　全国から万博へ押しかける人々を称して「民族の大移動」という流行語も生まれた。
　会場内で食事はどうしたか、どうなったか。ここは想像がつく。開店すれば人が殺到。店内は混乱。調理は間に合わず、頑張ってもじきに食材切れ。
　が、「アメリカン・パーク」直営レストラン4店は、そうした混乱も見られず、比較的スムースに運営されていた。これらは、当初はアメリカレストラン界のトップブランド、「ハワード・ジョンソン」社が請け負うこととなっていた。
　遡ること2年前の1968年4月、この企業の創業者ハワード・ジョンソンを表敬訪問した日本人がいた。のちに「ロイヤルホスト」チェーンをつくる江

頭匡一(きょういち)である。江頭は、福岡の板付米軍基地内のコック見習いからスタートし米軍の御用商人を経て、レストラン事業で成功を収めていた。米軍基地で「仕事をしているころは、毎日、米国に留学しているようなものだった」と語り、米軍の給養システムを学んで、「料理を冷凍するという概念は米軍が作り出したものだ」と解説している。(6)

江頭は、日本興業銀行から6億円の融資を得て、事業の中核とすべき大規模集中調理工場の建設構想をもって、29日間の海外視察を断行中であった。(7)ハワード・ジョンソンとの会談のなかで、大阪万博アメリカゾーンへの出店の話題に及んだときには色めき立った。江頭は、透(す)かさず社員50人を人件費持ちで派遣するので研修と思って受け入れて欲しいと申し入れ、その場で快諾を得た。

年が明けていよいよ万博開会まで1年となった1969年初めに、「ハワード・ジョンソン」社が大阪万博から撤退するとの報が入った。とても採算が取れないという理由だった。江頭の算盤勘定でも大赤字は必定ではあったが、肩代わりを申し出て、その見返りとして同社からのノウハウ移植と「米国からの食材調達についての応援」を取り付けた。

万博開会まであと半年と迫った同年9月、江頭が心血を注ぎ海外視察の成果も随所に取り入れた「料理を冷凍加工するという方式を現実化した」「中央調理場」(当時の呼称、いまはセントラルキッチン)が竣工した。代償も大きかった。「冷凍食品」使用に反発する子飼いのコックたちの半数近くが大量退職した。工場は得たが職人力は半減した。

こうして「米国からの食材調達」と福岡の「中央調理場」と大阪・千里を繋ぐコールドチェーンの実験が始まった。それは日本の食の未来を切り開く前代未聞の実験であった。

【注】
(1) ガーリンは当時27歳。搭乗時は中尉で飛行中に2階級特進し少佐に昇格した(のち大佐)。当時の技術では生きて生還する確率は高くないとする判断があったとされる。この7年後にジェット機の飛行訓練中に事故死する。享年34。
(2) 平野暁臣『万博入門』(2019年、小学館クリエイティブ) 22・23頁。
(3) 万博に関するデータ類は、主に平野暁臣編著『大阪万博』(2014年、小学館クリエイティブ)による。

（4）展示された「月の石」は、1969年11月に「アポロ12号」が持ち帰ったもの。ニクソン大統領から贈られた「アポロ11号」の「月の石」は5月より日本館に展示された。だいぶ小振りであった。（平野編、上掲書、96頁、127頁）
（5）このときの経験が基礎となり、後に東京ドームなど日本各地で空気膜建築がつくられるようになる。（平野暁臣『万博の歴史』（2016年、小学館クリエイティブ）117頁）
（6）江頭については、佐野眞一『戦国外食産業人物列伝』（1980年、家の光協会）42～75頁、川島路人「初心貫いた和製外食王」『外食産業を創った人びと』（2005年、商業界）40～49頁、「私の履歴書」『日本経済新聞』（1999年5月1日～5月31日、30回）参照。
（7）日本興業銀行（興銀）は、もともと明治政府の産業振興策によって1902年に設立された工業金融の特殊銀行で、戦後は1952年に長期信用銀行法により長期金融の専門銀行となった。電力、鉄鋼、海運など主要産業への長期資金の円滑な供給を図ることを目的とした"国策"銀行である。江頭は同行福岡支店に狙いを定めて日参し、セントラルキッチンへの投資資金として6億円の融資を実現した。当時の支店長村瀬泰敏（のち「アブダビ石油」社長）の英断と言われ、最後には中山素平頭取が断を下したとされる。江頭にとって興銀から融資を得ることは、社会的地位の低かった飲食業にいわば国の後ろ盾を得るという認識であり、"悲願"であった（なお興銀そのものは21世紀に入って、第一勧業銀行、富士銀行とともに再編され、現みずほ銀行となっている）。

11節 「ロイヤル」の決断と取組み

江頭匡一の決断

　大阪万国博覧会が開催された1970（昭和45）年当時、牛肉はいうに及ばず、オレンジもグレープフルーツもパイナップル缶詰も、市中に自由に出回る食材ではなかった。輸入が制限されていたからである。
　国が農畜産物の輸入制限を厳重にするにはいくつかの理由がある。
　一つは、保有外貨の流出阻止である。外貨が無ければ輸入そのものができない。輸入は外貨の流出であるので、この時代は外貨割り当てを採って、国として外貨節約に励んでいた。
　二つは、海外からの商品流入を妨げて、国内の市場への商品供給は国産品で賄うことで国内産業の保護育成と振興を図るという政策によるものである。
　三つは、"植物防疫法"並びに"家畜伝染予防法"という法律の名から根拠を知ることができる。植物や動物にはそれぞれ固有の病原菌や寄生菌があり、これの地域間移動は阻止されなければならならない。果実についても、品目ごとに輸入が可能な国のみならずエリアも立ちいって限定されており、そのエリアからの輸入が解禁されるときには、日本からの現地調査も行われることが原則である。もっとも、国際外交の場面では、この三つ目の理由は、二つ目の口実ではないかという議論がしばしばなされるが。
　さてそこで、万博会場内で提供されるものには特例措置が採られることになる。諸外国のパビリオンでは、各国の自慢のコンテンツを競い、併設レストランでは各国の自慢料理を競うが、その食材についてさまざまな特例措置がなければ実現できないからである。そうすることで「アメリカ館」および「アメリカン・パーク」は、日本の市中とは異なりアメリカの食を体現することができるのである。アメリカゾーンに設けられたレストランは、「ステーキハウス」「ハンバーガーショップ」「カフェテリア」そして「フライドチキン」の4店である。
　このレストラン4店を運営受託したのは、九州・福岡に本拠を構える「ロ

イヤル」である。「ロイヤル」を創業した江頭匡一は、万博会場内にアメリカ料理を出現させるべくわが国で独創的な手法を二つも駆使して臨んだ。

「ステーキ用の肉は、米国のデンバーの大手メーカー、モンフォートから調達。炭火を通せばすぐに出せるように大きさ、形をそろえ、冷凍、パッキングしたものを神戸港に運ぶ。鶏肉もすべて米国産。加えてハワイのパイナップル缶、カリフォルニア産のオレンジ、グレープフルーツを使う[1]」。

もう一つは、九州・福岡に「興銀の融資でつくったセントラルキッチンで調理、冷凍した食品を大阪・千里の万博会場へトラック輸送する」。江頭はこう言い添える。「福岡と大阪の距離は約六百キロ。ロサンゼルス―サンフランシスコ間とほぼ同じ。あちらではその程度の距離の輸送は当たり前だ。日本でもやってみよう」と。

要するに、大阪万博会場のアメリカゾーンでは、アメリカのスポーツや芸術も紹介され「宇宙開発」も見せつけたが、レストランではアメリカの食材でアメリカのメニューが提供されたのだ。そしてそれにとどまらず、食材の調達システム、すなわちアメリカのフードサービスのビジネス手法そのものが再現され試験されたのである。

セントラルキッチン神話の誕生

当初はこのアメリカゾーンのレストラン運営は、アメリカの外食王「ハワード・ジョンソン」が担う予定であったが、経営採算の点で辞退し、代わりに「ロイヤル」が名乗りを上げた。「ロイヤル」の試算でも2億円の投資で約4千万円の赤字であったが、江頭は、授業料（「ハワード・ジョンソン」からの運営と食材調達の指導援助料）と割り切った。

江頭は、半年間の会期で採算目標を売上7億円と弾いた。1日383万円だ。4店舗なので単純に4分の1だと1店舗当たり96万円となる。どのくらいのものか。代表的な百貨店食堂で、同年「三越」の「和定食」が400円、コーヒーが60円なので、客単価を460円として換算すると客数2,087人となる。また、翌年開店の「スカイラーク」国立店（1号店）の「ハンバーグステーキ」380円だと2,526人分、「サーロインステーキ サラダ添（牛ロース）」1,300円で738人分[2]。

4店舗で1日383万円。フードサービスビジネスを少しでも齧った人なら

誰でもが目が眩むような数字である。仮に食材がどんなに潤沢に供給されても調理やオペレーションがついていかないことはたやすく想像できる。どれほどあがいても採算など採れるはずなどないと。

実際はどうであったか。開会式は3月14日。「ロイヤル」はというと「翌15日の一般公開に向けて、準備にテンヤワンヤであった。米国メーカーから数千万円で買った調理場のガス器具を積んだ船便が遅れ、据え付けが終ったのは公開当日の午前五時。福岡から送り込んだ150人のスタッフのなかには、徹夜続きの疲れと緊張から、ノイローゼ気味になる者さえ出た」。

初日、4店舗250万円という目いっぱいの江頭の"願望"に対して（会期換算4億5千6百万円）、500万円を売り上げた（同9億円を超える）。江頭は「やったやった」と叫びながら店に走ったと証言している。ステーキハウスは「開拓時代の米国南部の邸宅をしのばせる」デザインでアメリカ風を演出し、勢いに乗って「米国から空軍機で牛を空輸」するという話題づくりにもアメリカ側は「必死で…後押ししてくれた」。

そして、会期が終〆てみれば、売上高合計は10億2百万円。赤字どころか1億5千万円を超える黒字となった。

ちなみに万博会場内でのライバルとして「宇宙」競争を展開したソ連館は、別棟のレストラン「モスクワ」とカフェテリアを合わせて1,000席でロシア料理、グルジア料理、ウクライナ料理を提供したが、7億円であった。大健闘ではあるが、お国自慢の提供料理数では、500席で臨んだ「アメリカ料理」と比べると見劣りは否めない。

いずれにせよあらゆる関係者の注目が集中した。巨額の黒字、福岡の「ロイヤル」、アメリカ料理、空輸牛まで見せつけたアメリカの食材。そして江頭匡一。彼はセントラルキッチンからの冷凍品とアメリカ発冷凍食肉の遠距離輸送（コールドチェーン）を魔法のビジネスモデルとして誇示吹聴し、隠すところがなかった。

食材の輸入自由化

1970（昭和45）年当時は日米繊維交渉の只中にあった。日本の戦後復興に伴い、日本からの繊維品のアメリカへの輸出が急増し続け、アメリカ繊維産業がダメージを受けているので、日本側に輸出規制を求めるというものであ

る。外交史上、「日米繊維摩擦」といわれる。ちなみに、この交渉は「"糸"を売って"縄"を買う」とも揶揄された。糸は繊維、縄は沖縄を指す。アメリカ軍政下にあった沖縄返還交渉が同時進行していたからである。(5)

貿易摩擦は、他の品目でも常に起こっている。食料超大国のアメリカは、いつでも農畜産品の輸出相手国として、日本の市場開放を求め続けている。

1970（昭和45）年の大阪万博は、アメリカ料理が日本人に好まれ需要が急拡大するに違いないという確信を植え付けるとともに、日本がアメリカ料理食材の有望市場であることを思惑以上に証明することとなった。

そうして、万博開催の年には「豚の脂身」「マーガリン」「レモン果汁」の輸入数量規制が撤廃された。自由化である。翌1971（昭和46）年には「ぶどう」「りんご」「グレープフルーツ」「植物性油脂」「チョコレート」「ビスケット類」「生きている牛」「豚肉」「紅茶」「なたね」「冷凍パイナップル」が続いた。翌々1972（昭和47）年「配合資料」「ハム・ベーコン」「精製糖」が自由化された。(6)

1970年代日本の食卓は、「コメ食」一辺倒が直されて、俄かに勃興した外食チェーンレストランを先導役として「食の洋風化」といわれる現象が席巻していく。(7)

【注】
（1）江頭匡一「食を育てて」『朝日新聞』1988年10月23・30日、11月6日、水牛クラブ編『モノ誕生「いまの生活」』（1990年、晶文社）収録。同書268頁。引用文中「調達」は、元文では「輸入」であるが、意味誤読の懸念があり筆者調整。なお「モンフォート」社は、その後、社名を変えながら「吉野家」など外食産業の重要な牛肉供給先となる。茂木信太郎『吉野家』（1996年、生活情報センター）128頁〜、参照。
（2）三越食堂の価格は、森永卓郎監修『明治・大正・昭和・平成 物価の文化史事典』（2008年、展望社）123頁。「スカイラーク」のメニュー価格は、すかいらーく25年史『フォトグラフィ25』（1982年）37頁。
（3）江頭匡一「私の履歴書⑰」『日本経済新聞』1999年5月18日。
（4）川島路人「初心貫いた和製外食王」『外食産業を創った人びと』（2005年、商業界）40頁。
（5）日米繊維交渉は、1971年10月にアメリカ側原案に近い形で「政府間協定の了解覚書」の仮調印が行われ（直後に施行）一応の決着をみ、繊維業界へは救済融資が実施された。沖縄が日本に返還され、沖縄県が発足す

るのは1972年5月15日である。
（6）「パイナップル缶詰」は沖縄の主産業の一角を担っていた。その自由化は1990年4月であった。
（7）わが国は、1967年にコメの自給を達成し、以降は食糧管理会計の赤字に悩まされていく。1970年から過剰米処理がはじまり、1971年には、世に「衝撃」といわれたコメの生産調整が本格開始される。

12節　アメリカ料理の一斉上陸

農畜産業生産力の飛躍

　第二次世界大戦後に世界の農畜産業生産力は飛躍的に拡大を続けた。その要因の代表的なものを4点指摘する。

　その一は、生産装置の機械化、大型化、強力化である。

　例えば耕作機トラクターは、島国の狭小な農地でなく、アメリカなど大陸の農地に置いてみれば、土木工事の重機のようだ。これらは、第二次世界大戦中に性能が進化し量産体制が構築された戦車や軍用自動車の供給力の応用である。

　その二は、化学肥料や濃厚飼料の改良と大量供給である。化学肥料は、爆薬と中間材料が同一または類似である。どこの国でも軍需工場がそのまま化学肥料工場に転用され、その逆もある。化学肥料を用いた栽培技術、肥育技術は格段に進んだ。

　その三は、品種改良である。伝統的な品種改良技術は、選抜により適合的な種を安定させていくが、戦後では「F1」（1代交配種）の開発技術の進展によりスピーディかつより効果的なF1種が供給されるようになった。今日、われわれの身近にある野菜類はほぼすべてがF1である。近年ではこれに遺伝子組み換え技術が実用されている（遺伝子組み換え作物はGMOと呼ばれる）。

　その四は、受粉や受精などの繁殖技術の確立である。農作物（植物）では、とくに蜜蜂を媒介とする受粉技術が大きく進んだ。

　ともかく、戦後は、農畜産業生産力は驚異的に伸長した。大豆やトウモロコシは、飼料作物として濃厚飼料に仕向けられ畜産業の大躍進を促した。

　戦後、アメリカは軍事、経済、外交、政治のあらゆる面で世界に君臨していく。食糧生産力の威力も絶大で、のちに食糧は、通常兵器（核を含む）、石油と並び「第三の武器」と呼ばれるようになる。

「アメリカ飼料穀物協会」の日本進攻

　1960年6月にさかのぼる。アメリカが国内で消費しきれない余剰農産物の累積に悩んでいたころ、輸出拡大の期待を込めて「アメリカ飼料穀物協会」が発足した。会員には各州の生産者団体や有力「穀物メジャーをはじめ、種子、肥料、農薬、農機具から鉄道、銀行などアメリカを代表するアグリビジネスがずらりと顔をそろえ」た。会費や農務省の補助金など潤沢な運営費にものをいわせて「最初に総力をあげて…日本市場の開拓」に取り組んだ。[4]

　同年同月、改定日米安保条約が発効し、日米関係はあらゆる面で一段と強まった。翌7月に岸内閣を引き継いだ池田内閣は、派手に「国民所得倍増計画」を打ち出し、工業化国家へと邁進する。

　「アメリカ飼料穀物協会」初代理事長クラレンス・パンビー（のち農務次官）は、後にこう語っている。

　「日本は当時すでに大量の穀物を買うだけの購買力を備えつつあった、…日本側にとってアメリカは、工業製品を売りさばく市場としてきわめて重要で、…両国には共通に利害があり、われわれは最も進出しやすい環境にあると判断した」。

　続ける。「まず日本人に、肉、卵、乳製品をもっと食べるよう宣伝することでした。…当時の河野（一郎）農相も畜産振興にたいへん積極的で、飼料穀物の輸入の必要性をよく存じておられ…農林省は、われわれの事情にとても協力的でしたし、外務省の人たちまでいろいろと支援してくれた」。[5]

　翌1961（昭和36）年6月にわが国では農業基本法が制定され、「選択的拡大」と称して畜産振興の旗幟を用意した。その前月5月には、アメリカ穀物のいわば受け皿団体として、日本で畜産や飼料に関係するあらゆる会社や団体が参加して「日本飼料協会」が発足した。

　同年12月、「アメリカ飼料穀物協会」と「日本飼料協会」は契約書を交わした。調印式の写真を見ると、駐日アメリカ大使館主席農務官、日本の農林省畜産局長も立ち会っている。消費者向けPR（TVCM・料理番組、デパートなどでの試食会、食肉小売店でのキャンペーン）、市場調査、全国11大学農学部での飼料試験委託、畜産農家への講習会（配合飼料多投飼育方法指導）、農家のアメリカ農家視察斡旋など多岐にわたり活動した。その費用の65％は、契

約によりアメリカ側持ちであった。

　かくしてアメリカ式畜産が、またたく間に日本に広がる。が、さらに本格的にはインテグレーション（垂直統合）が企図されなければならない。例えば養鶏。アメリカで開発された短期で育つブロイラーを肥育するためには、人里はなれた山中で、大規模な工場とも見紛うような専用養鶏場を用意し、アメリカから原種鶏を輸入して、雛鳥（Ｆ１）を量産し、これをオートマチックに肥育するのである。かくすれば大量の飼料ないし飼料用穀物が休むことなく消費される。

ケンタッキー・フライド・チキン

　「三菱商事」をはじめとする大手総合商社は、アメリカを「手本」として、工場を建て、穀物輸送の特別船を建造し、Ｆ１種鶏とビタミンを含む配合飼料を大量輸入して、養鶏業に乗り出した。ここまでは商社のお手の物である。ところが、骨付きで鶏肉を売り場に並べてもまったく売れない。肉質も違うという。といってそれまでのササミのようにいちいち骨を外していたらコストが見合わない。

　日米両飼料協会の契約から５年経った1966年、「三菱商事」で「それまでの８年間、ニューヨーク、シカゴなどで日本製カンヅメや冷凍食品を、米国のチェーンストアに売り込む仕事の責任者」をしていた相澤徹（のち副社長）のもとに東京から一通のテレックスがはいった。

　「米国において、ニワトリの消費量が一番多いところを調べ」られたし、と。[6]

　相澤はそのときに、カンザス州で開かれた養鶏業者の大会に出て、その晩餐会で列席者から万雷の拍手で迎えられた来賓のことを思い出した。「ケンタッキー・フライド・チキン（KFC）」の創業者カーネル・サンダースだ。そして、相澤は「米国のニワトリの８％を、「KFC」だけで消費していることをつきとめた」。

　相澤は、早速彼に会いに出向き、「日本でアメリカのようにチキンを売れるようにしたい」と言って、あっと気が付いた。「箸で食べているうちは」骨付き肉は売れない、「手づかみで食べるようになればいい」、と。[7]

　しかしながら、アメリカでのフランチャイズ拡大で手一杯であったカーネ

ル・サンダースの返事は、「1年したらまた来てくれ」というものだった。

　相澤は日本に戻るが、今度は社内説得にさんざん手古摺った。だれも「KFC」のことを知らないからだ。なんとか説得してまたに会いに行くが、なお準備不足とのことでさらにもう1年待たされた。

　1969（昭和44）年すなわち大阪万博開催の前年になって、ついに「KFC」の日本進出が決まった。

　そうして、大阪万国博覧会場内の「アメリカンパーク」の一角に「KFC」が日本初お目見えする。この店の運営は「ロイヤル」が担った。いきなり「ウソのように売れた」。1日で280万円というレコードまでつくった。

　俄然「社内の見る目も変わり」、その最中、7月4日米国建国記念日に三菱商事とアメリカ側との折半の資本出資で「日本ケンタッキーフライドチキン株式会社」が発足した。「しかし本当の苦労はそこからだった」。万博終了後の11月に名古屋市郊外で「KFC」1号店が開店したが、結果は惨憺たる状態であった。大阪に出した同月2号店、同月3号店も不振を極めた。「資本金もすぐに底をつき、増資しなければ間に合わなくなった。3年間で6億円の金を使った」。風当たりが変わって「KFC」をわざと「ケイエイフシン」と発音して誹る人もいた。

　が、翌1971（昭和46）年4月神戸市4号店で一息つき、7月東京・青山5号店でヒットを飛ばす。その後の展開は説明を要しない。わずか3年1973（昭和48）年12月10日に東京・赤坂100号店。「KFC」は日本の食の市場で孤立していたのではなかった。アメリカ料理は、万博での大成功をいわば号砲の合図として、同時多発で一斉に日本上陸を開始して、一大トレンド（流行現象）をつくっていたのである。

【注】
（1）トラクターと戦車、農薬と毒薬、肥料と爆薬が、同じ技術・工場で相互転換している様子については、藤原辰史『トラクターの世界史』（2017年、中央公論社）、同『戦争と農業』（2017年、集英社インターナショナル）、ポール・A・オフィット（関谷冬華訳）『禍の科学』（2020年、日経ナショナル・グラフィック社）参照。
（2）「F1」とは、異なった性格の親を用意し、その子にそれぞれの親の都合の良い性格を受け継がせるというもの。固定種ではないので、F1の子にはその性格は引き継がれず、生育者は、引き続きF1の種を買い続

ける。なお、親の親までさかのぼって（人間にとって）好都合な性格の種（子）をつくり出す4元交配などもある。
（3）近藤康夫編『第三の武器　食糧』(1975年、御茶の水書房）など。
（4）NHK取材班『日本の条件6　食糧①』(1982年、日本放送出版協会) 172頁。
（5）上掲書、175～183頁。
（6）三菱商事広報室『時差は金なり』(1977年、サイマル出版) 221頁。
（7）ケンタッキーフライドチキン株式会社『20年のあゆみ』(1990年、ケンタッキーフライドチキン株式会社)（非売品) 101～102頁。

13節 「マクドナルド」の食材規格

アメリカ文化を売る

　7月20日といえば、1969年にアメリカの月面探査船が月に降り立ち人類の巨歩を踏み出したことで記憶される日だ。その翌年1970（昭和45）年に半年間の会期で開催された大阪万国博覧会では、月面より持ち帰った「月の石」の実物展示をシンボルとして日本国中が熱狂した。その余韻も冷めやらぬ翌1971（昭和46）年1月18日に「ホテル・オークラ」で藤田田は記者会見を行い、「マクドナルド」の日本進出を発表した。翌日の「朝日新聞」には手際よく「世界最大の米国ハンバーガー・チェーン日本上陸」とタイトルされた「店舗・幹部社員募集広告」が載った。そこからほぼ半年後同年7月20日（火）に東京・「銀座三越」の一角に「マクドナルド」1号店が開店した。

　当初は、神奈川県茅ケ崎での1号店を準備していた。アメリカサイドが固執した郊外立地の店だ。機材も持ち込み開店準備は整っていたが、直前に1年越しの執念の交渉で「銀座三越」の一角の借用が決まると、この開店計画を直ちに凍結した。藤田はほくそ笑んだに違いない。日本で未知の食品「ハンバーガー」を売るためには、海の向こうからやってきた「舶来商品」と位置づけそのイメージで押しまくるというのが藤田の描いたシナリオだからだ。この点、令和に生きる我々には銀座および「三越」の象徴的意味を感じ取ることができないので、少しだけ補足する。

銀座と三越

　銀座は、横浜・新橋を結ぶ鉄道の終点と、当時の日本経済の中心地であった日本橋の間を文明開化の象徴的な街にすべく莫大な国費を投入してつくった国策の街である。ロンドンのリージェント・ストリートを見本とした。明治初期に2度の大火で消失したことを受けて、大規模な区画整理と煉瓦街による不燃都市化を目指した。数少ない開港地横浜から新橋を経由して「外来

客」「外来品」がお披露目されるのが銀座であり、これらは「ハクライ」（舶来）という語を生んで、「上級品」の代名詞にもなった。そして、初田亨(1)（都市論）によれば、「銀座以外で「○○銀座」と名のる商店街が見られはじめたのは明治から大正にかけてで、…昭和6、7年（1931、32年）から10年頃に急激に増加し、全国各地に広がっている」。各地の商店街が、周辺の木(2)造街区とは区別される流行の最先端（「舶来品」）が揃う街だと訴えたかったからであろう。

　1905（明治38）年に、「三越」が全国主要新聞にアメリカのデパートに触発され「デパートメント・ストア宣言」の広告を出したことはよく知られている。百貨店が明治この方、流行の発信源だということも周知のことだ。1914（大正3）年に鉄骨鉄筋コンクリート造で地上6階地下1階の壮麗な建物を建て度肝を抜いて「スエズ以東他に比なし」と評判を取った。「三越」の銀座店オープンは1930年（昭和5年）である。銀座で生まれ育った池田弥三郎（国文学者）は「三越」のことを「異様なほど、刺激をもったことば」で、それは「夢のような幸福の国であった」といって憚らない。(3)

　戦後は、どうか。敗戦から抜け出し、復興日本のシンボルも担った。たとえば、1960年前半（昭和30年代後半）で「三越」の販売製品のなかで「新商品が一番多かったのは家電製品だった。白黒テレビ、電気洗濯機、トランジスタラジオ、テープレコーダーなど当時の家電製品はほとんどが「三越」から最初に売り出され」た。(4)

　藤田は、日本人に馴染みのなかった「ハンバーガー」を米国からの高級"舶来"商品と見立てて売りまくろうと決め、最強の流行発信地である「銀座三越」という販売媒体に拘ったのである。この時代、藤田にとって「銀座三越」が唯一の絶対立地で、ここに代わる1号店はありえなかった。

マクドナルド1号店と歩行者天国

　しかし、「三越」側からの条件があった。当時は月曜日19日が休業日であったが、18日の閉店18時まで売場はそのまま通常営業するとのことであった。20日火曜日の午前9時開店だから39時間で既存売場の撤収とマクドナルド店舗の設置を終えてスタンバイしていなければならない。

　18日日曜日にアメリカ本社からトップのレイ・クロックら幹部が開店セレ

モニー出席のために東京にやってきて、店舗視察を申し出た。が、「銀座三越」の前で藤田が指差したところは、開店前々日というのに、「マクドナルド」の店舗らしきものは影も形も見当たらず、ショーウインドー越しに財布売り場が普段のままの営業を続けていたのを目撃して頭を抱えてしまったという。

　藤田は一計を案じていた。パートナーとなる第一屋製パンの倉庫を借りて、70人の作業スタッフを集めてあらかじめ機材を組み立て整える特訓を繰り返した。3回目で36時間での組み立てができるようになったとのことである。[5]

　1号店開店。アルバイトで集められたアメリカンスクールの女子学生たちがチアガール風よろしくオープニングのテープカットを盛り上げた。この様子と「マクドナルド」のその後の快進撃は人口に膾炙(かいしゃ)している。[6]

　パブリシティを駆使するマーケティング手法は藤田の独壇場で、余人にはまねのできないものである。希代の経営者と評して間違いない。新聞各紙は写真入りの記事で大きく報じた。

　しかしながら、如何せん45平方メートルのテナント店舗、持ち帰りのみで客席はない。口さがない批判は後々まで残った。立ち食い推奨は、マナー違反、日本人の礼節の破壊者、お行儀の悪い客などなど。

　そして実際のところ、藤田は公言しなかったが、一日の売り上げ目標100万円に対して「フタを開けてみると…40万円にも満たない日もあった」。クロックに藤田が慰められるという一コマもあったほどだ。[7]しかし、藤田は外に向かっては一貫して「連戦連勝」と言い続けた。「勝てば官軍」。すでにこうした当初の苦難は忘却の彼方となっている。この時、パブリシティの天才藤田には、まだ"日曜日"という援軍に期するものがあったに違いない。

　1970（昭和45）年は大阪万博開催の年であるが、「公害国会」としても歴史に残る。わが国の高度経済成長は、公害という負の側面も深刻化させた。発生源は特定企業や工場群にとどまらずに自動車の排気ガスなどによる"大気汚染"として被害が一般市民にふりかかるようになっていた。政府も公害対策基本法改正をもって臨むところとなった。

　首都東京では、これに呼応して繁華街で歩行者天国（車道を歩行者に開放）が開催されるようになっていた。美濃部亮吉東京都知事の提唱で、同年8月2日（日）に銀座・新宿・池袋・浅草の4地区で初めて実施されたときには、銀座では10倍の23万人の人出で賑わったとされる。そう、万博会場内を彷彿

とさせる"雑踏"の登場である。

　今、昭和史の写真集などを捲ると、そこには必ず「銀座三越」前の銀座通り沿い車道に三原色の特大パラソルが置かれて"群衆"が"歩行者天国"を楽しんでいる様子がある。パラソルには、「マクドナルド」のシンボルカラー赤と黄色、赤面には黄字「M」がくっきりと書かれており、パラソルの周辺におかれた簡易椅子にも腰を掛けている。今風に言えば「カフェ」だ。

　開店翌年の"日曜日"、1972（昭和47）年10月1日、同店は「マクドナルド」の世界記録222万円を売り上げた。

アメリカのハンバーガー・チェーン

　アメリカでのハンバーガー・チェーンの嚆矢は、1921年開店「ホワイト・キャッスル」で、10年後には131店舗に拡大している。この成功を真似て「ホワイト・タワー」（1926年）など「ホワイト○○」というそっくりさんも多数出現した。アニメ「ポパイ」に登場するキャラクターを充てた「ウインピー・グリルズ」は1934年開業である。のちに「ボブズ・ビッグボーイ」に改称される「ボブズ・パントリー」は1936年創業で、フランチャイズ展開の際には「××・ビッグボーイ」という店名を名乗ることができた。

　戦後も、「トミーズ」（1946年）、「IN-N-OUT・バーガー」（1948年）、「ホワッタバーガー」（1950年）、「ジャック・インザ・ボックス」（1951年）、のちの「バーガーキング」（1953年）など各地で叢生した。

　1940年にマクドナルド兄弟の開いた「バーガー・バー・ドライブイン」がリニューアルオープンするのは1948年12月で、これが我々の知る「マクドナルド」の原型店である。のちにレイ・クロックが同ブランドの一切を買い取り、急速店舗拡大に走るが、そうした経緯についてはすでによく知られている。

　しかしながら、広いアメリカ大陸で繰り広げられたハンバーガー・チェーンの店舗拡大競争で、なにゆえマクドナルドが抜きんでた存在となったのであろうか。店舗の標準化や調理のマニュアル化などは夙に指摘されてはいるが、これらは何も「マクドナルド」の専売特許ではない。先行チェーンでも採用されていたことだ。

　筆者は、食材の仕入れ法を変え、専用食材の取り扱い事業者を絞ったことだと理解している。

「マクドナルド」の食材規格

　まず牛肉である。「マクドナルド」も近隣の食肉店から牛肉を調達して、それを店舗でカットしミンチしてハンバーガーパティ（肉塊）に整形していた。店舗数が増えても手法は同じだ。「ナマの肉を各地域の業者から直接仕入れていたので、…多いときには納入業者は175社にも達した」。そこで、なにが起こっていたか。「混ぜ物が入った肉」、「硝酸塩」「大豆」「大豆蛋白質」「水」などの混入はいうに及ばず腐敗肉の納品さえ後を絶たなかったという。

　1968年に「マクドナルド」は、ハンバーガーの脂肪含有率を「17〜20.5％」とし、グラスフェッド（牧草肥育）「雌牛肩肉」83パーセント、グレインフェッド（飼料肥育）「雌牛バラ肉」17パーセントと決め、そのうえで「ナマの肉」から「冷凍肉」に変更した。[11]

　牛肉100パーセントは同じだが、店舗の外に設けられた食肉加工場でつくられた加工食肉（ハンバーガーパティ）をコールドチェーンで店舗と繋いだのである。マクドナルドは、この集中加工場さえ点検しておれば、店舗段階では、品質点検、異物混入、劣等食材などの心配がなくなり、そのためのチェック業務からも解放される。

　牛肉以外の食材調達法も劇的に進化した。

　のちにクロックのあとを引き継ぐフレッド・ターナーらは「フレンチフライ用ポテトは糖分が澱粉に変わるための猶予期間として三週間は貯蔵すべきことを突き止めた」。産地と品種の開発にも余念がなく、「中身の堅いポテトのできる栽培法や肥料を使うようになり、温度自動調節機付きの貯蔵設備に投資する農産加工業者も現れた」。[12]

　クロックの秘書からのちに重役、大資産家となったジューン・マーティノは、1957年に夫ルーとともに1年以上の研究を重ね、温度センサーで油中の温度とフレンチポテトの仕上がりの関係をつきとめ「ポテト・コンピュータ」なる機器を開発した。[13]

　また、さらにフライ用油は、植物油1とラード（豚脂）9をやめ、ラードをヘット（牛脂）に替えた。

　ポテトは、いまでは産地で収穫されるや直ちに現地加工場で揚げ加工までされ、即座に凍結されて、コールドチェーンで店舗まで届けられて、2度目

の揚げを経て、提供されている。筆者も思う。正直、うまい！

　食材への開発投資と、食材加工場と店舗を繋ぐコールドチェーンこそ、「マクドナルド」の卓抜した競争力の原資なのである。

　藤田が提携により得たものは、ブランドと「マニュアル」だけではなく、日本へのこのコールドチェーンシステムの延伸であった。

【注】
（1）木村荘八『東京風俗帖』（1975年、青蛙房）290頁。銀芽会『銀座わが町―400年の歩み―』（1975年、白馬出版）参照。
（2）初田亨『百貨店の誕生』（1993年、三省堂）209頁。
（3）池田弥三郎『日本橋私記』（1972年、東京美術）33頁。
（4）阿部誉司文「百貨店、革新に挑む」日経流通新聞編『流通現代史』（1993年、日本経済新聞社）43頁。
（5）発足時の出資者は、日米各50パーセントで、日本側は、「藤田商店」と「第一屋製パン」であった（のちに「藤田商店」が買い取る）。
（6）客席を備えた2号店代々木店は4日後の7月24日オープンで、ここでもアメリカンスクールの女子学生たちを動員した。3号店大井店は翌日25日と続いた。クロックなどアメリカ経営陣はこれを見届けて羽田に向かった。
（7）日本マクドナルド広報部『日本マクドナルド20年の歩み』（1991年）51頁。藤田は自著ベストセラー『ユダヤの商法』（1972年、KKベストセラーズ）では、藤田の予想「一日に三十万円」に対して初日から連日「百万円の売り上げを記録し」「私は仰天した」と臆面もなく書いて、神話を強調してみせた（210頁）。弱音は見せないが身上である。
（8）些末なことではあるが、はじめのパラソルは「三越」のカラーとロゴだった。いまネットなどで見ると本文のように「マクドナルド」パラソル一色である。
（9）1971年7月20日の「マクドナルド」1号店開店と銀座歩行者天国でのパブリシティ効果は、「マクドナルド」以外の企業にもインパクトを与えた。世界商品となった「カップヌードル」（日清食品）の例は比較的著名だ。同年9月に販売され、売上が低迷していた「カップヌードル」が「マクドナルド」に倣（なら）った。三越に交渉して同年11月21日の歩行者天国の銀座三越前を確保して試食販売を行い、知名度を上げることに成功した。この時の長い二つの行列は、「マクドナルド」と「カップヌードル」だった。ただ、当時は路上での湯沸かしができなかったため、日清食品は、三越地下3階の食堂で"湯"を沸かし、エレベーター使用も許可さ

れず、2年前入社の中川晋（のち社長）らが階段で"湯"をピストン輸送した。(『週刊現代』2016年2月26日号）なお、同商品が爆発的に売れ出したのは翌年2月19日に起こった「浅間山荘事件」からである。連合赤軍が籠城し、同月28日に機動隊が突入して銃撃戦となった。この終始をテレビが連日生中継し、NHKと民放をあわせた総視聴率は80％とされる。機動隊員に配布されたおにぎりは、氷点下の環境で凍ってしまい、お湯を注ぐだけの「カップヌードル」が機動隊員に食されている様子が生中継されていたのである。業務用販路の開拓に注力していた「日清食品」の営業力が実ったのである。

(10) アンドルー・F・スミス（小巻靖子訳）『ハンバーガーの歴史』(2011年、ブルース・インターアクションズ）参照。「ホワイト・キャッスル」は、1986年に「サト」（現SRSホールディングス）と提携して、日本に進出したが、のち撤退。

(11) ジョン・F・ラブ（徳岡孝夫訳）『マクドナルド―わが豊饒の人材―』(1987年、ダイヤモンド社) 133〜135頁。

(12) 高校でフットボール選手だったターナーは、陸軍のタイピスト兼事務員として2年の兵役（当時徴兵制）を終えて23歳のとき1956年にクロックと会い、「マクドナルド」の経営法に魅かれて店舗のカウンターマンになり、その後本社で新フランチャイジーの開店準備教育を担当する。彼が作ったフランチャイジー用の手引書が後世に神話化する「マニュアル」の原像である。のち社長（上掲書、108頁〜）。

(13) 上掲書、126〜131頁。なおジューン・マーティノは、第二次大戦中に通信隊員としてレーダー装置テストから飛行機無線故障検査まで習熟した。クロックを、マルチミキサー販売会社時代から支え、「マクドナルド社」初期を率いた「豊饒の人材」の多くは彼女の発掘による（上掲書、101〜105頁）。

14節　「ペガサスクラブ」と「すかいらーく」

「ひばりが丘団地」

　第二次世界大戦は、わが国の国民生活をことごとく破壊した。焼け野原と化した都市部では住まいもままならない。東京などでは、地方からの人口流入も絶え間なく続き、1950年代（昭和20年代後半）から60年代（昭和40年代前半）にかけて「モクチン」「モクチン・アパート」と呼ばれる民間のアパートが急増して凌ぐこととなった。「一戸」は、多くが一間だけで（三畳または四畳半または六畳）、トイレや炊事場は共同、風呂無し（銭湯利用）であった。「モクチン」とは、「木造賃貸アパート」の略で、地方からの上京学生たちの多くも「モクチン」住まいであった。名曲『神田川』の世界である。

　1955（昭和30）年2月の国勢選挙で「住宅問題」対応を訴え3月19日に成立した第二次鳩山内閣は「住宅建設十カ年計画」を打ち出し、同年7月「日本住宅公団」（現都市再生機構、UR）が設立された。

　同団は、郊外に広い土地を造成して、標準設計で鉄筋コンクリート3階・4階建ての集合住宅を大規模に供給する方針を打ち出した。「ニュータウン」である。

　第一号は1957（昭和32）年末に入居が始まる千葉県柏市の「光ヶ丘団地」。4万坪の松林を切り開いて建設した鉄筋コンクリートのアパート群は、世に「マンモス団地」と命名された。基本は2DK（6畳と4畳半の二間、ステンレスの流し台をセットにしたDKダイニングキッチン）、"モダン"な風呂と"水洗"トイレ。当時の標準的な日本の住まいと比べると、突き抜けて快適な住空間であり、白い壁に囲まれた部屋には、まだ見ぬ電化製品が自然と浮かんだ。

　これを皮切りに団地への入居希望者が殺到し、その倍率は数十倍から数百倍になることさえあった。団地居住者を1958（昭和33）年7月29日号『週刊朝日』は「団地族」と命名し、流行語になった。

　東京都北多摩郡保谷町、久留米町、田無町にまたがる「ひばりが丘団地」は、翌1959（昭和34）年4月から入居が始まった。182棟2,714世帯、ほぼ半

数が2DK、3分の1が3DK、残りが1DK。1年後の調査で、家電所有率はテレビ81.2%（全国都市54.5%）、洗濯機73.5%（45.4%）、冷蔵庫23.4%（15.7%）、掃除機15.6%（11.0%）、高学歴のホワイトカラーがマジョリティーであった。

同年4月に結婚した皇太子（上皇陛下）ご夫妻が、1960（昭和35）年9月の渡米を前に「ひばりが丘団地」を視察した。一般会社員宅を訪問し、74号棟2階のベランダに立ったお写真が新聞に掲載され、同団地名は一躍全国に轟いた。ほぼ1年後の東宮御所内でエプロンをつけて"洋風"の台所に立つ美智子妃のお写真とあわせ、恋愛結婚と核家族と家電製品と洋風の台所と洋風の住居が日本の求める理想として全国民に表象された。理想化された家族のモデルは、天皇ではなく、戦後に青春を生きる皇太子ご家族だ。アメリカの生活様式は何の違和感も疑問もなく国民生活のモデルとなった。

「西武ストアー」のチェーン店構想

「ひばりが丘」という団地名は、「麦畑が広がり、ヒバリが多かったことから」田無町長で神主の賀陽賢司が命名した。[3]「ひばりが丘団地」は、わが国の住宅史の一頁を飾る代表的な団地である。

「ひばりが丘団地」への入居開始と同時に団地に隣接して「西武ストアー」が開店した。「西武百貨店」（池袋）店長堤清二の発想で、セルフサービス方式を取り入れ、サッカー（商品を袋に詰める人）とキャッシャー（代金の授受をする人）を分けるなど、当時の小売店にはない斬新なアメリカのスタイルを取り入れた店だ。

このスタイルは、ジョンソン基地のPX（米軍専用の売店）を真似たといわれる。[4]

その後しばらくして、1962（昭和37）年3月に「西武百貨店」は、地上4階地下1階の米国ロサンゼルス店を開店する。早すぎるとも無謀ともいえたが、「西武鉄道」、「プリンスホテル」、「西武百貨店」などを統帥する堤康次郎の独断厳命であった。経営を任された康次郎の子清二の気苦労は察して余りある。2年後の1964年3月、750万ドル（邦貨換算27億円）の負債を抱えて営業停止した（レストラン除く）。

しかし、すべてが無駄であったわけではない。清二が学んだ。後年かく語

りき。

「半年ぐらいロサンゼルスにいた…そのときに行き来したのが、…経営的には非常に大きな影響をもった。…百貨店の時代は終わるぞ、量販店・スーパーの時代が来るな…クレジットの時代になるな」と。

1963（昭和38）年4月「西武ストアー」は「西興ストアー」に、またすぐ「西友ストアー」に改称した。「西武ストアー」では西武鉄道連想で、「西武百貨店」の小型版と連想される。「西友」なら住民に寄り添う日用品や最寄り品のイメージに近づく。清二は「スーパーマーケットの日本型という考えで、多店舗を展開する」方向に舵を切り、首都圏850店舗構想を示した。チェーン店構想である。

「ペガサスクラブ」

1962（昭和37）年4月4日、「ひばりが丘団地」北側商店会の一角に乾物を商う7坪の「ことぶき食品」が開店した。青年兄弟4人が力を合わせて愛想よく切盛りし、人気店になった。「いつも新鮮、いつも親切」を合言葉に顧客（核家族）層に合わせて小型袋にリパック（詰め替えて小型化）するなど工夫も怠らなかった。冷蔵庫の普及前で、赤ちゃん用に「塩分を減らして冷凍した"しらす"」10グラムパックは大ヒットした。1963（昭和38）年東伏見店、1964（昭和39）年秋津店、1965（昭和40）年清瀬店と、「団地」を後背する西武鉄道沿線に出店を重ね、取扱商品も総合食料品の体裁を整えていった。

勢いを駆って1967（昭和42）年に国分寺店を出し日商80〜120万円を売っていた。翌1968（昭和43）年に「西友ストアー」国分寺店が出店すると、いきなり売り上げが30万円に急減した。

長男端は「なにが起こったか知らず慌てて本屋に走り、渥美俊一著『ビッグストアへの道』を読み、著者を訪ね」た。

渥美は、読売新聞社の記者であったが、1962（昭和37）年にチェーンストアの研究団体「ペガサスクラブ」を設立していて、1969（昭和44）年に退職してコンサルタント業専業になった。筆者は、渥美と同会こそ、日本の流通・外食革命の最大の貢献者だと理解している。

4兄弟は渥美の講義を受講し、アメリカ視察セミナーに参加した。それぞれ12回払いの個人ローンを組んでの参加費捻出、背水の陣である。

アメリカは外食産業の黄金期。ロードサイドには、煌めくばかりの外食チェーン店が林立していた。誰もが"洋風"住宅の先端と思い込んでいた「団地」はアメリカには見当たらなかった。みな我彼のあまりの違いに度肝を抜かれるばかりであったが、4兄弟、同じく参加していた「吉野家」社長松田瑞穂らごく一部には、日本の未来と映ってみえた。

4兄弟の意見は一致した。1970（昭和45）年7月7日、創業の地「ひばりが丘団地」に決別し、府中市郊外の甲州街道沿いに瀟洒な駐車場付き大型レストランの開店にこぎつけた。「白い大きな翼を広げたようなモダーンな建物」の設計は、長男がアメリカ視察中に知り合った武石馨。周囲は畑地であったが開店前の通行量調査では、車の往来量1日3万台。アメリカでみてきたそれ風の料理を揃えるこの店の名は、「ひばり」をアメリカ語にして「スカイラーク」。創業の地からの飛躍の思いが汲み取れる。のちにマスコミ（日経新聞記者）がファミリーレストランと呼んだ。[9]

実はその4年前1966（昭和41）年、政府の住宅政策は、住宅建設計画法を制定して持ち家に傾斜しつつあった。国民の憧れと羨望の眼差しを一身に浴びていた「団地」は、やがて色褪せていくのである。

【注】
（1）この項は、都市共同住宅総合研究所編『アパートの文化史』（1983年、MG出版）、前田直美「住居」（高度経済成長期を考える会編『家族と生活の物語』1985年、日本エディタースクール出版）30〜60頁、原武史『レッドアローとスターハウス』（2012年、新潮社）など参照。
（2）1973年発売。作詞・喜多条忠、作曲・南こうせつ、歌・南こうせつとかぐや姫。
（3）原、上掲書、191頁。
（4）ジョンソン基地とは、所沢陸軍飛行場が、戦後にアメリカ陸軍航空軍第5空軍に接収されていたときの名称で、ジェラルド・R・ジョンソン陸軍中佐（殉職）を偲んで命名。現航空自衛隊入間基地。
（5）原、上掲書、274頁から再引用。堤清二『わが記憶、わが記録』（2015年、中央公論社）。
（6）次男が茅野姓で亮、3人が横川姓で長男端、三男竟、四男紀夫。この項は、主に『すかいらーく25年史』（1982年）、佐野眞一『戦国外食産業人物列伝』（1980年、家の光協会）77〜108頁、池田宗章・桐山勝「ファミレスブームの仕掛人」『外食産業を創った人びと』（2005年、商業界）

19〜29頁、横川竟「すかいらーく」日経MJ編『HISTORY 暮らしを変えた立役者』(2017年、日本経済新聞社) 161〜222頁。
（7）横川端「茂木信太郎『食の社会史』」『ホスピタリティ・マネジメント』第10巻第1号（2020年3月、亜細亜大学経営学部）126頁。
（8）参加米国ツアーの主催は、端が「柴田書店」、3人は「ペガサスクラブ」。上掲、『25年史』、46〜48頁。
（9）「スカイラーク」は、店名をじきに「すかいらーく」に変更。同社は1992年に低価格業態「ガスト」を手掛け、店舗は順次「ガスト」へと転換した。「すかいらーく」店名は、2009年10月29日川口新郷店の閉店を最後になくなっている。

15節　資本の自由化と外資の参入

貿易（モノ）の自由化と資本（カネ）の自由化

　近代社会では国と国は国境によって隔てられており、あらゆるものは自由に往来できない。人の移動、モノの移動、カネ（資金）の移動は厳格に管理され、その時々の国の事情により、政策的に締められたり緩められたりしている。

　日本は第二次大戦で敗戦し、GHQの占領下にあったが、1952（昭和27）年4月28日にサンフランシスコ講和条約が発効して、占領政策が解かれ、主権を回復した。当初は、人もモノもカネも、政策的に緊要とされるもの以外の国境を越えた移動はできなかった。早計に国境移動を容認すれば、たちまちのうちに外国勢力によってわが国が蹂躙されてしまうとみられたからである。

　戦後復興から経済成長を望むにあたって、日本は徐々に国境を越えた往来を容認するように変化していく。その変化のスピードは、1964（昭和39）年10月の東京オリンピック開催を睨んで一気に加速されていく。国際社会で日本がそれなりのプレスティージを主張するためには、欧米諸国に倣って国境管理を政策的に緩めて、人、モノ、カネの往来を進めていかなければならなかったからである。

　1963（昭和38）年2月20日日本はGATT（関税と貿易に関する一般協定）で国際収支を理由とする貿易制限が禁止となる11条国へ移行した。モノの自由化である。翌1964（昭和39）年4月1日IMF（国際通貨基金）8条国へ移行した。「円」は世界の主要通貨と交換可能通貨となり、一般国民（人）の海外渡航が自由化された。(1)同年同月28日、OECD（経済協力開発機構）へ加入した。OECDは、「先進国クラブ」とも呼ばれ、輸入（貿易）の拡大や外資（外国資本）導入の拡大、発展途上国への援助などの義務を負う。(2)

　しかしながら、資本の自由化については国内の反対は強く、中央官庁も大蔵省以外の経済官庁（通産、農林、運輸など）はすべて消極的で、経済界も反対であった。とはいえ、東京オリンピックの成功もあってか、あるいは経

済発展の持続もあってか、国際社会からの要請は日ごとに強まるところとなり、1966（昭和41）年7月第5回日米貿易経済合同委員会で三木武夫通産相（のち首相）は、資本の自由化スケジュール提示を約束した。

かくして、わが国の資本の自由化措置は、国内の産業事情を勘案しながら業種別段階別に、1967（昭和42）年7月、69（44）年3月、70（45）年9月、71（46）年8月、73（48）年5月の都合5次にわたって実施されていくこととなる。

外資上陸

フランチャイズとは、もともと特定地域内での独占営業権をいう。チェーンビジネスでは、本部（フランチャイザーまたはザーという）がブランドやノウハウを開発して、加盟店（フランチャイジーまたはジー）に提供し、その見返りに対価（ロイヤリティまたはフィーという）を受け取るというビジネスモデルである。

「飲食業」は、1967（昭和42）年7月の第1次自由化で外資50％まで自動認可の第一種業種に指定され、1969（昭和44）年3月の第2次自由化で100％の自由化とされた。

資本の自由化が日程に上るや上述のように、一方では「外国資本が入ってきたら、なにもかも奪い取られるのではないか」という「恐怖心がみなぎっていた」。民族（日本）資本による事業が育たなくなるばかりか、外国資本が、日本で事業活動して得た利益や、ノウハウフィー、ブランド使用料、技術料、コンサルタントフィー、特許料など、物品以外の無形物・ソフトウエアに対する代金（「技術提携」料）が国外に持ち出されることが危険視されたのである。

他方では、これを好機ととらえてアメリカの有力ブランドと提携するなどの模索、アメリカ視察やアメリカ詣でが一斉に広がった。

「すかいらーく」（当時「ことぶき食品」）もそうであった。アメリカで急成長を遂げていた「マクドナルド」に目を付けて、日本での展開権（フランチャイズ）を希望したが、提携するためには3億円が要ると助言され、断念し、最終的には、「ハワード・ジョンソン」などを参考にしてレストランの独自開発に入った。

その米国マクドナルド社は、日米半々の資本出資（日本側藤田商店・第一

製パン)で「日本マクドナルド」という合弁会社を設立し、ここと対売上比0.5％という内容のフランチャイズ契約となった。破格の低額フィーであるが、「藤田商店」社長の藤田田が米国社長レイ・クロックと直接交渉してこの締結にこぎつけた(フィーは30年固定でのち3％)。当時レイ・クロックはカナダ進出が思うに任せず、海外展開への関心が強くなかったことが藤田の交渉力に優位に働いたとされる。「米国マクドナルド社」は、このロイヤリティフィーと日本社利益の50％を受け取ることになる。もちろん主要食材である同社開発の冷凍ポテトなどの輸入に関しても当然代金は支払われる。

1970(昭和45)年1月27日には、日本で貸しぞうきんのフランチャイズチェーンを主宰していた「ダスキン」が、「ミスタードーナツ」(ボストン)の日本でのフランチャイズ展開権を42万5千ドル(1億5千3百万円)で取得する仮契約を行った(本契約同年10月、翌年年4月2日大阪箕面1号店)。この場合は、アメリカ側は日本の事業会社に資本出資していないのでブランド及びノウハウ提供という「技術提携」となる(4)。

ちなみに、後年のことであるが、1996(平成8)年8月2日1号店(東京・銀座)の「スターバックス」のフィーは売上比5.5％相当額である。客が600円支払えば、自動的に33円がアメリカ本社にいく。最近の売上規模は2,500億円を上回るから140億円ほどをアメリカに献上していることになる。1982(昭和57)年4月15日に開業した「東京ディズニーランド」のライセンスフィーは比較的よく知られており、入場料が10％、物販が5％。仮に入場料が1万円、お土産に5千円(平均額)使ったとすると、1人1回につきほぼ1,250円がアメリカ本社側にわたっている。提携商品が山のようにあり、音楽やデザインなどの使用料も膨大である。なにしろ年商5千億円規模の会社だ。毎年数百億円がアメリカ同社に上納されている(5)。

アメリカ料理と食の洋風化

いかほどの外食外資参入があったのか。表1−2に、1990年代前半までの主な外資系チェーンを示した。

歴史の事実として、1969(昭和44)年に第2次資本の自由化措置があった。1970(昭和45)年には大阪万博アメリカゾーンでアメリカ料理の威力が見せつけられた。その成功の要因は、食材をコールドチェーンで繋ぐことだと、

秘匿することなく公に語り、自慢し、吹聴した。セントラルキッチンをつくったときに江頭のもとから去った料理人たちへ届けといわんばかりに。

こうしてアメリカのチェーンレストランに学んだ人たちが、合弁会社をつくるか、技術提携してノウハウを入れるか、スカウト人事や独力で学んでブランドを立ち上げるかして、チェーンレストランを日本で我先にと展開した。頓挫や撤退・閉店したブランドも少なくなかったが、またたく間に林立するレストランブランドは日本の食風景を変えた。まさに「黒船来襲」、文明開化の幕開け。(6)

外資と日本資本は手を携えて外食ブームを巻き起こし、チェーンブランドの主力メニュー、ステーキ、ハンバーグ、ハンバーガー、フライドチキン、ピザ、ドーナツ、アイスクリーム、フライドポテト、すなわち肉と脂質と粉食（小麦粉）を食材とするアメリカ料理が人気沸騰し、食の洋風化現象に拍車が駆かっていく。

表1－2　日本に上陸した主な外資系チェーン　　　　　（店舗数：1995年11月）

名　称	業態・主力商品	1号店	店舗数	主な提携企業	提携形態
ケンタッキーフライドチキン	フライドチキン	1970	1,045	三菱商事	合弁
東食ウインピー	ハンバーガー	1970	撤退	東食	合弁
マクドナルド	ハンバーガー	1971	1,432	藤田商店	合弁
ダンキンドーナツ	ドーナツ	1971	73	レストラン西武	技術提携
ミスタードーナツ	ドーナツ	1971	787	ダスキン	技術提携
ディッパーダン	アイスクリーム	1972	26	ダイエー	技術提携
A&Wハンバーガー	ハンバーガー	1972	撤退	明治製菓	技術提携
デイリークイーン	アイスクリーム	1972	170	丸紅	合弁
ピザ・イン	ピザ	1973	撤退	伊藤万、住友石油	技術提携
シェーキーズ	ピザ	1973	85	三菱商事、キリンビール	合弁
ピザハット	ピザ	1973	136	アサヒビール、住友商事	合弁

アンナミラーズ	コーヒーショップ	1973	20	井村屋製菓	技術提携
バーニー・インズ	ステーキ	1973	撤退	三菱商事、日本ハム	合弁
サーティーワンアイスクリーム	アイスクリーム	1974	333	不二家	合弁
デニーズ	ファミリーレストラン	1974	480	イトーヨーカドー	技術提携
ハーディ	ハンバーグ	1977	撤退	兼松紅商	技術提携
ビッグボーイ	ファミリーレストラン	1978	101	ダイエー	技術提携
IHOP	ファミリーレストラン	1978	30	長崎屋	技術提携
ロングジョンシルバー	シーフードレストラン	1978	撤退	ダスキン	技術提携
トニーローマ	バーベキューレストラン	1979	10	WDIグループ	技術提携
ウインチェルドドーナツ	ドーナツ	1979	撤退	ユニー	技術提携
サンボ	コーヒーショップ	1979	—	すかいらーく	技術提携
シズラー	ステーキ	1979	12	日本コインコ	技術提携
チャーチス・テキサス・フライドチキン	フライドチキン	1980	撤退	レストラン西武	技術提携
マリー・カレンダー	ファミリーレストラン	1980		タカラブネ	技術提携
ウエンディーズ	ハンバーガー	1980	53	ダイエー	技術提携
ビクトリア・ステーション	ステーキ	1980	22	ダイエー	技術提携
ココス	ファミリーレストラン	1980	284	カスミストア	技術提携
アービーズ	サンドイッチ	1982	撤退	ニチイ	技術提携
ジョーズ	シーフードレストラン	1982	2	ダスキン	技術提携
レッド・ロブスター	シーフードレストラン	1982	41	ジャスコ	合弁

タイガーシーフードレストラン	シーフードレストラン	1983	撤退	忠実屋	技術提携
ハードロックカフェ	アメリカンレストラン	1983	2	WDIグループ	技術提携
ハーゲンダッツ	アイスクリーム	1985	89	サントリー	合弁
ホブソンズ	アイスクリーム	1985	14	スコーレ	技術提携
ドミノ・ピザ	宅配ピザ	1985	134	ワイ・ヒガ・コーポレーション	技術提携
スティーブス	アイスクリーム	1986	撤退	アサヒビール	技術提携
タコタイム	タコス	1987	撤退	日産自動車販売	合弁
エド・デベビックス	ダイナーレストラン	1988	撤退	ダスキン	技術提携
ディ・アンジェロ	サンドイッチ	1988	撤退	春陽堂	技術提携
シュロツキーズ	サンドイッチ	1988	撤退	家族亭	技術提携
カールス・ジュニア	ハンバーガー	1988	1	フレンドリー	技術提携
タコベル	タコス	1988	撤退	日本ペプシコ・フードサービス（＊）	
エル・ポヨ・ロコ	網焼きチキン	1988	撤退	三井物産	合弁
ヨーグルト・ツリー	フローズンヨーグルト	1988	撤退	日本信販、ワコール	技術提携
TCBY	フローズンヨーグルト	1990	37	UCC上島珈琲	技術提携
カフェデュモンド	ベニエ（揚げ菓子）	1990	45	ダスキン	技術提携
サブウェイ	サンドイッチ	1992	102	サントリー	技術提携
パンダエキスプレス	中華ファストフード	1992	4	オージーロイヤル	技術提携
バーガーキング	ハンバーガー	1993	10	西武商事	技術提携
ケニー・ロジャース・ロースターズ	ロテサリーチキン	1995	2	ロースタージャパン	技術提携
スターバックス	コーヒーバー	1996	―	サザビー	技術提携

（＊）米国のペプシコ100％子会社。
出典）茂木信太郎『外食産業テキストブック』1996年、日経BP社、68・69頁。

【注】

（1）海外旅行は1人年1回だけ、外貨持ち出し額は500ドル（1ドル360円＝18万円）までの制限があった。

（2）政府は、これらの施策に先立って、国民に国産品の愛用と貯蓄の奨励を呼びかけている。

（3）柏木雄介大蔵省国際金融局長（1966年就任）の言。本田敬吉・秦忠夫編『柏木雄介の証言—戦後日本の国際金融史』（1988年、有斐閣）43頁。

（4）桑原聡子『ミスタードーナツ物語』（1998年、オフィス2020）15頁、51頁。対売上高比ロイヤリティは3.35％、100店舗を達成した3年目の年商は70億円であり、アメリカ同社に2億4千万円を支払った。1975年9月、アメリカ人の弁護士（年間顧問料1万ドル）の交渉力もありロイヤリティは1.85％となった。小板橋二郎『驚異の急成長 外食産業の経営戦略』（1979年、グリーンアロー出版社）166頁、171頁。

（5）フランチャイズフィーの支払い（資金の海外移転）をめぐっては、税務当局の調査対象となることもある。例えば1994年に「日本コカ・コーラ社」が日本で開発されアメリカ本国で販売実績のないジョージア（缶コーヒー）までフィーの対象になっているが過大で380億円の所得移転だとして、150億円の更正処分（追徴金）としたが、3年間の日米相互協定で所得移転は140億円に修正され、追徴金50億円とされた。吉田秋太郎「企業グローバリゼーションと移転価格税制」『中京経営研究』第9巻第1号（1999年9月、中京大学経営学部）81頁。

（6）畑中三応子『ファッションフード、あります。』（2013年、紀伊國屋書店）は、この様子を「黒船のごとくファストフード来襲」および「次から次へとヒット作誕生」とタイトルして詳述している。98頁〜、118頁〜。

16節　セントラルキッチンのシェフ

「すかいらーく」の立地調査実験

　1970（昭和45）年7月府中市の「郊外」に茅野・横川四兄弟が仕掛けたレストラン「スカイラーク」（すぐに「すかいらーく」）1号店が開店した。彼らは、「ひばりが丘団地」を創業の地として食料品小売店「ことぶき食品」（「スーパーことぶき」）を6店舗まで拡大していたが、「西友ストアー」出店の影響甚大で、レストランビジネスへの転身のための背水の陣であった。(1)

　同年12月2号国分寺店を、翌年8月3号小金井店を出店した。立地は、2号店が「駅前型」、3号店が「住宅地型」。

　四兄弟は、アメリカの視察で学んだ「コーヒーショップのローカルチェーン化」という野望を現実のものとすべく、三多摩地区の綿密な立地調査を手掛けた。商圏人口（車で5分圏内）10万人以上、幹線道路沿いなどいくつかの条件設定をして臨み、15か所の適合地がリストアップされた。

　その最適地が1号国立店（住所は府中市）。周囲はまだ畑地であったが、調査では店の前を往来する車は1日およそ3万台であった。

　2号国分寺店は、「国分寺駅」前、「スーパーことぶき国分寺店」の2階。やや雑多感のある駅前商店街の1等地であるが、自動車アクセスは想定せず。客席数80席。

　3号小金井店は、五日市街道沿いで交通量は平日、乗用車だけで1万2千台。面積は132坪と小振りであったため、店舗を駐車場の上に乗せる「ピロティ型の低投資の店舗の実験」店となった。駐車場は14台分を確保した。

　これらの「実験」の結果は直ぐに出た。「郊外型」立地の1号店は驚異的な大繁盛店で年商1億円の勢い、「駅前型」2号店と「住宅地型」3号店はともに不振で「閑古鳥が鳴いた」。3号店は年商3千万円に届かず7年後に閉店している。

　3号店出店から1年7カ月の間が空き、やっと1973（昭和48）年3月になって国道20号線沿いに4号八王子店が開店した。筆者は、表舞台では見えな

かったこの1年7カ月間こそが、その後の「すかいらーく」を、もっといえばその後のわが国の外食産業の命運を定めたと認識している。

チェーン化への基礎作業

では、彼らはこの1年7カ月に何をしていたのか。その前後のものも含めて目についたところを挙げてみる。

（1）出店立地の方針確定と店舗の標準型の設定。それまでの飲食店出店の"常識"である駅前や繁華街を採らず、「アメリカでみた郊外型の駐車場を持った店舗」とし、「敷地面積300坪、ワンフロア75坪、客席数100席内外、駐車能力30〜35台」、「年商1億円、従業員15、16名（うち正社員10名）、営業時間16時間（午前10時〜午前2時）」と決めた。

（2）本格的なマニュアルつくり。「フロアサービス」マニュアル、「キッチンマニュアル」、「店舗管理マニュアル」など、各種を作成整備した。

（3）社員総出の他店見学会。「高輪プリンスホテル内コーヒーショップ（24時間営業）」、「新橋の牛丼吉野家」、「マクドナルド代々木店」（客席部のある店、評判の三越銀座店はテイクアウトのみ）、「ダンキンドーナツ」の4ブランドを学習対象とし、交替で訪れ丹念に観察し研究した。

（4）「ミスタードーナツ」に加盟。「ファストフードとフランチャイズシステムの勉強」のためだ。「スーパーことぶき国分寺店」の閉鎖（1972（昭和47）年11月）のあとに「ミスタードーナツ」国分寺店を開店した（1973（昭和48）年5月）。ただ同店は流行らず、「失敗」。2年後には撤退した[2]。

（5）セントラルキッチン（CK）の構築着手。1970（昭和45）年大阪万博「アメリカゾーン」での「ロイヤル」の大成功は知れ渡っており「大規模なチェーン展開を進めるには、CKシステムしかない」と結論した。1972（昭和47）年に「ロイヤル」（福岡）を訪問した。このとき「ロイヤル」の総帥江頭匡一は、自らセントラルキッチンの隅から隅までを丁寧に説明して案内した。飲食業の"産業化"を目指す江頭にとっては、創業間もない「すかいらーく」は、"同志"に他ならなかった。見学者たちは「日本にこんなすごいシステムを持ったレストランがあったのか」と「大きなショック」を受けた。

東松山CK

　1972（昭和47）年2月、「スーパーことぶき国分寺店」の1階を改装して小型CKをつくり、3店分の食材の一次加工を行うようにした。並行して「キッチンマニュアル」の整備も進めたところ、それまでの調理担当スタッフ（調理師）が辞めていった。1年ほどは「味が落ち」て「ひどいもの」だったという。

　悩んだところに、会員制「三井倶楽部」の番場善勝料理長の指導を仰ぐことができた。番場の指導は厳しく、結局「既存レシピはすべて否定され」、基本からやり直すこととなった。^{（3）}

　こうして3号店出店から1年7か月後、満を持して出店を再開するや破竹の勢いである。^{（4）}

　国分寺CKは直ぐに手狭になり、1975（昭和50）年6月にはCK立川工場を竣工し、30店舗体制を構築したつもりであったが、間に合わない。「ライフ・エンジニアリング」（味の素と伊藤忠商事の合弁会社）の金子順一技術部長をスカウトし、三男竟の陣頭指揮で、埼玉県東松山市に福岡「ロイヤル」をもしのぐ巨大なCKをつくった。300店舗体制を見越したもので、売上高規模20億円のころに総工費27億円を投じ、1977（昭和52）年12月竣工した。

　東松山CKは、その設計思想、能力や冷凍設備、オリジナル開発機器、ロジスティックス（コールドチェーン）、店舗厨房との連携など、あらゆる意味で画期的であった。その具体相は他稿にあるので、本書では次の2つのことを敷衍しておく。一つは「インダストリアルシェフ」についてである。今一つは、東松山CKでの開発機器・技術の波及についてである。^{（5）}

インダストリアルシェフ

　「インダストリアルシェフ」とは、レストラン厨房内における「シェフ」（料理人）とは性格を異にする専門家のことで、料理の大量生産の勘所を知る専門家のことである。一度に調理する量の観点からすると、厨房では数食分で足りるが、CKでは数百数千人分となる。食材調理にかかる負荷も違えば熱伝導率、自重による重力圧、撹拌による摩擦熱や圧力損耗度合、経時管

理など、およそあらゆる点で異なっている。加えて食材の大量"調達"法についても通じていなくてはならない。「食材の専門家」としての能力も要るのだ。

チェーンの存立、CKの展開のためには、「インダストリアルシェフ」「食材の専門家」の存在が不可欠だと論じたのは、茂木信太郎「ファミリーレストランと中小（既存）飲食店」である。

同稿は、もともとそれまでの飲食店は、既存の調理技術と食材の地場調達とを基盤とする「地場産業」、「原料立地産業」であったわけだが、1970年代に勃興し急成長したファミリーレストランやファストフードは、①その活用技術と②食材調達の範囲・方法において、明らかに別物なのだと解説する。

①活用技術。「冷凍技術とコールドチェーンの大展開は、食材の保存法を変え、保存過程での品質変化処理によって、調理過程の変更をまで要請するようになった」、この認識を基盤とする技術を動員しなければならないと。

②食材調達の範囲・方法。経済の自由化とも相俟って、日本中、世界中へと広がると。

「すかいらーく」の場合、三男竟がいた。竟こそは、中学校を卒業以来、全国から特級1級食材が集まる築地卸売市場で丁稚奉公に励み、そこに集う多くの専門家から叩き込まれて、その成果を「ことぶき食品」に注ぎ込んできた「食材の専門家」であった。竟は、番場料理長の意を受け、変幻自在に食材を発掘しときには発明し、産地を発見し開発する手練れの専門家に他ならなかった。「すかいらーく」には、CKの設計構想段階から「インダストリアルシェフ」がいたのである。

ちなみに、「ロイヤル」の場合はどうであったのか。実は、江頭匡一自身が世界中の料理を貪欲に食べ歩き、料理と食材の発掘に明け暮れた。彼自身が卓抜した「インダストリアルシェフ」であった。

機器開発と技術の波及

東松山にCKを建設稼働させるにあたっては、多数のオリジナル機器が開発されている。例えば、「ステンレス窯は当時なかった」が、番場レシピの再現のためにはぜひとも必要であった。「日本調理機」と共同開発して「500リッターのステンレス窯」をつくった。また、CKと店舗（厨房の冷凍庫・冷

蔵庫）とをコールドチェーンで直結させるために、「ロールボックス」という搬送機器も開発した。

　いうまでもなく東松山CKは、食の業界に轟いた。ここで開発された機器類は、一方では、急拡大する業務用食品メーカーでも応用採用され、他方では、CKの設計思想を含めて、厨房機器メーカーの大販路である学校給食や社員食堂の場面へと次々と展開されていくこととなる。

　1970年代では、学校給食も社員食堂も、チェーンレストランの経験値が直接間接に注ぎ込まれて、格段に美味となっていった。そしてこの年代に、学校給食の提供方式は、自校（単独校）方式からセンター（共同調理場）方式へとそのシェアが転換していくのである。

【注】
（１）「すかいらーく」の動向は、主に『すかいらーく25年のあゆみ』（社史）（1987年、すかいらーく）による。
（２）「すかいらーく」は、学び続ける。1979（昭和54）年２月にアメリカコーヒーショップチェーン「サンボス」と技術提携して、チェーン化を目指した。アメリカ同社が倒産したため、契約は白紙に戻ったが、「マニュアル」が手元に残り、準備していた店は、翌1980（昭和55）年４月に「ジョナサン」と改名してスタートした。
（３）「三井倶楽部」は、旧三井財閥の迎賓館。戦後にGHQオフィサーズクラブとして使われ、のち返還された。番場は、のちすかいらーく常務取締役料理長。金子は同常務取締役。
（４）「すかいらーく」の店舗数。1972（昭和47）年３店、東松山CK前1977（昭和52）年67店、４年後1981（昭和56）年300店（233店増）。マスコミも社会も「倍々ゲームだ」と俄然注目した。
（５）茂木信太郎『食の社会史』（2019年、創成社）第８章「食の産業化」参照。
（６）茂木「ファミリーレストランと中小（既存）飲食店」『商工金融』第34巻第３号（1984年３月、商工組合中央金庫）３〜19頁。引用文は12頁。
（７）「この工場の完成によって、デンマークからチーズ、イタリアからスパゲッティ、フィリピンからマンゴー、アメリカからアイダホポテトやベークドポテト、メキシコからスーパースイートコーン、カナダからブルーベリーや松茸、これらを直接買ってきて、加工して、おいしい料理をつくりました」。横川竟『人を幸せにする挑戦』（2019年、亜細亜大学経営学部）73頁。

（8）横川竟「すかいらーく　ファミリーレストランを日本に」日経MJ編『HISTORY　暮しを変えた立役者』（2017年、日本経済新聞社）。
（9）「ロイヤル」は、1953（昭和28）年11月に福岡初の本格フランス料理店「ロイヤル中洲本店」（のち「花の木」）を開店するにあたり、指導を仰いでいた銀座「コックドール」の伊藤佐太郎社長から「横浜ホテルニューグランド」の前川卯吉を紹介され、初代料理長としており、彼と江頭とで「ロイヤル」の料理を支えた。

第2部
アメリカ食の形成

【主な登場人物】
大野 耐一　「トヨタ自動車」工場長（副社長）
ヘンリー・フォード　「フォード」
サミュエル・コルト　「コルト特許武器製造会社」
アルフレッド・ホッブス　鍵職人（アメリカ）
ナポレオン・ボナパルト　フランス第一帝政皇帝
ニコラ・アペール　菓子職人・缶詰技術開発者（フランス）
ピーター・デュランド　缶詰技術特許取得者（イギリス）
ウィリアム・エドワード・パリー　北極探検家・イギリス海軍少将
ウィリアム・アンダーウッド　瓶詰缶詰製造工場主（ボストン）
エズラ・J・ワーナー　発明家（コネチカット州）
セオドア・ルーズベルト　26代アメリカ大統領
クリストファー・コロンブス　略奪者・植民虐殺者
フランシスコ・ザビエル　イエズス会伝道師
ハーマン・メルビル　『白鯨』
ジョン・ロックフェラー　「スタンダード石油」
グスタバス・フランクリン・スウィフト　「スウィフト社」
サムエル・フィンリー・ブリーズ・モールス　画家・発明家
アレクサンダー・グレアム・ベル　ボストン大学（発声生理学）
クラーレンス・バーズアイ　「ゼネラル・シーフード社」（ゼネラルフード）
マシュー・カルブレイス・ペリー　アメリカ東インド艦隊司令長官
中川屋 嘉兵衛　「函館氷」「中川屋」（牛鍋）
ジョージ・M・プルマン　「デルモニコ」（食堂車）
フレデリック・ヘンリー・ハーベイ　「ハーベイハウス」
ジュディ・ガーランド　女優「オズの魔法使い」・「ハーベイガールズ」

17節　「トヨタ」の「スーパーマーケット方式」

大野耐一の「スーパーマーケット方式」宣言

　かつては「かんばん方式」、「ジャスト・イン・タイム」と呼ばれた。発案者・導入社の固有名詞をつけて「トヨタ生産方式」という言い方も普及した。これなら長年自動車産業の代名詞であった「フォーディズム」「フォード生産方式」との違いが単語ですぐにわかる。
　1979（昭和54）年、日本の自動車メーカーによる自動車生産台数が1,100万台を超え、米国を抜いて1位となった。対してアメリカのビックスリーは低迷した。「クライスラー」はこの年11億ドルの赤字、翌1980年には「GM」が創業以来初めて7億ドル赤字、「フォード」も15億ドルの赤字決算であった。そうして、「トヨタ」は「GM」が閉鎖しようとしたカリフォルニアのフリーモント工場で「GM」の車（シボレー・ノバ）をつくることになる。「トヨタ生産方式」がアメリカに上陸した(1)。
　世界は「トヨタ生産方式」に注目した(2)。
　この「トヨタ生産方式」は、1953（昭和28）年に大野耐一（当時工場長、のち副社長）が、現場の工長、組長を集めて「これからスーパーマーケット方式というものを始める」と宣言して始めたものだ(3)。だから、社内では長らく「スーパーマーケット方式」と呼ばれていた。
　今ではどこでも身近に「スーパーマーケット」がある。だが、「日本で最初のスーパーマーケット」とされる「紀ノ国屋」が東京・青山に開店したのはこの年の11月28日。のちに流通業界の覇者となる「ダイエー」（当時大栄薬品工業）が「主婦の店・ダイエー薬局」を大阪・千林に開店したのはさらに4年後、1957（昭和32）年9月23日。
　大野自身もそうであるが、その場で大野の宣言を聞いた人のなかにも「スーパーマーケット」を見た人はいない。それどころか、この言葉を耳にすることさえはじめてであった。当然大野に質問が飛ぶ。「スーパーマーケット」とは何かと。

大野の答えは、「売り場に人（店員）がいない店」だという素っ気ないものだった。そして「それをまねる」と宣言した。聞く人からすれば雲をつかむような話であった。のちの世を知るわれわれはこの説明でも「セルフサービス」の店だと連想できるが、当時の感覚では店に人がいなければ陳列商品は勝手に持っていかれ放題だから、想像が及ぶところではない。
　ところで、そもそも大野は、どこで「スーパーマーケット」なるものをみて何をまねようというのか。

「かんばん方式」

　大野は1921（大正10）年、大連（だいれん）生まれ、名古屋高等工業学校（現名古屋工業大学）を卒業して1932（昭和7）年に20歳で豊田紡績（刈谷市）に入社した。同社は大戦中にトヨタと合併し、大野も自動車工場勤務となる。
　大野は、あるとき上記校のサッカー部で一緒だった山口という男の「アメリカ帰りから話を聞く会」に出席した。
　そのときの映写スライドで、「大きな商店」の写真に皆の目が釘付けになった。「肉、野菜、缶詰、パン、ミルクと商品の棚にあふれるほどの食料品や雑貨が陳列されてい」て圧倒的物量に感嘆したのだ。大野はこの写真に妙な違和感を覚えて質問した。「店員の姿が映っていないが…」。
　山口はスライドを止めて答えた。「売り場には店員はいないんだ。出口に会計をするところがあって、そこに女の店員がいた。お客さんは棚に行って商品を手に取る。それを持ってきて、会計で勘定を払うんだ」と。小売業は顧客との相対商売だとする常識を覆す一葉の写真。小売りの革命、「セルフサービス方式」に出くわした瞬間であった。
　大野は続けて「何という店」かと聞いた。山口は「スーパーマーケット」だと答え、アメリカの食料品店はどこでもこうだと付け加えた。
　野地秩嘉『トヨタ物語』によれば、大野は工場の効率化というミッション（社命）に肝胆を砕いている中で、このときの遭遇を次のように思い出したという。
　「アメリカ人は合理的だ。客は冷蔵庫の大きさを考えて、今晩食べるモノだけを買って、持ち帰ればいい。アメリカにはモノがある。いつでもある。だから、欲しくなったら取りに行けばいい。店の方は持っていかれたら、そ

こだけ補充すればいいんだ。必要なものは必要な時にあればいいわけだ…」(4)

「必要なものは必要な時に」、「ジャスト・イン・タイム」である。

大野は、「スーパーマーケット」の顧客の購買行為を自動車工場での「後工程」（組立工程）と措定し、売り場の商品陳列を「前工程」（部品生産工程）と措定した。売り場（「前工程」）は、顧客（「後工程」）が買った分だけを補充（生産）すればよい。多く補充（生産）すれば売り場があふれて顧客は買い辛くなり、少なければ販売の機会損失に繋がる。

大野は、顧客が買った"情報"（種類や量など）は会計時のレシート（会計紙）で確認できることを捉えて、この"情報"伝達用具として部品を運送する用機具に掲げる「かんばん」（当初は紙製のボード）を用意した。「スーパーマーケット方式」が次第に成果を上げていくと、ジャーナリストなどの見学が相次ぐようになった。現場をただ見るだけでは何がなされているのかわからないが、「かんばん」（ボード）は目に付いたので、トヨタで起こっていることを「かんばん方式」と呼んだ。この表現が一世を風靡した。引き換えに「スーパーマーケット方式」という語は使われなくなった。

では、あらためて大野が範とした「アメリカのスーパーマーケット方式」とはどのようなものであったのか。

アメリカで誕生した「スーパーマーケット」

百貨店はフランスで誕生したといわれている。1852年パリにある「ル・ボン・マルシェ」でオーナーのブシコー夫妻が「買い物が楽しくなるスタイル」を打ち出したのがはじまりだとされる。このスタイルがアメリカに伝播したのが1858年開業のニューヨーク「メイシーズ」、イギリスでは1863年ロンドン「ホワイトリリー」、ドイツでは1879年「ガレリア・カウフホース」。

日本では1905（明治38）年1月2日に、「三井呉服店」が全国主要新聞に「デパートメント宣言」の1頁広告を載せたことが「日本の百貨店のはじまり」である。いまの「三越」である。(5)

他方、「スーパーマーケット」はアメリカで誕生した。1930年8月30日にマイケル・カレンがニューヨーク、ジャマイカにオープンした「キング・カレン」が最初の店だとされる。(6) カレンは詳細を究めた計画書をあらかじめ作成し、これを皮切りに次々と大規模店を追加して、5年で15店舗となった。

表2-1　アメリカ5大食料品チェーン店の売上高　　（単位：100万ドル）

	1940年	1950年	1955年
A＆P	1,116	3,180	4,305
セーフウェイ	399	1,210	1,932
クローガー	260	861	1,220
アメリカン・ストア（アクメ・マーケット）	125	417	625
ファースト・ナショナル	131	344	471

資料）鳥羽欽一郎『スーパーマーケット　A＆P』1971年、東洋経済新報社、173頁。

が、翌1936年52歳の若さで死亡した。カレンの計画書は、「スーパーマーケット」という食料品小売の革命をデザインしたビジネスモデルの見本として業界に広がり、次々と大規模店がアメリカ中につくられていくこととなる。1930年代は「スーパーマーケット」の創成期、1940年代は急成長期であり、新規参入が相次ぐとともに、それまでの食料品店、各種小売店、チェーン店の多数が淘汰されるか、衣替えした。この期に「スーパーマーケット」は、アメリカの食料品流通の主役に躍り出たのである。

　プレイヤーのトップスリーは「A＆P」「セーフウェイ」「クローガー」で、戦後も長きに渡って主役を続ける（表2-1参照）。

　山口が写真に撮り、大野がのちに「スーパーマーケット宣言」の根拠とした「アメリカのスーパーマーケット」はこれらのうちのどれかであろう。我々も1940年代の「アメリカのスーパーマーケット」を見に行ってみたい。どのようなものであり、どのようにして生まれ、なにゆえに「アメリカ」であるのか[7]。

【注】
（1）1980年には「本田技研工業」がオハイオ州に乗用車工場を、「日産」がテネシー州にトラック工場を建設すると決めていた。
（2）1979年に、エズラ・F・ヴォーゲル（広中和歌子、木本彰子 訳）『ジャパン アズ ナンバーワン：アメリカへの教訓』（TBSブリタニカ）が出版され、当時60万部を販売したとされる。ここから10数年にわたり「ジャパン・アズ・ナンバーワン」という言葉が、日本をして世界経済の覇者たるドリームを煽り続けることとなる。

（3）野地秩嘉『トヨタ物語』(2018年、日経BP社) 186頁。なお社史『創造限りなく　トヨタ自動車50年史』(1987年) では、「昭和29年の春、業界紙にアメリカのロッキード社でジェット機の組付にスーパーマーケット方式を採用し、1年間に25万ドルを節約したという記事がのった。…これに目を付けた人たちがいた。…大野耐一らであった」と解説している (279・280頁)。筆者は専門外であり、この業界紙を探索していないが、この記述にしたがうと、アメリカの産業界でも「スーパーマーケット方式」はそれなりに試みられていたとみられる。

（4）野地、上掲書、186頁。

（5）梅咲恵司『百貨店・デパート興亡史』(2020年、イースト・プレス) など参照。

（6）M・M・ジンマーマン (長戸毅訳)『スーパーマーケット』(1962年、商業界)。なお、スーパーマーケットの誕生日は、1932年12月8日ニュージャージー州「ビッグ・ベア」の開店と推す説もある。徳永豊『アメリカの流通業の歴史に学ぶ』(1990年、中央経済社)。

（7）大野は自著『トヨタ生産方式』(1978年、ダイヤモンド社) のなかで、1956 (昭和31) 年に渡米したときには「前々から格別の関心をいだいていたスーパーマーケットを目のあたりにして、わが意を得たりと思った」と述べている。51頁。

18節 「フォードシステム」の原点、
　　　食肉加工と通信販売

「高度大衆消費社会」

　20世紀にアメリカは世界に先駆けて「高度大衆消費社会」に突入した。「高度大衆消費社会」とは、特定階級や一部の有産家だけではなく社会の多数である「大衆」が、自動車や住宅など耐久消費材を手に入れて生活を謳歌する社会のことだ。いわば人類がそれまで目指してきた到達点あるいは理想郷である。

　アメリカの経済史家W・W・ロストウは、この社会への転換点を誘導した装置・システムこそヘンリー・フォードが導入した「流れ作業」による「組立ライン」であると指摘する。すなわち、フォードによる新しい自動車の生産方式が卓抜した生産性の高さを実現し、相対的に安価で堅牢な自動車（「T型フォード」）を大衆に行き渡らせ、そこに働く労働者にも破格の高給を遇して豊かな経済生活を提供した。そして、自動車による移動が「大衆」の生活の中軸となることで、快適な住宅や豊かな食生活が謳歌されるようになったというのである。[1]

「T型フォード」の革命

　フォードは、ミシガン州デトロイト郊外の農家に生まれた（アイルランド移民2世）が、機械工場で徒弟奉公を経たのち、黎明期にあった自動車製造で立志する。彼が立てた目標は、購入に高額な費用がかからない「大衆車」で、かつあらゆる場面で使用できる万能の「ユニバーサル・カー」で、耐久性にも優れているというものであった。間違ってはならないが、安価な自動車づくりに挑んだわけではない。優先順位は「品質」→「低コスト生産」である。フォードは1899年に起業した。1903年6月に「フォード自動車会社」となり製造販売実績を重ねながら、5年の歳月を掛け研究開発に勤しみ8モデル（A、B、C、F、K、N、R、S）を試作し、満を持して1908年10月「T型

フォード」を発売した。

　T型車の販売価格は、「ツーリング・カー」（幌あり5・6人乗り）850ドル、「ランナバウト」（幌なし、小型）825ドル。「ツーリング・カー」はこの年5,986台売った。8年後1916年には販売価格は360ドルで、57万7,036台を売った。販売価格は4割まで落ち、販売台数は96倍となった。アメリカの新車市場の半分は「フォード」＝T型車となった。

　1914年1月に「フォード社」は、従業員の1日8時間労働、日給5ドルを採用した。当時では破格の処遇で、従業員の生活が豊かになり資産と子供の養育費が激増した。また、同社社会部の指導で移民従業員への英語教育の強制とアメリカ帰化が推奨された。

　フォードの志は叶ったのである。フォードの名声は世界に轟いた。いかほどのものであったか、1世紀後のわれわれには想像すら及ばない。

　一例を挙げる。ロシア革命を経て興ったソビエト連邦（ソ連）においてもフォードは、革命的経済改革者として"偶像化"された。同社トラクターは、1920〜27年にソ連にも2万5千台輸出され、農民の労苦を解放するシンボルとなった。コミューン（行政単位）に生まれた子供にも「フォードソン」という名前が付けられ、フォード自伝『わが一生と事業』は、ソ連の大学のテキストにも使用された。

　自動車産業のみならず、モノづくりの現場を劇的に変え、大量生産方式を確立して「高度大衆消費社会」を牽引した「フォード生産方式」、「フォードシステム」には、三つのポイントがある。

　誰でもが真っ先に指摘するところは、「流れ作業方式」とか「ベルトコンベア方式」とか「分業方式」とか言われる。二つは、部品の標準化である。三つは、品質の安定化のための部品・原料調達の内製化である。

　「分業」による生産性の向上というテーゼは、フォードの専売特許ではない。経済学の古典中の古典、アダム・スミスの『国富論』は、ピン製造を「分業」することで生産性が高まること、そのことが社会的な「分業」におよんで社会の生産性を高めるという議論を展開している。

　自動車製造の分業は、多数のパーツと多数の工程があることで、携わる人の動作作業の関わり方が重要となる。これを「ベルトコンベア」という装置を開発してパーツを移動させて作業を施すという「流れ作業方式」を考案したことが特筆されるのである。では、フォードはこの方式を何から学んだの

であろうか。

要衝「シカゴ」

アメリカの経営史家スチュアート・クレイナーは、フォードの学習先としてシカゴにある2カ所を挙げている。一つは往時の小売業界の雄である通信販売の「シアーズ・ローバック」（以下、シアーズ）、いま一つはこれも往時のビッグビジネス食肉（牛）加工場だ。⁽⁵⁾

シカゴの港はイリノイ川を経由して五大湖とミシシッピ川を結ぶ交通の要衝であり、周辺はアメリカ有数の穀倉地帯である。鉄道の開通も早かった。1848年にミシシッピ川とミシガン湖間の運河が開通し、1852年にはミシガン・サザン鉄道とミシガン・セントラル鉄道がつながった。1860年には共和党大会が開かれリンカーンが大統領候補に指名され、コンベンションシティとしての実績も挙げた。翌1861年から4年にわたり南北戦争が続いた。シカゴは、北軍の兵站の中枢を担い、パンや肉、馬の飼料などを供給して、北軍を勝利に導いた。食肉供給のために大屠殺場も建設された。

1862年には入植農地法が制定され、新移民が爆発的に増加した。なにしろ、無尽蔵ともいえる西部の土地を21歳以上の市民には160エーカー（約65万㎡、20万坪）を無償で提供するというのであるから。東部からも先住移民に対抗しようという事業家たちが移ってきた。[6]

「スウィフト」の食肉工場

1875年にニューイングランドから移り住んだ食肉問屋のグスタフ・F・スウィフトもその一人で、彼は食肉の運搬用に冷蔵庫を開発導入してまたたく間に帝国を築いた。シカゴへの牛の搬入と牛肉の搬出があっという間に拡大し巨大化したからである。[7]

ところで、機械の組立ライン（アッセンブリライン）の原理は、ディスアッセンブリング「解体」として登場したと科学技術史家S・リリーは指摘する。[8]

オハイオ州シンシナティは「豚肉の都（Porkopolis）」と呼ばれるほど食肉（豚）加工が盛んである。1860年代に豚の「解体ライン」でこの原理が初めて適用された。「頭上のベルトコンベアによって運ばれる豚の胴体が一連

の工員の眼前を動いてゆき、各工員はそれぞれ特定の部分に一切り刃を加えたり切りとったりすればよかった」。いろいろな道具や巧妙な装置が加わり作業のスピードはそのたびにアップした。

19世紀の後半に食肉加工業では、コンベアラインはすでに通常装備となっていた。シンシナティでは豚が主力だが、シカゴでは、サイズと重量とも数倍規模の牛だ。大掛かりでさらに堅牢な機械装置が稼働していた。フォードは、シカゴの食肉（牛）加工場を訪ね、天井からぐるりを巡っている「高架懸垂車」が牛をぶら下げて移動する様子を観察していた。

「シアーズ」の物流センター

「シアーズ」の通信販売事業は時計から出発したが、1893年には「6×9インチ（約15×23㎝）四方で64ページ立てのカタログ」を発行し、多種類商品の大量販売に励んだ。衣料品、化粧品、銃器類、ミシン、家具、家庭用品、自転車、乳母車、何でもあった。同社総合カタログ自体が人気で1905年には380万余部が発行された。のちの電気冷蔵庫の普及の最大プレーヤーもシアーズである。同年、シカゴに5階建ての本社屋メイルオーダー処理施設を完成させた。アメリカ全土から集まってくる郵便物（文書）を即座に仕分け、商品在庫と照合して、方面別の配送荷を仕立てる。いまでいう情報センター兼物流配送センターだ。

「1日10万通の郵便物（文書）をすべて24時間以内に処理する」ことがミッションで、「エレベーター、コンベア機、エンドレス・チェーン、動く歩道、重力滑走斜面路、コンベア運搬装置、気送管」など「さまざまな労働節約のための機械装置」が開発され利用されていた。膨大数の労働力の配置も重要だ。作業時間を15分単位で区分して人員配置をする現業事務システムを開発した。これは「スケジュール・システム」と名付けられた[9]。

この施設の視察者のなかにヘンリー・フォードの姿があったことが、いくつもの書で指摘されている。

【注】
（1）W・W・ロストウ（木村健康・久保田まち子・村上泰亮訳）『経済成長の諸段階』増補版（1961年、ダイヤモンド社）16頁。

（2）R・S・テドロー（近藤文雄監訳）『マス・マーケティング史』（1993年、ミネルヴァ書房）第3章など参照。
（3）ジェームス・J・フリンク（秋山一郎訳）『カー・カルチャー』（1982年、千倉書房）100〜103頁。
（4）上掲書、79〜81頁。
（5）スチュアート・クレイナー（岸本義之、黒岩健一郎訳）『マネジメントの世紀 1901〜2000』（2000年、東洋経済新報社）29・30頁。
（6）佐藤雅徳、北島穣『先物王国　シカゴ』（1983年、日本経済新聞社）参照。
（7）マンセル・G・ブラックフォード、K・オースティン・カー（川辺信雄監訳）『アメリカ経営史』（1988年、ミネルヴァ書房）158頁。
（8）S・リリー（伊藤新一、小林秋男、鎮目恭夫訳）『人類と機械の歴史 増補版』（1968年、岩波書店）190頁。
（9）上掲、テドロー、330・331頁。鳥羽欽一郎『シアーズ＝ローバック』（1969年、東洋経済新報社）103〜105頁。

19節　イギリス政府調査団が発見した「アメリカン・システム」

開けられない鍵と拳銃「コルト」

　産業革命を経て機械工業が発展する最中の1851年、第1回万国博覧会がロンドンで開催された。万国博覧会はこれ以降、1940年に第二次大戦へのとば口で東京開催が中止（返上）となるまでの1世紀近くのあいだ、産業技術の大見本市として世界全体に経済発展と社会変化の先導役を果たしてきた。

　万国博覧会の威容は、第1回ロンドン・ハイドパークの「クリスタルパレス（水晶宮）」や1889年のパリ「エッフェル塔」など、同時代人の誰の目にも今生初として目に焼き付けられ、今に至るも記憶と記録と遺産が語り継がれている。ロンドン万博会場の「クリスタルパレス」は、鉄骨とガラスを纏った壮麗な大規模建造物（幅563m×奥行124m）で人びとの度肝を抜いた（移築ののち火事で消失）。パリ万博の目玉として建造された「エッフェル塔」は、それまでのワシントン記念塔169mをはるかに凌駕する高さ312.3mで、その後40年余ものあいだ世界一高い建造物の栄誉を誇った。

　その第1回ロンドン万博で、新興国アメリカは4万平方フィート（3.72㎢）という広大な展示スペースをえたが、当初は誰とはなしに「大草原」とあだ名された。「農産物やみすぼらしい機械が散らばって」いる程度という印象であったからだ。

　が、日がたつにつれこのアメリカエリアの人気が急騰していく。その源は、「鍵」と「拳銃」の二つ。

　一つは、「鍵」職人のアルフレッド・ホップスのコーナー。持参した「鍵」を陳列し、「開けたら1,000ドル」と話題をふりまいて錠前破りの挑戦を受け続けた。会期中にこの「鍵」はついぞ開けられることはなく、アメリカ職人ホップスの完勝となった。

　もう一つは、「コルト」、すなわち回転式拳銃（リボルバー）。連発銃そのもののアイデアは少し前からあったが、当初は銃身と銃弾が一体のものを複数束ねるもので、重量も嵩みあまり実用的ではなく、また精度の点でも難があ

った。「コルト」は蓮根型の弾倉を用いて、銃身が一つという画期的なものであった。西部劇などでお馴染みのピストル（拳銃）だ。

　産業も機械製造も先進国であるイギリスは訝(いぶか)しがった。なぜなら、アメリカの独立戦争後にアメリカへの技術流出を避けるために法律をつくって（1785年）、「アメリカへのあらゆる工具と機械の輸出禁止、製鉄業と関連製造業に関係するすべての技術者のアメリカ移住禁止」措置を採ってきたからである。後進国アメリカのどこに何があったのか。

イギリス政府調査団の発見

　イギリスの工学会は、「コルト」の制作者サミュエル・コルトを招き講演を依頼して、コルト自身に製造法を語らせた。

　イギリス政府は調査団を編成しアメリカに派遣して、北東部の多くの工場に赴き調査にあたった。のみならず、当地で銃床の生産機械一式および多数の工作機械を購入してイギリスに持ち帰った。そして、これらを直ちに王立小火器工廠(こうしょう)（ロンドンのエンフィールド）に据えて銃の生産を始めたのである。時節は、往時のウイーン体制が揺るぎ始めていてイギリスの軍備拡張は喫緊の課題であったのだ。ちなみに、この工廠ではのちにイギリス軍の制式小銃（1895年採用）となる「リー・エンフィールド」銃（ボルトアクションライフル）が開発されている。

　あわせて、アメリカ各地の工場で採用されていた製造方法を調査分析した報告書を作成している。その要諦は、同じ形状の工作だけを担う「専用工作機械」で同一の部品をつくること、それらの部品が交換可能を担保していること、すなわち「互換性」を備えていること、そのために部品が「標準化」していることだと結論し、これらの特徴を総称して「アメリカン・システム」（アメリカ式製造方式）と表記した。[4]

　繰り返すが、製品の大量生産のためには、その前提として「標準化」された「互換性」部品の大量生産方式が確立していなければならないことと、そのための各種の専門化した工作機械が用意されていなければならないことだ。そして、こうした思想は、一つの産業種で見極められれば、おのずと他の産業種にも伝播していくのである。

なぜ、アメリカなのか？

　そこでだ。この製造方式（思想）は何故アメリカで生まれたのか。何故広まりえたのか。

　単純に言えば、製品の大量生産を目論もうとするためには、あらかじめその購買者たる大量需要があることが想定されていなければならない。

　第一に、アメリカには官民挙げての軍需があった。独立時は13州で、その後も拡大戦争は止むことがない。陸軍からの「コルト」の大量発注は1846年勃発の対メキシコ戦争用である。この戦争ではニューメキシコとカリフォルニアがアメリカ領となった。外への拡大だけではない、内でも西部開拓という民需は旺盛である。

　第二に、王族も貴族も階級もない国なので、ヨーロッパのように貴族が傭兵を伴い戦場に行くのに任せておくことができない。アメリカでは国民が自前の装備で前線に行った。対内でも対外でも国民の誰でもが需要者である。また、産業界の頂点需要者として上流の身分階級がいなかったということは、製造物にも身分秩序がなかったといえる。優雅な装飾、典麗なフォルム、投入コスト・時間・労力を度外視しての職人芸や神業などが称えられる生産物文化ではなく、素っ気ない経済原則がそのまま重宝される文化となる。

　第三に、これまでの産業を支えてきた職人たちもいない。ヨーロッパからの職人の移民もノウハウの流失として制限される。新天地で新職人が育つしかない。同業組合（ギルド）もないので、新職人たちの移動も自由だ。

　まさにヨーロッパにはないアメリカの社会風土こそが「アメリカン・システム」の孵卵器であった。

　「アメリカン・システム」は、ミシン、自転車、耕耘機、時計、科学機械、タイプライター、そして部品の数が桁違いに多い蒸気機関車、自動車などの製造業に応用されていく。

　確認するならば、「標準化」された「互換性」部品は、流れ作業の組み立て工程を設計する際にも、その前提条件となる。組み立て工程もこうした部品を繋いでいくことででき上がるからである。

食品の標準化

　見た目の形状だけではなく、強度や耐久性などの物性特性にも「標準化」は貫かれていなければならない。

　1901年、アメリカに国立標準局が設立された。度量衡の標準を定め、材料の物理的化学的性質を試験し、電気製品や化学製品の標準的計量を定めた。政府各機関が購入する物品の品質検査を行い、1904年の電球の検査では4分の3が不良品だと判定した。1909年には学会や業界団体を束ねて「全米技術標準委員会」が設立され、官民で標準化が推進されるようになった。

　「食品衛生法」の制定も標準化の思想と同調する。今日のひな型となる食品衛生法は1906年制定でその目的は「不良品、不当表示、または有害物質、薬品、飲料の製造販売出荷防止と商取引規制」のためと謳われている。

　この法律の推進を担ったのは地方の缶詰業者協会と食品・薬品業者であった。

　缶詰の技術的基礎は18世紀初頭から発見と開発が進むが、アメリカにもほどなく伝播し、1856年にはゲイル・ボーデンが発明した缶入りコンデンスミルク（練乳）が大人気となり、1861年からの南北戦争では、缶詰の供給と前線への物流量がその帰趨(きすう)を決めたといわれるほどとなっていた。

　1872年になると缶詰業者は地域ごとに協会（業界団体）を設立して全国協会設立にこぎつけ、「品質および安全性」の保証を謳い、1897年には商標規制の立法化を求め、ラベル規制の法案を提出し、「正しい容量」を宣言した[5]。

　比喩的に述べれば、規格化された食品は、外形および内容物の品質が表示通りであると広告されるようになると、商業店舗の中を構成する部品、いつでも取り換え可能な部品となる。進めば「セルフサービス」という商業革命の誘導装置部品となるのである。アメリカの歴史はそのように進んだ[6]。

【注】
（1）吉田光邦編『図説　万国博覧会史　1851－1942』（1985年、思文閣出版）など参照。
（2）森杲『アメリカ職人の仕事史』（1996年、中央公論社）168頁。
（3）森、上掲書、171・172頁。橋本毅彦『〈標準〉の哲学』（2002年、講談社）

66・67頁。
（4）森、上掲書、188頁。
（5）エドワード・C・ハンプ二世、メール・ウィッテンバーブ（渡部五良訳）『食品産業―アメリカの生命線―』（1968年、ダイヤモンド社）75・76頁。なお、1848年アメリカ最初の食品衛生法は実効がなかったとされる。
（6）上掲書、81・82頁。

20節　ナポレオンが求めた新発明

ナポレオンの懸賞募集

　1804年、ナポレオン・ボナパルトが1789年フランス革命の時代を制して国民投票によりフランス皇帝に着位した。この希代の英雄をめぐっては股賑な議論が尽きないが、その後の人類史へ影響の甚大さという点で、次の2点を挙げてみたい。

　一つは、近代史上、最初の国民皆兵制度を導入したことである。徴兵された兵数は18歳から25歳までの男性150万人とされ、ロシアを含めてヨーロッパ全域、さらにはエジプトにまでも軍事遠征した[1]。

　もう一つは、兵站（軍需品の前送・補給・後方連絡）の工夫だ。ナポレオンは兵学校出で1785年砲兵連隊から軍歴を重ねて、兵站業務を経験した。気付くと150万人への食糧配給にはどうしても手立てが見つからないのだ。そこで、政府部内に最高科学者たちを指名して「兵食の長期保存に関する研究委員会」を設け、新しい食品貯蔵法を懸賞募集した。これに応募し、見事賞金1万2千フラン（相当に高額、給料1年分といわれる）を射止めたのがニコラ・アペールである。

　アペールの食品貯蔵法は、保存する食品の「空気との接触の排除」と「湯煎加熱」を要とするものであり、容器には瓶とコルク栓が用いられていた。アペールのこの原理のそもそもの発見は、1804年であった。

　アペールはこれまでの食品保存法をいろいろと試したうえで苦節10年、試行錯誤の果てに得た自信作「瓶詰めのスープや牛肉入りグレービースープや豆を、壊血病に絶大な効果があるという触れ込みでフランス海軍へ送った」[2]。

　ブレスト（フランス西部港湾）の海軍提督の下に送られたこれらの製品の評価は非常に高く、「航海の途次3ヵ月を経た後の状態次の如し」との好意的な報告書、公式記録を得た。

　「びん詰肉汁は優良、特別容器の煮製牛肉入り肉汁は良質でやわらかであり、牛肉は食用に適す。

ビーンズおよびグリーンピースは、肉入りおよび肉無しいずれも新鮮で、採取直後の野菜の快適なる風味を有す。」(3)

アペールは、1810年に報奨金を得たが、内務大臣からの条件が二つ付いていた。

一つはこの発明の詳細な説明書200部を印刷し公表すること、もう一つはこの発明に関する権利を放棄することであった。この措置は人類にとって慧眼(けいがん)であったと評すべきであろう。

この詳細な説明書『The Art Preserving Animal and Vegetable Substances for Many Years（動植物永久保存法）』は、4回版を重ね、数か国語に翻訳された。(4)人類共有の財産となったのだ。

しかしながら、ナポレオン自身は、このアペールの発明に浴することは叶わなかった。

1812年5月ナポレオンは60万の軍をもってモスクワ遠征に出発し、9月に同市を占領したが、10月19日には退却を余儀なくされるところとなり、ほぼ全滅した。赤痢罹患、戦死、逃亡、なにより糧秣欠乏。ロシア軍は焦土作戦を採って撤退して、その跡には食糧物資は灰燼に帰していたからである。アペールの発明品はまだ量産化には至らなかったし、そもそも"びん詰"では、運搬や持ち運びなどの点で兵食要件（破損問題、重量、嵩、操作性など）を欠くのである。

アペールの発明が軍隊の兵站を担うようになるまでには、なお幾許かの時間を必要とするのである。

イギリスの軍需

アペールの発明を評価した委員会は、その用途の広がりを「船上および病院内、家庭内できわめて高い有用性」があると有望視していた。しかしながら、重大な懸念も抱いていた。「割れ物のガラス瓶」を大量に取り扱うことが難点であると。そして「ガラス瓶より割れにくい容器」の開発を期待する旨の見解を表明している。

ここで缶詰史に名を残す2人目、イギリスの商人ピーター・デュランドが登場する。デュランドは、アペール書上梓のわずか3か月後にアペールのものとほぼ同様の食品保存法で特許を取った。ただし容器は、"ガラス瓶"で

はなく"ブリキ缶"であった。(5)

「ブリキ缶」の製造には、製鉄業、薄板鋼板、錫メッキ技術がものをいう。この点で、世界に先駆けて産業革命の渦中にあったイギリスにおいてこそ「ブリキ缶」なのだ。革命内戦や対欧外戦で疲弊していたフランスでは内部調達が叶わなかったものだ。フランスとアペールを弁明しておく。フランスの王朝期は長く強力だった。建物、調度に贅を極めた。素材はガラスだ。ワインの生産には瓶容器の技術革新がある。ゆえに、新開発食品の容器は、ガラス瓶なのである。

さて、デュランドは、すぐに特許を売り払った。そして、1813年にブライアン・ドンキン（技師）、ジョン・ギャンブル、ジョン・ホール（ダートフォード鉄工所）が最初の缶詰工場を稼働させた。ただ、「缶づくり」には熟練の職人しか当れなかったので1人1日6個から10個ほどであり、出来上がった缶に調理済み食品を入れて最長6時間ほど"ぐつぐつ煮る"工程が必要であった。(6)

生産個数は推して知るべしではあるが、イギリス海軍と陸軍は、シチューやスープの缶詰食品を注文し続けた。広範な植民地を有するイギリスは、長距離移動や長期遠征が常であったし、遠方各地の軍事基地や軍の病院など、植民地先拠点などでの実需は着実に拡大していった。1812年には第二次英米戦争がはじまっていた。軍需は旺盛で、缶詰業者はどんどん増えた。

缶詰の食品種類も増え、重量も増えた。当初は2〜6ポンド缶（0.9〜2.7kgくらい）であったものが9〜14ポンド缶（4.1〜6.4kg）に大型化した。(7)

こうなると需要は軍需に留まらない。民需ではただちに航海の客船で歓迎された。食物史の古典レイ・タナヒル『食物と歴史』は、当時の客船船長が、出航の際の積み込み荷がこれまでの生きた乳牛、豚、鶏から「缶詰肉」へ交替することに諸手を挙げて賛意していることを紹介している。(8)

1819年になると極地探検（北西航路探索航海）が本格化するが、このとき缶詰食品の携行は心強かった。のちにナイトの称号が与えられるエドワード・パリーが北西航路の開拓者として名を残したのも缶詰食品が間に合ったからである。

アメリカのイノベーション

「ロンドン王立軍事法博物館」には、そのエドワード・パリーが、1824年の北極探検時に携行し、使用しないで持ち帰った缶詰の蒸焼子牛肉がガラス

瓶に入って陳列されている。いっそう興味深いのは、これと一緒に陳列してある空き缶に「Cut round on the top near the outer edge with chisel and hammer "のみとハンマー"で上面を丸く切ること」との説明が付されていることである。(9)

　当時の厚いブリキの密閉された缶は、"のみとハンマー"を用いて開缶するのが常套手法だというのである。なにしろ一義的には軍需品で、現代人がみたら鉄製の金庫並みだと例えられよう。実際、銃剣を使ったり、銃で撃って開缶することが普通であった。

　アメリカに初めて缶詰の技術を伝えたのは、ウィリアム・アンダーウッドというイギリス人移民で、1817年にボストンに工場を建設して「アペール」方式でのサケやロブスターの瓶詰づくりをはじめ、のち缶詰に切り替えた。(10)

　1819年にはやはりイギリス人移民のトマス・ケンセットが牡蠣などのシーフードの瓶詰つくりを始め、こちらもしばらくして缶詰に切り替え、メリーランド州ボルティモアで会社を興し大成功を収めた。

　生活技術をほとんど有さないヨーロッパからの移民が未開地のアメリカ大陸で餓死を免れることができたのは、先住民と水産資源のお陰である。先住民たちはホスピタリティに溢れ彼らを労わり、生活の知恵と技術を教えた。そして、獲得技術を要しないシーフード資源が文字通り手に届くところに無尽蔵にあった。だから臨海のボストンであり、ボルティモアなのだ。

　シーフード缶詰は、救世主だ。発展途上でいつも飢餓と隣り合わせであったアメリカでの需要は計り知れない。缶詰は爆発的に売れていく。生産技術のイノベーションも必然である。1847年打抜き缶が、1849年蓋と底の打ち抜き機械が発明され、非熟練工２人で１日1,500個の缶製造が可能となった。

　アペールの発明から半世紀たって1858年、やっとコネチカット州のエズラ・J・ワーナーが、専用缶切りの特許をとった。力づくで刃を回すなかなか"ごつい"代物ではあるが、1861年から４年におよぶ大戦争、南北戦争には間に合った。(11)

　多数の缶詰工場を後背する北軍はワーナーの発明品を軍用品として採用した。今日、北軍勝利の要因の一つに缶詰の供給力を指摘する論者は少なくないが、残念ながら缶切りパワーの寄与を考証した論考にはまだ出会えていない。(12)

【注】
（1）初の全国的徴兵の決行はフランス革命でルイ16世国王の斬首刑を決めた「国民公会」であり、全欧を敵に回しての必要人員30万人を抽選で決めた（「30万人動員令（levéedes 300.000）」のち「総動員令（levée en masse）」）。
（2）スー・シェパード（赤根洋子訳）『保存食品開発物語』（2001年、文藝春秋）324頁。
（3）山中四郎『日本缶詰史1』（1962年、日本缶詰協会）5頁。（同頁「1840年」とあるのは「1804年」の誤植。）
（4）1810年6月刊（7回重版、3回改定、第4版1831年）、ドイツ語版同年10月、英語版1812年。山中、上掲書、7頁。
（5）イギリスでは、ピーター・デュランドが缶詰開発者として名を残している。食品を「ブリキの缶詰」で保存するアイデアで特許を取得したとして。
（6）レイ・タナヒル（小野村正敏訳）『食物と歴史』（1980年、評論社）358・359頁。
（7）上掲書は、缶詰容量が大型化したことで、加熱殺菌効果に難点が出て、腐敗廃棄騒動が起こったことも指摘している。
（8）上掲書、361頁。
（9）山中、上掲書、18頁。この紹介は昭和13年（1938年）当時のレポートで、この博物館が現在のどれであるかは筆者未詳。
（10）シェパード、上掲書（348頁）は、「缶」をイギリスで「tin」（すず、転じてブリキ缶）というのを「can」（米語）の語を使ったのはウィリアム・アンダーウッドの簿記係であったと指摘している。なお、日本語「罐（缶）」は、蘭語「kan」米語「can」の"音"の当て字である。
（11）チャールズ・パナティ（バベル・インターナショナル訳）『はじまりコレクションⅡ』（1989年、フォー・ユー）84・85頁。
（12）経済政策と土地政策の対抗を主因にはじまった南北戦争は、南軍優位に推移するが、南部奴隷制に干渉せずとの表明で中間派を取り込んで大統領なったばかりのリンカーンが、戦線の膠着状態を打破すべく掲げた"錦の御旗"が1863年1月発効の「奴隷解放予備宣言」であった。史上初めて黒人連隊が編成され、同年中に黒人兵士10万人が北軍に加わり、戦局は打開された。翌1964年4月9日南軍は降伏した。その6日後の15日観劇中のリンカーンが暗殺され、「民主主義の神様」に昇華した。なお南北戦争での戦死者は60万人（50万人説あり）を超える。

21節　缶詰がアメリカの食卓を席巻する

手工業生産（マニュファクチャー）から機械製工業へ

　アメリカでは、1817年にボストンで缶詰生産が緒に就いてまもなくシーフード缶が大当たりして缶詰製造は飛躍的に伸びていく。この動きを一気に加速させたのは南北戦争（1861年〜65年）である。

　このとき「北軍用にポークアンドビーンズ、コンデンスミルク、牡蠣（かき）、サヤインゲンなどの缶詰」が、「南部では…肉と野菜のシチュー缶」が、さらには「従軍商人によってフランス製のサーディンやサケや豆の缶詰」などが供給されたのだ(1)。

　缶詰史と食品史は、この4年間にわたる大戦争の前と後とで画される。一つは、生産体制の革新という点において、今一つは、人々の食生活の転換という点において。

　まず一つ目。缶詰製造が手工業生産（マニュファクチャー）から機械生産へと発展したのである。そしてこの缶詰生産方式の展開は、その後に続くすべての食品産業の基本を"見える化"して提示したのである。

　南北戦争は、桁違いの膨大な缶詰需要を惹起（じゃっき）した。民需に課せられる価格という制約もある程度緩む。この状況下では、缶詰は兵器と同じ戦力そのものであり、しかもその供給力は敵方に勝らなければならないので迅速対応が重要だ。事業家の立場で言い換えると、量産化の工夫と製造時間の短縮が至上命令となる。

　まずは、ブリキ「缶」の整形が職人頼みであったものから、機械による整形へと変わった。いわば缶製造の「自動化」である。量産効果とスピードアップは比較にならない。

　続いて、この缶詰の缶（外容器）の大量供給に合わせて、缶詰の原料（中身）である農産物や水産物の迅速な調達と効率の良い下処理工程が随伴（ずいはん）しなければならない。方法は、「缶」製造と同じ。人手依存の下処理工程から機械装置への置き換えだ。

農産物例を一つ。「えんどう豆」の収穫と「さやとり」作業。手作業ではとても間に合わないので、どちらにも専用装置が開発された。

水産物例を一つ。カリフォルニアの「鮭」缶詰工場。中国人労働者を頼りとしていた。しばらく後になるが、中国人排斥法が成立した（1882年）。たちまち人手が足りなくなり、ただちに彼らの作業を代替する処理機械が発明された。この「鮭」処理機械はアイアン・チンク（鉄の中国人）と呼ばれた。[2]

確認する。アメリカでは19世紀の後半に、経済学にいう手工業生産（マニュファクチャー）から機械製工業へと資本主義の段階が進んだのである。それは、南北戦争渦中に缶詰製造業で進行し、他の食品製造業や、これらの原料供給部門である、農業や水産加工業などに「連鎖反応」していったのである。そしてさらに「連鎖反応」＝ビジネスモデルは、他の産業にも伝播していく。

帰還兵という"伝道師"

二つ目。アメリカの一般の食卓に缶詰が入り始めた点に着目しなければならない。このことが先導役となって、アメリカ人の食生活の大革命がはじまるからである。

それまで多くの人にとって缶詰商品は高額なため食体験は僅少であったが、南北戦争下では、軍人たちは否応なく日常的に缶詰食品に頼る食生活となった。ここでは、缶詰食品は大好評を博した。なぜなら「素材の新鮮さとおいしさにおいて、当時の長い輸送を経て消費者の手に届く食品よりはるかに勝ることが認められたからだ」。[3]

有賀夏紀（アメリカ史）が説く。「最初の缶詰業は大西洋岸にあり…鮭、ロブスター、かきの順で始まり、夏にはフルーツと野菜が…商品化されるようになった。やがて、野菜、フルーツの缶詰生産が…オハイオ州シンシナティやインディアナ州インディアナポリスで本格的に始まった時には、南北戦争からの帰還兵がその味わいの宣伝に一役買うことになった」[4]と。

缶詰産業は軍需が育てた。缶詰は、"兵食"として重宝された。戦後は帰還兵が缶詰の伝道師となって、アメリカ各地に散って民需の実現に尽くした。

ただ、この頃の缶詰には、軍民問わずまだ大きな難関が立ち塞がっていた。開缶問題である。

1858年にはエズラ・J・ワーナーが「缶切り」を発明していたが、「それはまだ危なくて手に負えないしろものだった」。民需の場面では、なおしばらくは、怪我をしないように細心の注意を払いながら「自己流の缶切り法」で挑むしかなかった。あるいは加藤秀俊（社会学）によれば、缶詰を扱う小売店の店頭で「開けてあげるサービス」付きの商品であった。

　これが南北戦争後の1865年ころには「薄いブリキ板」で「蓋に縁のついた缶」が登場し、翌年のオープナー付き缶の導入へとやっと進んだ。アメリカの発明家ウィリアム・W・ライマンが缶の縁を回る鋭利な車を付けた缶切りの特許を得たのが1870年だ。この時代が長かった。これにサンフランシスコのザ・スター缶切り製造会社が「のこぎり歯の回転車」を付け加えるという改良を施したのは、半世紀以上経った1925年で、これが今日の缶切りの原型となるものである。

　だが、缶詰食品の魅力が、開缶の労苦と危険性とをはるかに上回るものであったことは歴史が語っている。

家庭の味のアメリカ化

　1851年「水晶宮」で度肝を抜いたロンドンの第1回万国博覧会。先を越されたフランスは1855年パリ万博を皮切りに1900年まで5回の万博を開催した。ヨーロッパを急追するアメリカは、1853年ニューヨーク博、1873年フィラデルフィア博（建国100年記念）、1893年シカゴ博（コロンブスアメリカ大陸発見400周年記念）と気を吐いた。

　どの万博会場でも、世界の最新の"食"の展示コーナーがあり、入場者の関心は高く人気であった。なかでも各国が競い合った「缶詰」は「見学者の興味をとくに引いた」展示品であった。

　シカゴの万博会場で、「ハインツ」は試食コーナーと「ハインツ・ピクルズ」のキーホルダーのノベルティグッツ（宣伝目的の無料配布品）を大量に用意して、入場客を惹きつけた。「ハインツ」と「キャンベル」は、缶詰メーカーとして頂点に立つが、その地位を得ることに寄与したのは彼らの広告宣伝である。両者は広告史に主役を務める巨頭でもある。例えば、1900年に「ハインツ」はニューヨーク5番街と23番通りにあるビルの壁一面に「HEINZ」「57種の食卓良品」と書いた広告看板を取り付け、1,200個の電球で照らして

世間をあっといわせたこととか、1904年に「キャンベル」は製品キャラクター「キャンベル・キッズ」を登場させ「うーん、おいしーい！」とキャッチコピーをいわせて大受けし、まんまと子供用スープの需要をつくりだしたこととか、斬新な広告合戦手法は枚挙に暇(いとま)がない。(9)

ただ本稿では次の点に着目する。

これらの広告が、それまで家庭で野菜を原料につくられていたピクルズや瓶詰貯蔵食品と比べて、缶詰「製品は自家製同様に美味しく、もっと健康的で便利であると家庭の主婦を説得した」ことである。アメリカの家庭から自家調達食材、自家製食品が次第に姿を消していく。その口実は、「美味」「衛生」「健康」そして「栄養」であるが、実質は「簡便」である。移民国家アメリカでそれぞれの母国を引きずってきた家庭の味は、購入されるアメリカ原産の缶詰の味に置き替わっていく。

一つだけ例示すれば、1876年に生産を開始した「ハインツ」のトマトケチャップ缶詰がわかりやすい。アメリカの主婦たちを母国流のトマトソースづくりという「重労働」から解放して、万能調味料の台所常備品となったのだ。20世紀になるとこのアメリカの文明の味が世界中に普及していく。

折りしもこうした新商品を取り扱うのに好都合な流通企業が生まれてきた。のちに「スーパーマーケット」の時代のトップランナーとなる「A&P」がニューヨークで輸入茶の小売店を開業するのが1859年、多種類の食料品を取り扱うようになるのは1880年代半ばころからである。高額な輸入食品の隣に新商品の国産缶詰が陳列されるようになり、食料品店の体裁は魅力を増した。缶詰は、食料品店の品ぞろえの中核食品となっていったのである。こうして「19世紀最後の20年の間に、今日著名な食料品チェーンの多くが成立している。」(10)

アメリカの食生活は、食料品チェーン店の急増を梃子として、さまざまな国産缶詰食品が豊富に出回ることで、確実に新しい様式に転換していくのである。

【注】
（１）スー・シェパード（赤根洋子訳）『保存食品開発物語』（2001年、文藝春秋）349頁。
（２）レイ・タナヒル（小野村正敏訳）『食物と歴史』（1980年、評論社）360

（3）アナスタシア・マークス・デ・サルセド（田沢恭子訳）『戦争がつくった現代の食』（2017年、白揚社）73・74頁。
（4）本間千恵子「加工食品でつくる手作りの家庭料理」、有賀夏紀・本間千恵子『世界の食文化⑫アメリカ』（2004年、農山漁村文化協会）101・102頁。
（5）加藤秀俊『技術の社会学』（1983年、PHP研究所）48頁。
（6）チャールズ・パナティ（バベル・インターナショナル訳）『はじまりコレクションⅡ』（1989年、バベル・インターナショナル）84・85頁。
（7）シカゴ万博では"動かない"エッフェル塔に対抗した直径75.5m、2,160人乗りという大規模観覧車がモーター駆動で回った。なお、観覧車の英語「Ferris wheel」（フェリス・ホイール）は、これを設計したアメリカ人技師ジョージ・ワシントン・ゲイル・フェリス・ジュニアに因む。
（8）シェパード、前掲書、354頁。
（9）有賀・本間、上掲書、123〜126頁。
（10）鳥羽欽一郎『ウールワース』（1971年、東洋経済新報社）40頁。

22節 「缶詰スキャンダル」

米西（スペイン）戦争

　1783年にイギリス植民地から独立したアメリカは、その後1世紀近く「モンロー主義」を掲げた。「モンロー主義」とは、アメリカがヨーロッパ諸国に対して、アメリカ大陸とヨーロッパ大陸間の相互不干渉を提唱したことを指す。[1]

　アメリカはこの方針の下で、アメリカ大陸という地理の範囲での領土拡充に勤しむこととなる。ところが、1世紀ほど経って19世紀末になると事情が変わってきた。なるほどこの間にイギリス、フランス、スペイン、メキシコから割譲・買収・併合などでアメリカ大陸の制覇はほぼ成った。また、先住民インディアンの武力抵抗も殺戮（さつりく）と詐取強奪とで徹底的に抑え込んだ。そして西へとひたすらに進めてきた移住と開拓は一巡した。1890年に実施された「国勢調査」では、アメリカにおいて「もはやフロンティア（未開の地）は消滅した」と伝えるところまでになった。

　アメリカはいよいよ海外という「フロンティア」市場に通商拡大を進めることとなるが、しかしながら、そこでは「フロンティア」はすでに欧州帝国主義各国によって分割が終っているのであるから、必然的に先行帝国主義各国の権益地に割って入っていかざるを得ないのである。1898年、米西（スペイン）戦争が、そのアメリカの歴史転換の第一歩であった。

　同年4月にキューバ、5月にフィリピンで戦端が開き、短期で決着がついた。スペインは植民地を失い、国際的地位と発言力を弱くした。かわってアメリカは、フィリピン、グアムおよびプエルトリコを含むスペイン植民地のほとんどすべてを獲得し、キューバを保護国として事実上の支配下に置いた。

　翌1899年にはアメリカ、「ユナイテッド・フルーツ」社が設立された。各地へのアメリカの軍事進行は、キューバを拠点としつつ旧スペイン領のコスタリカ、グアテマラ、ニカラグア、ホンジュラスなどを「バナナ帝国」に変貌させていく。冷蔵船が「バナナ」を世界商品としたのである。また1903年

にはパナマをコロンビアから独立させ、大西洋と太平洋を繋ぐパナマ運河を1914年に開通させてアメリカに帰属させた。

　表面的には通商拡大目的だとしながら、強大な軍事力を陰陽に誇示しながらの交渉は、外交史上「棍棒外交」と呼ばれる。第26代大統領セオドア・ルーズベルト（1901〜1909年在任）が「言い出しっ屁」である。

アメリカの「缶詰スキャンダル」

　米西戦争はアメリカ史に、ジョージ・ワシントン（初代）、トーマス・ジェファーソン（第3代）、エイブラハム・リンカーン（第16代）についで、また一人の英雄を付け加えた。セオドア・ルーズベルトである。

　この4人の大統領は、中西部サウスダコタ州の国定公園の標高1,745mマウントラシュモアの花崗岩の露頭に刻まれている巨大な彫像として知られている（アゴから額まで18m）。

　ルーズベルトは、米西戦争勃発時は海軍次官の地位にあったが、海軍省を辞し、レナード・ウッド陸軍大佐の協力を得て、西部領域のカウボーイやニューヨークのアイビー・リーグの友人たちから義勇兵を募り、第1合衆国義勇騎兵隊を結成して、キューバ駐屯のスペイン軍を相手に次々と戦果を挙げた。ジャーナリズムは彼の指揮する陸軍の義勇部隊を「ラフ・ライダース」（荒馬乗りたち）と呼んで称えた。

　この戦争と「ラフ・ライダース」は、インディアン掃討を終えた陸軍の次の受け皿としてのニーズにも合ったし、「フロンティア」終焉後のカウボーイのノスタルジアにも合致してアメリカ大衆の胸に響いた。

　ルーズベルトは、戦後にニューヨーク州知事となり、第25代ウィリアム・マッキンリー大統領下で副大統領となるが、1901年大統領が暗殺され、ルーズベルトは42歳で米国史上最年少の大統領に就任した。

　ちなみに、ルーズベルトは日露戦争停戦の仲介者としてアメリカ人初のノーベル平和賞を受賞（1906年）している。また、今日世界中で人気の熊のぬいぐるみ「テディベア」は、ルーズベルトの愛称（テディ）に由来する。先住民の虐殺絶滅策には辟易するが、多数派国民＝白人の多数には人気絶大である。

　米西戦争に戻る。同戦争時に、高位の地位にありながら戦後に処分を受け

た将校もいた。司令官を務めたネルソン・マイルズ少将、兵站総監チャールズ・P・イーガン准将。彼らを処分に追い込んだのは「缶詰スキャンダル」である。(3)

この戦争では、「冷蔵牛肉」や「牛肉缶詰」が、大量に高緯度地帯から低緯度地帯に糧食として送られた。「冷蔵」輸送中には「温度の逸脱」があり、常温輸送の「缶詰」では、高温の荷馬車・船倉、埠頭・海岸で強烈な日光に晒され続けた。そして兵士たちは、政府支給の「缶詰を開けるとき、反射的に吐き気を覚え」た。

アメリカ本土の基地で「腸チフスで衰弱」し、敵地に上陸して「黄熱病に襲われ」病死した下士官兵は2,485人に上った。戦死者385人というのにだ。(4)

戦い以前に強烈な「吐き気」「嘔吐」「悪臭」「腹痛」で戦意喪失と戦力ダウンを惹起させる劣悪「缶詰」の暴露話は衝撃を与えた。マッキンリー大統領は政府調査を厳命し、その結果マイルズ少将は「適切な手順で問題の解決にあたらなかったとして譴責」処分、兵站総監だったイーガン准将は有罪（罪名は暴言）となり、関係者は出世の道を断たれた。(5)

当然、軍は食糧の調達と配給の仕組みを全面的に見直した。そして、軍と政府は、食品科学への研究資源・予算の投入と関係者間の情報交流の促進を推進していく。「政府、学会、食品業界は、食品中に生息する微生物を死滅させる方法の本格的な研究に乗り出し」、今日の食品衛生科学の基本が築かれていく。

その集大成が、1906年「連邦食品・医薬品法（Federal Food and Drugs Act）」の制定である。同法の制定には、米西戦争の戦地で軍の「缶詰」難儀の当時者であったルーズベルト大統領も力が入った。近代的な缶詰産業はここから再出発して大発展していくことになる。そうして、アメリカで発展する缶詰産業、缶詰商品の立場からみれば、世界はこれから開拓されるべき「フロンテア」に他ならなかった。8年後に第一次世界大戦（欧州大戦）が勃発する。

イギリスの「缶詰スキャンダル」

アメリカでの「缶詰スキャンダル」に先立って、そもそも「缶詰」業の揺籃地であったイギリスでも「缶詰スキャンダル」は起こっていた。

1851年ロンドン万国博覧会の開催時には、すでに「缶詰」食品は陸海軍お

22節 「缶詰スキャンダル」

よび植民地への主要納品品目となっていたが、一般にはまだ馴染みがなかった。したがって、万博会場内で世界中の先進「工業製品」と珍奇「農産物」の合体である「缶詰」の展示は、見学者の興味を大いに惹きつけた。

こうして一躍スターダムに伸し上がろうとしていた矢先の1852年1月、『タイムズ』紙が「缶詰スキャンダル」を報じた。「海軍が腐敗した缶詰の大量廃棄を余儀なくされている」と。内容が凄まじかった。2,707個中食用に適すものわずか195個、14個に1個しかなく13個は廃棄だ。さらに海軍は、詰肉が腐っていたのは過去に遡（さかのぼ）ってあったことだと認めた。

報道は追い打ちをかけた。このときの業者スティーブン・ゴールドナーの納入品はモルダビア（現モルドバ）工場製のもので、腐敗した缶詰肉には「心臓の切れ端、舌の根本、口蓋の切れ端、凝固した血液、レバーの切れ端、喉の靭帯、腸の切れ端」が混入していたと。要するに「腐敗した生ゴミ」[6]だ。

ちょうど市中では「チャキル」（南米の乾燥塩漬け肉）でも食中毒騒動が起こっていた。

「政府は調査委員会を組織してスキャンダルの迅速な沈静化を図った」が、手遅れであった[7]。アメリカやオーストラリアからの輸入「缶詰肉」を含むあらゆる保蔵肉に不信が渦巻いた。しばらくは信頼回復不能の状態が続き、一般の食肉需要は「冷蔵肉」の輸入拡大で対応することが主流となった。

付言すれば、植民地という外部経済が機能しているイギリスと、国内の自家調達の経済というアメリカとの違いが作用したとみることができよう。

が、第一次世界大戦になって状況は一変した。"缶詰"を是が非でも見直さなければならない。缶詰は、軍の携行食品として誰が見ても最も優れたものだ。乱暴に扱っても壊れない、泥に塗れて不衛生な環境に放置されても品質には影響ない、長時間放置されたものでも構わない、立派な糧食だ。

他方、「冷蔵肉」「冷蔵」食品は、そうはいかない。冷蔵装置や冷蔵容器にしっかりと守られていることを必要条件とする。後方でならいざ知らず、戦場ではお呼びでない。

第一次大戦では、それまでの戦法が一新した。鉄条網の威力と機関銃の開発で騎兵突撃が封印され、長期の塹壕戦（ざんごうせん）が一般化した。缶詰こそが戦地の救世主だ。膨大量の缶詰食品が軍用され、兵士の命を救い続け、そして塹壕戦をさらに長期化させた。

戦場への途方もない量の「缶詰」供給者が、戦地から離れたところで、す

でに「スキャンダル」を踏み台に大産業へと発展していたアメリカ缶詰業界であったのは言うまでもない。

【注】
（１）第５代アメリカ大統領ジェームズ・モンローが1823年にアメリカ外交の基本方針として述べて、この語が定着した。
（２）アメリカが「モンロー主義」に代わる外交方針「棍棒外交」を示したのは、1898年ハワイ併合、1899年・1900年（ウィリアム・マッキンリー大統領下）の対中国通商の機会均等と中国領土の保全を列強に要求した「門戸開放通牒」（オープン・ドア・ノート）もそうだとされるが、この語を用いたのはルーズベルトである。
（３）「牛肉スキャンダル」とも言う。ただこう表記するとシカゴの食肉工場を舞台にしたもの（アプトン・シンクレア『ジャングル』1905年（邦訳（大井浩二訳）2009年、松柏社）と混同されかねないので、本節では「缶詰スキャンダル」で通す。
（４）アナスタシア・マークス・デ・サルセド（田沢恭子訳）『戦争がつくった現代の食卓』（2017年、白揚社）76〜79頁。
（５）「缶詰スキャンダル」のその後を追跡したサルセドは、当時はまだ細菌の加熱致死時間などの基本概念が普及しておらず、現地で発病した兵士たちも「缶詰牛肉のせいではなかった可能性が高い」として、汚名を着せられたままで表舞台から去った少将は「軍と食品業界による失策のスケープゴートにされてしまった」と同情的である。上掲書、79〜94頁。
（６）スー・シェパード（赤根洋子訳）『保存食品開発物語』（2001年、文藝春秋）356頁。
（７）同上。

23節 「バイソン」肉食から「牛」肉食へ

コロンブスと"馬"

　スペイン王室の許令の下に新たな通商ルートの開拓を目指したクリストファー・コロンブスたちが、1492年10月12日に、カリブ海域の西インド諸島のどこかに辿り着いた(1)。コロンブスは傲慢にもこの島を「サンサルバドル」(聖なる救世主)と名付け、スペイン領有を宣言した。

　海洋覇権で競い合っていたスペインとポルトガルは、これを契機に1494年トルデシリャス条約を結んで、大航海時代の歴史を先導していく。

　この条約は異教徒の奴隷化を認めるローマ教皇教書を前提にしたものである。名目は「黄金」(ジパング)と「胡椒」を求めての交易とされるが、これらを入手する蓋然性よりもより確実な経済商品として"奴隷"がある。原住民を狩って"奴隷"を持ち帰ることも端からの動機である。

　かくしてポルトガルとスペインとは、まず机上で世界を分割した。西経46度37分が分界線で、そこから東で新たに発見された地はポルトガルに、西の地はスペインに領有の権利が与えられた(2)。旧大陸の白人たちはわれ先にと新世界を目指した。そして実際には「切取」自由の侵略競争がはじまったのである。ちなみに、トルデシリャス条約からほぼ半世紀して、ポルトガルは"極東"にまで至った。わが国の歴史では種子島へのポルトガル人漂着(1543年、鉄砲伝来)、同伝道師フランシスコ・ザビエル(1949年)の鹿児島上陸と記録される。

　西に戻る。発見(侵略)された新世界には大きな問題があった。荷役用の動物、すなわち"牛"も"馬"もいなかったのである。これでは陸路の移動はお手上げだ。

　たしかに「動物は豊かに繁殖していたが」、めぼしいところで北部では大繁殖していた「バイソン(バッファロー、アメリカ水牛)」、「カリブー(トナカイ)やオオカミ」、南部では「ジャガーやレア(南アメリカダチョウ)」といったところで、家畜にできる四足獣というと、北では"犬"、ペルーの高地

でリャマ(首長の羊)くらいであった。

　実際に植民活動が本格化してくると「軍馬」も必需となる。コロンブスの第2回航海(1493年)ではイスパニオラに"馬"を連れていった。

　新世界は、草原生い茂る草食動物の天国で、「バイソン」以外には大型動物もおらず人間さえいなければさしたる天敵もいない。ヨーロッパから新世界へ持ち込まれた"馬"や"牛"は、はじめは飼われていたとはいえ、いくらでも囲いの外に逃げだしてどんどんと繁殖し、白人の植民よりもずっと速いスピードで新大陸に広がり、人のいない原野で野生に帰っていった。

　"馬"と"牛"はここから新世界の歴史の主役を演じていくことになる。

"馬"革命

　コロンブス登場から概ね300年ほどの間に、ヨーロッパ人の入植は大別して三つの入り方をした。帆船なので緯度の相異で風向きと海流が左右する。一つは、スペイン、ポルトガルからの南アメリカ大陸、二つは、スペイン、イギリス、フランスからの西インド諸島、三つは、イギリス、フランス、そして各国からの北アメリカ大西洋岸。

　北アメリカ東部沿岸13州はイギリスの植民地となっていたが、1775年から1783年の独立戦争を経てイギリスから独立し、その後領土拡大に励んだ。

　はじめのころ北アメリカには約500の部族100万人のインディアンがいたとされる。「バイソン」ははるかに多く数千万頭いたとされる。

　本間千恵子(アメリカ史)は、「大平原を生活圏とする」インディアンたちにとって、「バイソン」は「衣食住のすべて」であったことを紹介している。肉⇒食糧、皮⇒衣服・テント・防御壁・鞍・縄、腱・筋骨⇒糸、毛⇒ロープ、胃袋⇒鍋・バケツ、角⇒スプーン・杓子、心臓の膜⇒哺乳瓶、あばら骨⇒橇(ソリ)の滑走板、陰嚢⇒ガラガラ(おもちゃ)。そして糞⇒樹木のない草原では唯一の燃料。

　インディアンの「バイソン狩りは…徒歩のまま行われていた」が、"馬"と遭遇するとたちまちに狩猟法が変わった。「馬に乗った勇士たちがより迅速に手ぎわよく、しかもはるかに危険が少なく」追い詰めることができるのだ。

　生活も変わった。「より大きな家や、かさばる所帯道具を移動」させたり、「病人や年寄りを…運んでいけるように」もなった。

そして、"馬"は"戦い"も変えた。"馬"を馴致調教することで戦いは歩兵戦から騎兵戦に変わっていく。
　もちろん入植者たちにとっても"馬"は必需であった。主な移動手段は荷車であり、のちに幌をかけた馬車となり、大幌馬車隊として植民を現実のものとした。
　"馬"の軍事的価値も同様であり、1861年から5年間にわたる南北戦争では、馬の調達の費用面と騎兵訓練の未遂という理由で騎兵は偵察などが主任務とされ戦闘への展開は限られたものに留まったが、その経験値は本格的な騎兵隊の常設と戦術開発を誘導した。
　こうして北アメリカを舞台に人馬一体のインディアンと米国騎兵隊の激しい戦闘が繰り広げられた。その帰趨はここで述べるまでもない。

「バイソン」肉食から「牛」肉食へ

　「バイソン」は、インディアンも食べたが入植者たちも食べた。ただ後者では食べ方が違った。
　入植者たちは、牛の倍近くもある1,200kgから1,300kgの巨体を仕留めても、そこからわずかに美味しいとされた「舌と瘤」を切り出し、あとは「革製」に仕向く皮を切り出すだけで、あとの部分、すなわち大部分は経済的価値がないとして捨て置いた。なにしろ「バイソン」は、野生（無料）で、無尽蔵だ、絶滅までは。開拓西部とは「バイソン」の累々たる残骸が広がる風景だった。
　1862年、南北戦争の最中であるが、政府は大陸横断鉄道の建設許可を下した。広大な土地が無償で払い下げられ、ネブラスカ州オマハからアイルランド系労働者を大量動員して西に向かってユニオン・パシフィック鉄道が、カリフォルニア州サクラメントから中国系労働者を大量動員して東へ延びるセントラル・パシフィック鉄道の建設が進められた。
　南北戦争終結後は復員軍人も大量に加わり軍隊組織が取り入れられ、先住民の攻撃を退けつつ延伸した。大量労働者の食料は自給、ほとんど無料でいくらでも調達できる「バイソン」の肉だ。大規模人口の肉食常食が人類史上初めて登場した。石弘之・石紀美子『鉄条網の歴史』に「工事現場付近」の「食用にしたバイソンの骨の山」の写真がある。一緒に写っている人影から

高さ10メートル以上に白骨だけが詰み上がった山が連なっている。本当に果てしない「バイソンの骨の山」だ。(8)

　両鉄道は着工から7年後1869年にユタ州プロモントリーでつながり、その後1914年までにカナダを含め9本の大陸横断鉄道が開通した。

　北アメリカの平原に数千万頭いたとされる「バイソン」は、19世紀末には「たった21頭がイエローストーン公園に飼育されるのみとなった。」(9)

　いなくなった「バイソン」と先住民たちの自由な地であったところは、野生化した"牛"と入植者たちへと入れ替わった。

　「ロングホーン」（亜種：短角牛）は、16世紀にスペイン人がテキサスに置き去りにした"牛"の子孫で、暑く乾燥した気候で水が少なくても生き残る種だ。やがてカウボーイの命令で群れをつくり、移動しながら飼育された。

　「ショートホーン」（類原牛）は寒冷地耐性で"牧場"は北へと広がった。1873年にはヨーロッパの肉用種「アンガス」（無角牛）の導入も進んだ。(10)

　なにより、牧場も牧草もタダ、牛肉の需要は増大の一途、ヨーロッパからの投資もすすみ、アメリカは牛肉生産大陸となった。シカゴは、鉄道網の結節点で食肉処理場を擁すとなれば"鬼に金棒"、食肉ビジネスの本拠地となり、巨大食肉産業を生み出していく。

【注】
（1）ハバナ諸島には約600の島があるが、コロンブスが上陸したのはサンサルバドル島か、サマナイカ島か、その他の島かは学術的に特定されていない。
（2）その結果、ブラジルがポルトガル領に、他の南米大陸の多くがスペイン領となった。色摩力夫『アメリゴ・ヴェスプッチ』（1993年、中公新書）66～69頁参照。
（3）ズヴィ・ドルネー（小林勇次訳）『コロンブス（下巻）』（1992年、日本放送出版協会）130頁。
（4）カリブ海域の中でキューバ島に次いで2番目に大きい島。
（5）富田虎男「インディアンの歴史と文化」『合衆国の発展』（1969年、世界文化社）193頁。
（6）本間千代子「南部プランテーションとフロンティア」、本間千代子・有賀夏紀『世界の食文化　アメリカ』（2004年、農山漁村文化協会）93・94頁。同書では「バッファロー」と記。
（7）ドルネー、上掲書、132・133頁。

（8）石弘之・石紀美子『鉄条網の歴史』(2013年、洋泉社) 41頁。同書には、鉄砲を構えた復員軍人たちが、建設中の線路の両脇にずらっと並んで警護している写真も収録されている。
（9）本間・有賀、上掲書、94頁。なお、現在は保護策が実って野生約三万頭、飼育約50万頭に回復している。
（10）吉田正・宮崎昭『アメリカの牛肉生産』(1982年、農林統計協会) 4～6頁。

24節　アメリカの錬金術　キャトルドライブ

ゴールドラッシュ

　1830年、アメリカ合衆国はインディアン強制移住法を可決し、ヨーロッパ系入植者が西部へ移り住むことを自己正当化した。1846年5月13日〜1848年2月2日対メキシコ戦争ではその戦果として、カリフォルニア、ネバダ、ユタと、アリゾナ、ニューメキシコ、ワイオミング、コロラドの大半の管理権を得た。

　その直後から、入植者たちはこれまで見たこともない豊饒な大地の姿をここに発見し人間の欲望を全面開花させていく。人々が見つけて熱狂したものは3つもあった。一つは「金」でゴールドラッシュとなった。二つは「牛」でキャトルドライブとなった。そして三つは「石油」でオイルラッシュとなった。この三つをめぐる熱狂とそこから誕生する大金持ちたちの狂騒の時代は史家たちによって「金ぴか時代」(1865年〜1890年ころまで) と呼ばれる。[1]

　「金」ゴールドについてはあまりに有名だ。メキシコ戦争終結の6日前、1848年1月28日、カリフォルニアのサクラメント渓谷で数個の砂金の粒が発見されたとのニュースが伝わるや、アメリカ東部から数千もの家族が全財産を荷馬車に積み込み、「金が見つかるかもしれないという希望」を抱いて西へと向かい数千キロの旅にでた。子供の数が多いということも特徴だった。まもなく世界中から50万人もの人々がこの地におしよせた。[2]

　カリフォルニアは1年間だけで10万人も人口が増加し、道路、教会、学校、そして新たな町が建設され、1850年に31番目の州として合衆国に加わり、パナマ地峡、大陸横断鉄道の完成を急がせることにもなり、またこの地の農業振興の主因となった。[3]

　もちろんこうした人たちの誰でもが「金」の恩恵に浴したわけではない。目的地に着く遥か以前に命を落としたり、目的地近くで零落する人たちも多かった。ゴールドラッシュで確実に儲けた人たちは、彼らにツルハシなどの工具やテントを売った人だとしばしば揶揄される。実際、ジーンズ、リーバ

イスで知られる「リーバイ・ストラウス」社は間違いなくそうである。同社は1853年サンフランシスコ開業の雑貨店・生地商で、幌や帆の材料キャンバス地で主に港湾労働者向けの作業用パンツを製造・販売していた。この頑丈なパンツはツルハシ同様の必需品となったのだ。

オイルラッシュ

　アメリカの代表的な小説であるハーマン・メルビル『白鯨』は、捕鯨船ピークォド号の船長エイハブと巨大マッコウクジラ（白鯨）の数年に及ぶ追跡格闘のものがたりで、1851年の出版である。エイハブの参謀役は、のちにコーヒーチェーンの名前の由来となったスターバック一等航海士で、彼はこのなかで自分の仕事を「家庭に油を運ぶ神の仕事」だと自負している。鯨の油が出回るようになって、18世紀初めのころから油のランプが使われだしたが、油は高価でランプはいわば富の象徴であった。ピークォド号が白鯨との最後の決戦場となったのは日本沖であった。

　ちなみに筆者は茨城県北茨城市に居住しているが、市内大津浜（大津港）にはすでに1824年にイギリス捕鯨船の乗組員が、水・燃料・食料の補給をもとめて上陸している。『白鯨』出版年は、捕鯨船への補給を名目に日本に開国を迫るためにアメリカでペリー計画が確定し発足した年である（ペリー艦隊の浦賀来航は2年後の1853年）。

　世界中の鯨が乱獲され、鯨油そのものが希少品化しつつあったのだ。

　1846年、アブラハム・ゲスナー博士（カナダ）が石炭から油を乾溜する方法を発見した。「石炭油」をもう一度蒸留することで「灯油」（ケシロン）がつくられた。製油所もたくさんでき相対的に安価であり普及した。

　石油は知られてはいたが、厄介ものであった。小川を汚して牛が水を飲めなくしたり、牧草地へ流れて放牧地を台無しにしたり、製塩用塩水の掘削で混じるとせっかくの塩水は放棄するしかない。

　ピッツバークのサミュエル・キーアが、石油を乾溜して照明材にできることに気付き1858年にランプ用「炭素油」として売り出した。彼は、石油を瓶に詰め「塗布薬」としても売り出して成功した。瓶詰「キーアの石油」は、「400フィートの地下から」「調整も混合もせず自然のまま」だと強調する広告でヒットした。

ジョージ・H・ビッセルが、このキーアの広告（「400フィートの地下」）に目が留まり、じかに石油を掘ることを思いついた。周囲に関心を示すものがおらず孤軍奮闘したが、1859年5月に井戸を構えて掘削する方法で挑み、8月27日削岩機で「石油を掘り当てた」。模様眺めていた近所の人たちが挙ってビッセルに倣い、翌年初めには第二、第三の油田が現れ、「石油の流れは黄金の流れに変わった」。

ゴールドラッシュから10年、オイルラッシュがはじまった。前者は西部で、後者は東部で。違いは、「オイルラッシュに加わった人々には失望する理由はなにもなかった」ことである。だから、いったんは西部に行った人で東部に戻った人も少なくなかった。「石油郷は黄金郷よりも遥かにまさった。…合衆国に起こったすべてのラッシュは…ペンシルバニアの石油から築かれた富に比較すればたいしたことではなかった」。石油は木樽で輸送された。石油量の単位がバーレル（樽）とされるのはこれ故だ。製材所、樽工場、荷馬車、艀、要するに頼みは人海戦術なので、雇用力は絶大だったからだ。

人頼みから脱して「貯蔵と輸送を支配した者が、原油生産者たちの首位」に立った。ジョン・ロックフェラー（オハイオ州、スタンダード石油）である。[7]

キャトルドライブ

「金」と「石油」は、社会を変えた。人口の増大、人口密度の高度化、夜間の活動時間の急拡大、そして人々の購買力の増大。

アメリカ史の古典、ダニエル・J・ブアスティン『アメリカ人』三部作で南北戦争後の一世紀を扱う最終巻は「草原から生まれた黄金」というタイトルから始まる。[8]

カリフォルニアの熱狂の記憶もまだ鮮明な1858年秋、今度はコロラド（西部）で「金」が発見された。翌年「5月までに、大平原を1万1千台の幌馬車がデンバーに向かい移動していた」が、途中の険しい道に入るため多くが連れてきた牛を売ったり、放牧場（ランチ）に預けた。ジョン・ウェズリー・イリフはこうした牛を買入れ、「平原の"タダ"（無料）の草で太らせ」、その肉を鉱山町や西方に向かう幌馬車隊に売って大儲けした。味を占めてインディアンの襲撃に備える連邦軍兵士や指定居住区のインディアンやユニオン・パシフィック鉄道（貨物）の建設に従業する労働者や守備の軍隊にも売り捌

24節　アメリカの錬金術　キャトルドライブ　139

った。

　鉄道こそ牛肉需要の創造主である。西部横断の鉄道建設には牛肉は必需であり、敷設の暁には突如として東部市場を全開した。他方で、テキサスや大平原の北部には、野生化した牛が数百万頭いた。公有地にいる牛なので"タダ"（無料）だ。どうにかして、鉄道の迫るところに、あるいはその中継基地にまで運べば、高額で販売することができる。

　そこで、大量頭数の野生牛を集めるうえでも、大量牛を特定方向に長距離移動させるうえでも、カウボーイたちの組織化が必須となった。カウボーイたちは、それぞれに乗り換え用の馬を何頭も携え、外敵（牛泥棒も）に備えつつ牛群の範囲をチームで布陣し、馬に跨って牛よりも早く移動し、草原大陸の道中「"タダ"（無料）の草」を食ませながら合図で連携して牛群を水場に誘導したり離反牛を出さないようにするなど、厳しい自然と動物とを相手の仕事によく応えた。(9)

　こうして、広大なアメリカ大陸の南部から中西部一帯にかけて毎年数十万頭におよぶ牛の長距離大移動が広がった。これをキャトルドライブまたはロングドライブという。なかには一度で3千頭の牛を800マイル（約1,300km：東京―鹿児島間相当）輸送したものもあった。ちなみにcowは雌牛、乳牛だが、cattleといえば牛一般（集合名詞）である。

　アメリカ各地で牛と羽振りの良いカウボーイたちが繰り返し訪れる中継場および終着場となったところは、宿泊や商業や娯楽施設が急集積して新興の町となり、人口を呼び込みさらに発展した。(10)

　キャトルドライブは、最盛期には東部や海外からの投資も入って活性したが、10年ほど経って1880年代半ばになると、急速に凋んでいく。

　なにより鉄道網の発達そのものが、牛のスピーディかつローコスト、セイフティな"大量輸送"を担っていく。

　キャトルドライブでブレイクした牛肉事業は鉄道輸送の時代となって、プレイヤーを変えていよいよ大産業に発展するのである。

【注】
（1）「鍍金時代」「金メッキ時代」とも訳す。マーク・トウェイン、チャールズ・ウォーナーの風刺小説「Gilded Age」（1873年刊）の題名に由来する。「西部開拓時代」とも重なる。

（2）人数については年の取り方で多説となる。
（3）今日では全米の野菜の3分の1、果物・ナッツ類の3分の2がカリフォルニア州産である。
（4）1880年代、素材をデニムに変更。
（5）引用は、ジュールズ・エイベルズ（篠崎達夫他訳）『ロックフェラー―石油トラストの興亡―』（1969年、河出書房新社）16頁。（航海士のこのセリフは筆者手元の訳書『白鯨』（1980年、河出書房新社版）では見当たらない。ただ、同訳書には定本が提示されていない。）なお、作中の「日本沖」とは、ジャパン・グラウンド（ハワイ、小笠原、北海道を結ぶ三角形のなか）を指すので、日本が見えるところという意味ではなく、日本とハワイの中間地点あたりと想像される。川添哲夫『黒船異聞』（2005年、有隣堂）参照。
（6）北茨城市史編さん委員会（瀬谷義彦編著）『北茨城市史』（1988年、北茨城市）「第6章大津浜異人上陸」、693～714頁。この"事件"が江戸幕府にどう受け止められたかまで緻密に考証が行き届いている。
（7）アメリカの石油帝国覇権を決定づけたテキサス州スピンドルトップの油田開発は1901年にはじまる。
（8）ダニエル・J・ブアスティン（新川健三郎訳）『アメリカ人（上）』（1976年、河出書房新社）12頁〜。
（9）ブアスティン、上掲書は、カウボーイのノウハウは、移動中の通信（手の合図）など少なからずインディアンからの借用だと指摘している（20頁）。
（10）ビル・ブライアン（木下哲夫訳）『アメリカ語ものがたり①』（1997年、河出書房新社）は、20世紀に入ってからの小説、映画、テレビが、カウボーイを題材としたフィクションをつくり続け、実際とは異なった歴史観（カウボーイ観）が蔓延したことを詳述し、カウボーイの「4分の1は黒人とメキシコ人だった」と指摘している（271頁）。

25節　「シンシナティ方式」と食肉産業

大量牛肉供給社会

　牛肉食がその社会で広まるためには、三つの条件がいる。
　一つは、大量の牛がいて、いくらでも供給できること。二つは、大量の牛を屠畜し解体して肉用に整えるという作業を大規模に継続すること。そして三つには、捌かれた牛肉を実需要者に淀みなく届け続けるという機構。冷静に観察すると、こうした条件が歴史上登場するのは19世紀終わりごろ近くになってのアメリカにおいてである。
　一つ目、牛の大量供給について。
　そもそもヨーロッパでもどこでも牛や馬は、運搬と農耕の使役用として有用な動物である。牛の乳はもっと直接に貴重な食糧だ。これの肉を食するのは、使役に耐えられなくなったのちの処理としての機会しかありえない。農耕期を終え収穫期のどこかでの祝宴で飛び切りの贅沢としてお裾分けされる程度が肉食の機会であった。
　牛や馬を食用の経済財として捉えるなら、経済効率が悪過ぎる。妊娠期間だけでも牛は約9か月、馬は約11か月で、しかも一度に1頭しか生まない（2頭のこともあるが）。これをある程度の肉付きまで育てるのにさらに2年ほどはかかる。したがって、牛や馬はやたらに肉用に供するわけにはいかないのである。
　そこでまず肉用とされた動物は豚だ。豚なら多産で一度に10頭産むこともあり、しかも年2回の分娩が可能なので、1年に20頭の増豚も期待できる（品種により相違するが）。食性も雑食性なので餌の確保面でも好ましい。⁽¹⁾
　そうかといって、木の実や農産物が得られなくなる冬には豚の給餌は不可能である。したがって、豚は秋の終わりに屠畜して冬を越せるように加工肉に仕立てることが合理的な食糧確保政策であった。加工とは主に塩漬けのことである。⁽²⁾「豚肉は脂肪が多いので、食塩の水分吸収作用を利用して長期保存することが可能だった」からだ。⁽³⁾

とはいえ、塩漬け豚の不味さは格別であって、胡椒（香辛料）への焦がれるほどの渇望を生み出していた。が、緯度の高いヨーロッパでは胡椒類の栽培はできない。この胡椒（香辛料）への渇望が大航海時代の原動力となり、コロンブスの「アメリカ発見」となる。そしてコロンブスがアメリカから持ち帰ったジャガイモがヨーロッパの食を次のステージへ誘っていく。

ジャガイモは外見がグロテスクな印象だったようで普及に時間がかかったが、18世紀には各地で定着し、19世紀で急進した。単位面積当たりのカロリー収量は麦類の3.5倍を上回り、ジャガイモのお陰でヨーロッパははじめて人間の食用を上回る余剰の食糧を得ることができるようになり、これを家畜用に宛がうことで豚の餌の周年供給を可能とした。

「コロンブスの交換」でヨーロッパが手にしたものはジャガイモだけではない。テンサイ（砂糖大根）、トウモロコシなどもそうだ。要するにヨーロッパの農業生産力が全体として大きく嵩上げされたのである。

しかしながら1840年代に入るとジャガイモの疫病が蔓延しはじめ1845年から4年間にわたりヨーロッパ全土で猛威を振るった。なかでも食料のジャガイモ依存割合の高かったアイルランドは深刻で、餓死者病死者が続出し、島人口は半減したともいわれる。アメリカへ逃げ延びた人々も多く、そのなかにはジョン・F・ケネディ、ウォルト・ディズニィの曽祖父もいた。

同時代、そのアメリカには、「コロンブスの交換」によって無尽蔵といってよいくらいの野生化した牛がいた。乱暴な言い方をすれば、農業も畜産も無用だ。とりあえずはただ狩って連れてくればよい。

19世紀後半のアメリカでは牛の大量供給は既得的であって、短絡的に言えば搬送の問題だけであった。カウボーイと鉄道などの輸送が整うことで対応できたのである。[4]

「肉」の大量解体

二つ目、肉の大量解体について。

畜肉（生肉）そのものは腐りやすいので、すぐに消費されるか、塩漬けなど保存加工を施すしかなかった。もちろん加工の最中も劣化するが、寒い冬期中なら劣化が少なくてすむことは経験的にわかっていた。だから、食肉加工は冬期限定であった。

都市における肉の供給は、どこでもほぼ同じで、動物は生きたままで連れてこられ、屠殺場で処理されていた。ある時期までは日にち指定の市(いち)の一角であり、次第に定期市のようになり、やがて小屋・建物と隔壁に囲まれた特定場所がいつでも屠殺できる場所となり、その内外に肉の買い付けに来る小売店や飲食業者、宿泊業者、仲買（問屋）などが行き交う喧騒の地となり、生肉以外の副製品（皮、骨、内臓など）の扱い業者も集った。
　都市と交通の発達は、この規模を拡大するとともに、屠畜と肉加工を有機的に結びつけた。
　アメリカの東部諸都市（人口）と西部農業地帯（豚・牛）の仲介点として一大食肉産業を発展させたのは、オハイオ州シンシナティである。同市はアメリカの東西を区切るミシシッピー川支流オハイオ川河畔の都市だ。
　西部入植者は、鶏や豚の飼育が生命の糧であり、養豚は大平原の周辺、トウモロコシ（飼料）が得られる地域で拡大した。気温が零下に下がると豚を屠殺解体し塩加工して冬と春を凌ぐ必須財となり、余剰は、近隣、町の商店、行商人などとの物々交換財となった。
　19世紀のアメリカは蒸気船と鉄道という二つの交通イノベーションによって大産業化の途をひた走る。世紀前半は蒸気船の登場である。海上はまだ帆船の時代であるが、河川を無理なく遡行することのできる蒸気船は、河川沿いの物流力を飛躍的に増大させた。川沿いに曳航のための馬車道を用意することも省かれるので、造成改修も容易くなった。輸入塩の調達コストも大きく下がった。

「ポーコポリス」（豚肉都市）

　シンシナティの豚肉処理量は、1830年代の年平均で48万1千頭に上り、西部でもっとも繁栄した都市となり、「ポーコポリス」（豚肉都市 Porkopolis）と呼ばれるまでになった。(5)
　ちなみに、肉処理後の副産物としての"脂"は、石鹸とロウソクの主原料である。シンシナティには、原料立地産業として多数の石鹸とロウソクの工場ができた。イギリス生まれのロウソク職人ウィリアム・プロクターと石鹸職人ジェイムズ・ギャンブルが結婚を機会に独立して1837年に共同で工場を建設した。幸運にも南北戦争の南軍から石鹸の大量発注をうけたことが、同

地に本社を構える「P&G」社の飛躍の礎となった。「ポーコポリス」は、石鹸都市でもある(6)。

さて、このころまでに機械化と大量生産の工夫や技術革新はさまざまな分野で興っていた。だが大量生産方式の最後のピースは、この「ポーコポリス」ではじめて登場する。技術史家サミュエル・リリーは指摘する。

「組立ライン（アセンブリ・ライン）の原理が初めて全面的な形で現れたのは、1860年代にシンシナティにおいてだった。」そして、「この原理は、豚のディスアセンブリング（解体）に適用された」のだと(7)。

「頭上のコンベアによって運ばれる豚の胴体の一部が一連の工具の眼前を動いてゆき、各工具はそれぞれある特定の部分に刃を加えたり切りとったりすればよかった」。

19世紀後半に至ると、食肉産業の重心がシカゴにシフトしていき、肉種類が「豚」から「牛」へとシフトし、はるかにスケールアップした食肉工場が登場する。フォードがこれに倣ってベルトコンベア方式で世界を変えたことは以前（第２部18節109頁）に指摘した。

が、改めて筆者は問う。この方式は、なぜそれまでの技術革新では登場せず、「豚」であったのかと。

それは「豚」の解体ラインを時間の函数として設計しなければならなかったからである。豚をコンベア（連続移動装置）で流すことで解体時間を極力短縮することこそが"シンシナティ方式"の要所なのである(8)。

しかしながら、解体過程もそうであるが、出荷された食肉も同様で、「生肉」は腐敗する。したがって、「生肉」需要は屠畜場の周辺エリアでなければ実現できない。いかに鉄道で運ぶにしろ何日も先のユーザーに供することはできないのである。

三つ目、生肉の大量輸送問題。シカゴの「スウィフト」社が解を出した。

【注】
（１）牛と馬は反芻動物なので草地で育つが、豚はそうではないので飼料が要る。なお、牛の乳頭は４つ、馬は２つ、豚は14〜16である。
（２）ハム、ベーコン、ソーセージなどは塩漬け加工の一種である。他の手法としては燻製、酢漬けがあった。
（３）鯖田豊之『肉食文化と米食文化』(1979年、講談社) 79頁。

（4）とはいえ、いくら無尽蔵とはいえ限界はある。草地荒廃や水不足、生態系の攪乱、植生の喪失（裸地）などが深刻化し、干ばつと大寒波とくに1884年の干ばつ、1886・1887年の冬の大寒波で野生牛が大量死したことはカウボーイのロングドライブの終焉を決定づけた。ただ、同時並行で、アメリカ農業そのものが大型機械の発明導入などイノベーションの時代に入り、牛の調達も飼育牛へとシフトすることで、牛の大量供給は維持されていく。
（5）山口一臣『アメリカ食品製造業発達史』（2003年、校倉書房）76頁。
（6）大原正衛「P＆G」、朝日ジャーナル編『世界企業時代（下）』（1968年、朝日新聞社）147～167頁。
　　豚脂のほか牛脂の入手も立地上、容易かった。同社の発展を決定づけた「アイボリー石鹸」の開発は1875年である。また綿実油（石鹸原料の一部）から食用油をつくり「クリスコ」（パンに入れるショートニング）を開発販売したのは1911年である。
（7）サミュエル・リリー（伊藤新一・小林秋男・鎮目恭夫訳）『人類と機械の歴史』（1968年、岩波書店）190頁。
（8）「シンシナティ方式」は筆者造語。
　　デーヴィット・A・ハウンシル（和田和夫他訳）『アメリカン・システムから大量生産へ　1880～1932』（1998年、名古屋大学出版会）には、数々の工場や機械の図版（写真）が収録されている。306頁には「豚肉処理場（解体ライン）」の図版（写真）3点があり、「シンシナティ方式」がフォードシステムと相似形であるさまがよくわかる（収録図版は『ハーバーズ・ウィーク』誌1873年9月6日号、エルセリアン・ミルズ歴史図書館）。
　　なお、言わずもがなであるが筆者の観察経験では、日本の「豚肉解体ライン」とは、その規模と広さの違いが一目瞭然である。

26節　大量「牛肉」の配送機構

鉄道による生きた牛輸送

　「牛肉」の大量消費の実現のためには、大量の「牛肉」を消費地にまで配送する機構が要る。具体的には、鉄道の発達、冷蔵貨車・冷蔵庫の開発導入、そして迅速な通信手段の構築という三つが必要条件である。

　鉄道そのものは、産業革命の成果としてイギリスで誕生した。1825年、ストックトン〜ダーリントン鉄道（路線21km）、1830年、リバプール〜マンチェスター鉄道（45km）を皮切りに、1830年代中葉、1840年代中葉に大ブームとなる。アメリカでもすぐさまイギリスの技術、資材、資本が投入されて、1830年、ボルティモア＆オハイオ鉄道（当初21km）がつくられた。1850年代までには東部（ミシシッピィ川以東）の基幹的なネットワークが確立した。(1)

　アメリカ西部（ミシシッピィ川以西）に鉄道敷設が本格化するのは南北戦争（1861〜1865年）後であり、大陸横断鉄道の一号（オマハ〜サンフランシスコ）が開通するのは1869年である。西部での鉄道建設の大ブームは1880年代と20世紀初頭である。

　鉄道の登場と発展は、観光旅行の時代の到来と絡めて語られることが多いためか、われわれは旅客輸送の側面から見てしまいがちであるが、アメリカの広大な大地を鉄道で頻繁に移動するのは圧倒的に貨物である。なかでも木材、穀物とならんで"家畜"は鉄道需要を支えた中心的物資である。カウボーイが運んできた野生の牛は厳密には"家畜"ではないが"生きた財産"「live stock」（家畜の意）ではある。

　このころ、「西部の畜牛は、生きたまま家畜車に積まれ地方の卸売業者へ輸送され」、その下で屠殺され、小売業者に配荷された。鉄道があればこそ、東部需要にこたえるために西部の牛は大量に狩られたのである。ちなみに、米語で「stock car」は、鉄道の家畜運搬貨車のことだ。

　ニューイングランドの食肉問屋グスタバス・フランクリン・スウィフトが交通の要衝であるシカゴに進出した1875年時点では、東部への牛は「生きた

まま」送られていた。

　往時この方式は大盛況で鉄道による「生きた牛」輸送は拡大の一途であったが、生かしたまま数日を移動するとなると、飼い葉も積み込まなければならないし、停留場での水の世話もいるので、世話係も同乗しなければならない。そして「しばしば畜牛は東部への旅の途中で死んだ」。死なないまでも、ストレスで痩せてしまったり損傷したりする牛もけっこういた。さらに言えばやっとのことで屠殺場まで辿り着いても、解体すると食肉の歩留まりはほぼ半分。したがって、製品となる牛肉とほぼ同量の廃棄仕向け分の合計を相当な経費をかけてわざわざ輸送しているということになる。

冷蔵貨車輸送

　そこで、生体ではなく、あらかじめ屠殺し解体加工処理した生肉（枝肉）を、冷蔵した状態にすれば２〜３週間は日持ちがするので、鉄道でかなりの遠隔地まで届けることができる。生体輸送に比べてメリットは限りなく大きい。のみならず、解体加工の場面では、大量の連続作業が可能となり生産性は一挙に上がる。副産物（皮、骨など）が大量にまとまることで事業化も見込める。

　スウィフトは冷蔵技師アンドリュー・J・チェイスを雇い入れ、「自社の精肉をシカゴからボストンへ運ぶ貨車」の設計・製造に取り掛かった。氷冷蔵貨車そのものの試行は1850年代からあったが、長距離を振動しながら大型の密閉空間を保持する貨車に仕立てるにはそれなりの技術と投資が必要であった。が、それ以上に難問は、鉄道事業者であった。拡大を続ける「生きた牛」輸送需要が、冷蔵生肉に振り替えられると、その物流量は一挙に数分の一にまで縮減してしまうので、いわば総スカン状態である。主要「生牛」輸送鉄道会社が参加する「東部幹線鉄道協会」、生肉業者の「全国生肉商防衛協会」など、一斉にネガティブキャンペーンを張った。唯一生体牛輸送で"出遅れていた"グランド・セントラル鉄道が「スウィフト」社の貨物を引き受けた。

　そうして、同社の肉がそれまで出回っていた肉と比べて圧倒的な低価格で高品質だと評価が高まるにつれ、歴史は急速に動いた。

　スウィフトが構想したのは、鉄道用冷蔵貨車と冷蔵倉庫装備の卸売店舗網

を構築し、東西鉄道網の結節点であるシカゴ近辺に屠殺兼精肉工場を設置することで、アメリカ全土を西部産肉の生肉供給圏とすることができるのではないかという壮大なものであった。

「スウィフト」社は、冷蔵貨車の改良に力を注ぎつつ、アメリカ各地に支店網を設けた。各支店には、冷蔵貯蔵庫、販売事務所、スタッフを配した。そして、1890年代初頭までに、フロンティアの畜産地帯に沿う6都市に、「屠殺処理作業を細分し、流れ作業の「解体ライン」を使用する」精肉工場を新設し、近隣の飼育場の利権を購入し、大量の畜牛の買い付けの専門家を多数擁した。[3][4]

通信技術の発明

こうした同社のビジネスモデルで、もう一つの必要要素は、牛の確保から解体、出荷、輸送、在庫、販売を繋ぐ即時で的確な情報ネットワークシステムだ。大量の物量が過不足なく適時に移動処理されていかなくてはならないからだ。

1831年、プリンストン大学のジョゼフ・ヘンリー教授はメッセージを電気的な符号に変え、電線を使って伝えるという仕組みを考案したが、特許申請していない。この技術を引き継いだのは、マサチューセッツ州チャールズタウン在のサミュエル・フィンリー・ブリーズ・モールスで、下院から開発予算を得て、ワシントンからボルティモアまで電線を張り渡し1844年5月11日に世界初の電報を送信した。[5] 4年後にはアメリカに8千kmにおよぶ電線が張り巡らされている。

スコットランドのエディンバラ生まれの28歳アレグザンダー・グレアム・ベルがこのはるか上を行く「電話」を発明したのは、スウィフトがシカゴに拠点を構えた翌年の1876年3月10日であった。4年後には、すでに6万台の電話が設置され、その後の20年間に600万台に増えていた。[6]

電信電話は鉄道建設および運行になくてはならない装置となり、そして、スウィフト構想を現実のものとするうえでも必須の装置であった。

経営学に「組織論」および「戦略論」の地平を切り開いたアルフレッド・D・チャンドラーJr.は、名著『経営者の時代』で鉄道事業と精肉事業とで近代経営のモデルとなる組織管理が編み出されたことを指摘しているが、そ

の与件として通信技術の確立があったことに注視している。

冷熱源

　以上、19世紀後半のアメリカに、鉄道の発展、冷蔵輸送の開発導入、通信手段の確立という三条件が出揃うのであるが、今一つ、素朴な疑問が拭えない。大量の牛肉を冷蔵で管理し輸送するための膨大な冷熱源はどうしていたのだろうか。機械式冷蔵装置は出始めのころで、ヴェルナー・フォン・ジーメンスが発電機を完成させたのは1866年、電気の実用は緒に就いたばかりのころだ。天然氷を切り出す氷産業というものでもあったのか。あったとしたら氷産業もそれほどに大規模化していたのか。

　然り、日本には無くかつ20世紀には無くなってしまったので想像し難いが、日本よりずっと高緯度である欧米の19世紀には氷産業という大産業があったのである。

【注】
（1）同様にフランスは1832年サンテチェンヌ～リヨン鉄道（58km）、ドイツは1835年ニュールンベルク～フェルスト鉄道（7km）が嚆矢である。
（2）山口一臣『アメリカ食品製造業発達史』（2003年、校倉書房）80～81頁。
（3）アルフレッド・D・チャンドラーJr.（鳥羽欽一郎、小林袈裟治訳）『経営者の時代（下）』（東洋経済新報社、1979年）522頁。
（4）他の精肉業者も「スウィフト社の例に倣う以外に途はないことを悟った」。上掲書、522頁。シカゴの精肉事業者5社はここから「ビッグ5」として、寡占経済の代表として経済学、経営学の考察対象とされる。
（5）「電報 telegram」と呼ばれるのは12年後である。『アメリカ語ものがたり①』（1997年、河出書房新社）194頁。
（6）ベルがアメリカの市民権を得たのはこの6年後なので、厳密にはアメリカ人の発明とはいえない。

27節　アメリカの「氷」産業

「冷凍」という言葉

　今日「冷凍」ないし「冷凍食品」という語は「マイナス18℃以下」という温度と紐づけられて用いられている(1)。
　が、一般には、そうした明示的な温度認識があるわけではない。「０℃」で水や食品が凍り始めれば「冷凍」と表現する。手近な国語辞典を引けば、「冷凍」は、「ひやしてこおらせること」、「食品などを、腐敗を防ぎ、貯蔵するために凍らせること」と説明している。「凍る」という自然現象がはじめにあったのであり、温度の度合いに人類の関心が寄せられたのは最近のことである(2)。
　技術史の通史として名高いトレヴァー・I・ウィリアムズ『二〇世紀技術文化史』の次の記述は、このあたりの事情をよく物語っている。
　「冷凍食品の貯蔵と輸送は19世紀末までに十分確立されていた。しかし、ひろく信じられていたのは摂氏マイナス２度が限度で、それ以下に冷やすと取り返しのつかない変化が起こって品質がダメになるという考えであった(3)」。
　この当時の"常識"が覆るのは、アメリカ・ニューヨーク生まれのクラーレンス・バーズアイが、カナダ北東部ラブラドル半島での生活体験のなかで「急速冷凍」を繰り返して、より低い温度帯でスピーディに食品を凍らせれば「食品の変質がおこらない」ことを発見したことからはじまる。バーズアイは、1920年代を通して、この原理に基づき「冷凍食品」の事業化に向けてさまざまな食品種類で実証実験を繰り返しつつ、販路開拓に励むが、食品事業関係者のそれまでの"常識"が壁となって、事業としては一進一退の状況がしばらく続き、「バーズアイ」ブランド商品が本格販売されるのは1930年であった。「巨大な冷凍食品工業に道」が開かれ産業種として独立した業種名を得るのも、「冷凍食品」の名が特定の商品分類の一つとされるのもここがスタートラインである(3)。
　ゆえに、「冷凍食品史」は、バーズアイの前と後で（すなわち1930年を挟ん

で）違う歴史を歩んでいることを確認しておきたい。

ヨーロッパの緯度

　手元に世界地図と日本地図があれば、ヨーロッパの緯度と日本列島の緯度とを照合していただきたい。

　端的に言って、ヨーロッパは日本より北だ。北海道が辛うじてフランス南部に位置するが、パリは北海道よりずっと北だ。ドイツやイギリスなど北過ぎて掠りもしない。

　日本の東京から以西は、ヨーロッパの南の海の地中海をさらに南に行ってアフリカ大陸と同緯度だ。

　意外だと思う人が頗る多いので繰り返す。わかりやすくいって、ヨーロッパの緯度は日本よりもずっと北だ。日本の緯度は北の一部を除くと、アフリカ大陸の北部と同緯度である。

　もちろん、気温は緯度にそのまま正比例するのではない。ヨーロッパは西岸海洋性気候で、暖流の影響下にあり気温は紙の地図上で想像するよりは低くないが、それにしても日本よりは遥かに低く、甚だしく寒い。

　個人的な体験で恐縮だが、筆者は静岡県浜松の生まれ育ちである。「雪」という語を受ける述語は、「降る」ではなく、「舞う」だ。東京に来てはじめて雪景色に遭遇して吃驚した。信州大学に赴任するにあたって、中央線あずさ号に乗って松本に向かい車窓からの景色に驚いた。諏訪湖あたりでは市中を"流れている"はずの川が氷結している。そういえば諏訪湖（湖面標高759m）の氷結（御神渡り）や氷結湖上でのワカサギ釣りも全国的に有名な冬の風物詩である。

　ヨーロッパに戻る。河川は、冬は凍結する。ロンドンを貫流するテムズ川も、パリ市中を流れるセーヌ川も。

　記録では、テムズ川が1683年から1684年にかけての冬2カ月間には、28cmの厚さの氷で凍結したという。フランスの印象派絵画、クロード・モネの"出世作"「解氷」(1880年)は、完全凍結していたセーヌ川（氷）が溶け出して大氷解となった様に吃驚して、厳寒の中、かじかんだ手で一心不乱に取り組んだ絵だ。

　ヨーロッパの河川は、冬はどこでも凍結した。特に14世紀半ばから19世紀

半ばまでは気候的に「小氷期」とされ、冬季河川氷結は常態であった。

アメリカの「氷」産業

　歴史上「氷」の需要はいつもある。うだるような夏に氷、氷菓を口にすれば至福の喜びだ。冷えた食品や飲料が提供されるだけでも驚きだ。接待役の料理人には秘儀奥義のテクニックであった。

　夏場に氷を得る方法は二つ。一つは、冬に氷結する河川や海岸で、氷を切り出し、断熱工夫を凝らして夏場まで持ち越せばよい。氷置き場は、日本語でも「氷室」というのだから、日本でもあった。工夫が進むと、ヨーロッパでは水を張り巡らせ、"天然"氷を量産する事業も拡充した。(4)

　もう一つは、高地にある氷を切り出し、運搬してくることだ。文明を辿れば、各地にみられる手法である。アルプスはじめ、高緯度で高い標高なら、年中氷雪を被る山は各地にある。

　しかしながら、量産化という点では、前者の手法に分がある。19世紀は、産業革命の成果で、大型の機械が作業場で活動できるようになったこと、大型貯氷庫の建造も捗ったこと、船、鉄道、馬車の普及で、消費地までの物流が可能となったこと、そしてなにより中産階級の増大で、高額な価格負担を厭わない富裕市民が増大したことで、「氷」ビジネスは一挙に開花した。

　中西重康（工業熱力学）によれば「氷」ビジネスの先鞭をつけたのはスコットランド人だ。事業化のヒントは中国（東インド会社）から得たようで、供給先はイギリス・ロンドン。産業革命と植民地経済とで欲望をほしいままにする市民経済人が需要者。扱い品は「ニシン」（氷詰め）であった。中西は、「すべてのサケ（サーモン）業者は今や冬場の氷を貯蔵する貯氷庫を備えている」と記述する「Edinburgh Review誌（1814年4月号）」を紹介している。(5)

　まもなく、天然氷が無尽蔵にあり、北海を挟み1千kmほどの距離で、海運による大量輸送が容易いノルウェー（スェーデン・ノルウェー連合王国）が、「氷」供給の大産地となり、「氷」ビジネスは同国を代表する一大輸出産業に成長した。

　こうした手法や技術がアメリカに伝播するのに時間は要らない。アメリカの場合に手っ取り早いのは、供給も需要も自前で大量に存在しているからで

ある。ニューヨーク・ハドソン川はいうに及ばず、5大湖に近接するシカゴは大量「氷」の生産拠点であると同時に、他の地域への配荷拠点でもある。アメリカの内外を行き交う貨物船にとっても「氷」の輸送は好都合なことであった。船の「バラスト」（バランス取り用重り）として機能したからだ。

19世後半に至ると、アメリカの「氷」産業は雇用者を数十万人擁する巨大な産業となった。アメリカの「氷」は、果物や食肉など躍進するアメリカの世界貿易、三角貿易を支える基本資材であり、同時に、「氷」そのものがアメリカから世界への輸出商品であった。「氷貿易は、中国、ニュージーランド、オーストラリア、ブラジルへと送られる世界的なものとなった。1865年にはインドだけで14万6千トンのアメリカ氷が輸送され」ていたのだ。極東の日本へも喜望峰を回りインド洋を航海してアメリカの天然氷のブランド品「ボストン氷」が輸出されていており、幕末から明治にかけて外国人居留区での牛肉食を支えていたのである。

同時代に、シカゴを拠点と定め、「牛肉」のアメリカ全国制覇を企図したグズタバス・スウィフトが「冷蔵貨車」輸送と「冷蔵倉庫」付設の営業拠点網の構築とを構想しえたのは、冷熱源「氷」の調達を所与のものとすることができたからであった。彼の構想は、彼にとって実現の蓋然性の高いものであったといえよう。もう少し具体的にスウィフトの取り組みとその成果を確認しておきたい。

【注】
（1）本書第1部7節注（8）（47・48頁）参照。
（2）旺文社『国語総合辞典』（1955年）1435頁。講談社『日本語大辞典』第二版（1995年）2326頁。
（3）トレヴァー・I・ウィリアムズ（中岡哲郎、坂本賢三監訳）『二〇世紀技術文化史（上）』（1987年、筑摩書房）300頁。
（4）スー・シェパード（赤根洋子訳）『保存食品開発物語』（2001年、文藝春秋）430〜436頁。ちなみに、アメリカ文学史・思想史に大きな足跡を刻んだヘンリー・D・ソロー『ウォールデン森の生活』（1854年、訳書多数）は、ソローが氷産業黎明期の1845年3月から1847年5月までの間移り住んだマサチューセッツ州ボストン郊外のウォールデン池湖畔での生活を描写した作品であるが、冬になると毎日市内から100人ものアイルランド人がやって来て組織だって作業し同湖だけでも1トンの氷を切り出していく様子が描かれている。そうした人海戦術での冬場の氷の切り出

し出荷と貯蔵は至る所で行われていた。需要がとてつもなく大きかったことを物語っている。
（5）シェパード上掲書、398〜414頁。中西重康「人類の冷熱利用の歩み」日本冷凍空調学会2013年12月6日講演資料、34頁。中西によれば、「冷凍以前」の冷熱利用の歴史を扱った成書は以下しかなく、講演も同書に依拠したものだとしている。
Elizabeth David (edited by Norman); Harvest of the Cold Months The Social History of Ice and Ice Michael Joseph (1994): Penguin Books.
（6）19世紀後半は、同時に機械式冷凍法が緒に就き、少しずつ"天然"「氷」に置き換わっていくことになるが、20世紀に入ってもなお"天然"「氷」は存在感があり、第一次大戦時でも重宝されている。
（7）トム・ジャクソン（片岡夏実訳）『冷蔵と人間の歴史』（2021年、築地書館）164頁。

28節　「氷」産業と農業革命

「冷蔵牛肉」の輸送ネットワーク

　1865年、東西の鉄道が出会うシカゴに「家畜一時置き場」（合同家畜取引所）が建設されて「家畜を生きたまま食肉加工場に直接輸送することが可能に」なり、シカゴはアメリカの食肉取引の中心地となった。⁽¹⁾
　10年後1875年、グスタバス・スウィフトがニューイングランドから同地へ進出し、成長しつつあった天然氷の供給力を頼みに食肉用冷蔵貨車の開発に傾注し、2年後の1877年には本格的な「冷蔵肉」輸送を実行した。続いて「食肉を肉屋、食料品雑貨店、その他食品店に販売し配達するため」に冷蔵貯蔵庫付設の支店網の構築を推進した。さらに「精肉」を小口で流通させる「巡回路線」も追加して「冷蔵貨車」流通網を張り巡らせていく。
　「スウィフト」の「冷蔵貨車」輸送の威力と成功を目の当たりにして、他の精肉業者は、「スウィフトの例にならう以外に道のないことを悟」って、膨大な投資をともなう冷蔵貨車の調達拡充と販売支店網の構築に勤しんだ。⁽²⁾
　かくして、1880年代は、食肉産業が急成長しつつ「寡占化」が進行した。そうして同年代末には、アメリカの食肉産業は、巨大2社（「スウィフト」社、「アーマー」社）と4社の寡占支配となった。結果、「20世紀初頭までにこれら6社は、東部の大都市で販売される精肉の60％から90％以上を供給していた」のである。⁽³⁾
　しかしながら、「冷蔵食肉」の競合がいなかったわけではない。同じ時期、「缶詰」産業も盛況であった。今日の時点でふりかえると、「冷蔵食肉」と「缶詰」は、アメリカの食をつくり変えていくプレーヤーとしていわば二人三脚のようであった。実際、食肉各社も「缶詰」製造事業部門の拡充に余念がなかった。
　とはいえ、「冷蔵肉」のビジネスモデルには「缶詰」事業にはない「冷蔵貨車」と「冷蔵貯蔵庫」という圧倒的なアドバンテージがあった。
　実際、「冷蔵貨車」は、1903年までに2社で1万9,500台（「アーマー」社

1万3,600台（うち1,650台は果実輸送用）、「スウィフト」社5,900台）にのぼり、6社計では2万5,000台にもなった。もちろん他に「独自の冷蔵船舶」、「主要港湾の倉庫」も擁していた。そこで彼らは、この「冷蔵貨車」「冷蔵貯蔵庫」を「バター、卵、果物のような肉以外の腐敗しやすい製品の流通にも利用しはじめた」。

「大量消費社会の生活と文化」を余すところなく描き込んだダニエル・J・ブアスティン『アメリカ人』は、こうした「企業のよりいっそうの成長を促す」ビジネス上の必然を、やや皮肉っぽく次のように記述している。

「食肉運輸用冷蔵庫にかなりの投資をしたシカゴの大手食肉業者は、この高価な装置を利用できるような製品を血まなこになって探した。アーマーは南部に社員を派遣して、北部の都市に運ぶには冷蔵する必要のある腐りやすい果実を大量に栽培するようにはたらきかけた。たとえば、ジョージア州では、モモの栽培をすすめた」。

「冷蔵」輸送で飛躍する農産物

ブアスティン『アメリカ人』は、アメリカの食と食料に関する章で、この食肉産業急成長の時代にアメリカのとくに都市における食生活が大きく変わったことを述べている。そして、それは都市の"住環境"の変化が要因だと説く。

1875年の前と後。前では、「果物や野菜は季節のうちに買って、家の地下室に貯蔵された」。後では、これが叶わなくなった。

その理由は二つ。一つは「セントラル・ヒーティング」の普及だ。南部はともかく、アメリカは寒い。いまでもそうだ。シカゴは10月1日には冬時間となる。日本のような秋はない。「都市で快適な生活」を望めば「地下室に暖炉」を置くので、食料品の貯蔵とバーターの関係だ。食料品の貯蔵はあきらめるか最低限のものしか許容されない。

もう一つは、1870年頃ニューヨークに登場した「共同住宅（アパートメント・ハウス）」（中流階級の住宅）。まもなくシカゴにもそれ以外の都市にも波及した。「人口集中」＝「地価高騰の副産物」だ。地下室、すなわち食品の貯蔵スペースがない。

住居に食料を置くことが叶わないからには、食料品小売店へ頻度高く出向

きその都度食料品を調達するほか術はない。食料品小売店への需要と利用頻度は激増し、買い物生活というライフスタイルが波及した。そして「あたらしい移住労働者階級」は「食物にたくさん金を支出」したのだ。

　ブアスティンは、こうした事態を見て気付いた「口先上手の土地屋」が俄然、活気づいたと指摘する。彼らはつい先ほどまで「金」や「石油」を焚きつけていたが、今度は「農作物」だと。「野心的な農民よ」「新鮮な農作物の販売が金もうけになる」のだ。なにしろ「冷蔵車と冷蔵船が、(これまでの農業の)すべてを変えた」ことを知るべきだ。「金」や「石油」は場所を選んだが、今度は違う。「遠く離れた場所に運ぶ」のだから、「腐りやすい作物をつくる土と気候」ならどこでもよいのだ。

　こうして、「果物と野菜の開拓栽培者たちは、自分たちの新しい果樹園と野菜畑を全国いたるところにつくりあげていた。カリフォルニアのインペリアル平野やメキシコとの国境沿いのテキサスの南グランデ河流域では、灌漑施設によってマスクメロン、スイカ、レタス、アスパラガス、それにトマトなどを生産していた。これらの産物は3,000マイル(4,800km)離れた市場まで冷蔵貨車で運ばれ……ボストンやニューヨーク、シカゴやサンフランシスコの都会の人びとに…供給」された。

　「新種のオレンジ(ブラジルからはネーブル、ヨーロッパからはヴァレンシア)が1870年代にフロリダとカリフォルニアに現われ、新しい種類のレモン(シシリー島からはユーレカ、オーストラリアからはリスボン)、そして次には種なしのマシュー・グレープフルーツがカリフォルニアに導入された」。

　「土地屋」が煽った話は本当だった。

　少しだけ後になるが、1911年に「ビタミン」が発見されるや、「かんきつ類の果物や葉物野菜の消費はめざましい勢いで増えた」。「サラダ」が必需品化し、正餐のコース料理の一品とさえなった、アメリカでだが。

豊かなアメリカ食生活

　もちろん新しい食生活の演出のすべてが食肉産業のお陰だというわけではないが、「牛肉」と「新鮮な果物、野菜、レタスを使ったサラダ」というアメリカの食卓は、まったくもって「冷蔵車」のお陰だ。本稿では触れていないが「ミルク」が食卓に添えられるのも「冷蔵」輸送だからこそである。

やはり食肉産業がつくってみせた輸送インフラの威力は絶大なものだったといえよう。なにしろ、誰の目にも食肉産業の大成功は明らかで、冷蔵貯蔵庫を拠点とする営業手法はあらゆる食品・飲料産業に真似され応用されたのである。同様に、食肉産業で縦横に張り巡らされた「冷蔵」物流ネットワークを基幹として、他の業種、他の産業でも「冷蔵」物流ネットワークが増設されていくのである。こうして、アメリカにはコールドチェーン網が張り巡らされていくのである。
　ちなみに、これを支えた氷産業も大発展した。敷衍（ふえん）すれば、機械氷・人工氷はなお普及期であって、船舶系を除けば、供給力や価格などの点で天然氷の優勢は、第一次大戦の直後まで続いたのである。
　かくして19世紀の終わりごろから20世紀の初頭にかけて登場した圧倒的に豊かなアメリカ食生活とは、コールドチェーンというインフラストラクチャーの上に実現した大規模農業・畜産と大規模食品加工業と大規模流通が、その正体である。
　ただこの場合には、提供される食品にはある特徴的な性格があることも指摘しておかなければならない。農産物についていうと、求められる品種は「運送に最もよく耐え、同時に見た目も味もよい」という特性だ。[10]経済財としての特性ゆえに、諸々の品種はこの特性によりいっそう合致した「品種」に収斂されていく。同じ品目種なら限られた品種または同一の品種に選抜されていくこととなる。すなわち、農産物は、馴染みのある言葉を用いれば、"規格品"化していくのである。こうして、「缶詰」に加えて、「冷蔵」の装備と食料品の「規格品」化とが整うのである。あとは、こうした各分野の"規格品"を大量に扱って高い生産性を実現する流通機構（小売業）の登場を待つのである。

【注】
（1）スー・シェパード（赤根洋子訳）『保存食品開発物語』（2001年、文藝春秋社）426頁。
（2）アルフレッド・D・チャンドラーJr.（鳥羽欽一郎、小林袈裟治訳）『経営者の時代（下）』（1979年、東洋経済新報社）522頁。
（3）上掲書、677頁。のち、5社となり「ビッグ・ファイブ」が通り名となった。
（4）上掲書、686頁。

（5）ダニエル・J・ブアスティン（木原武一訳）『アメリカ人（下）』（1976年、河出書房新社）25頁。
（6）上掲書、29〜30頁。
（7）上掲書、30〜31頁。
（8）上掲書、31頁。なお鈴木梅太郎のオリザニン（ビタミンB1）抽出・発見は1910年であるが、邦文論文であったため、世界に広がらなかった。
（9）「生野菜サラダ」はアメリカ料理である。日本ではコース料理をファミリーレストランで学んだため、アメリカ流の「生野菜サラダ」が定番となった。調理の手間を競うコース料理では、「オードブル」に相当する。
（10）上掲書、30頁。

29節　「ボストン氷」と「函館氷」

開国と牛肉需要

　1853（嘉永6）年6月、マシュー・C・ペリー司令官率いるアメリカ東インド艦隊の軍艦（蒸気船サスケハナ号、ミシシッピ号、帆船プリマス号、サラトガ号）が浦賀沖に姿を現し、黒煙をあげて航行した。久里浜沖に錨を下ろして約400人の武装兵士が上陸したり、全艦で江戸湾を示威行動するなどして、去った。最新鋭の汽走軍艦サスケハナ号（2,450トン、乗組員300人）を絵描した"かわら版"は「大海ヲ竜ノ渡ルカ如シ」と報じた。
　ペリーは翌年1月に軍艦7隻（蒸気船3隻、帆船4隻）を率いて再来した。江戸市中を遠望できる羽田沖に乗り入れ、礼砲・祝砲名目の大砲55発を発射したり、途中からさらに2隻の軍艦を加えたりするペリー艦隊の前に幕府はなすすべもなく、日米和親条約（神奈川条約）、同付録（下田条約）を締結し、長崎、下田、箱館（函館）の開港を約した。やがて、1858（安政5）年、アメリカとの修好通商条約締結を皮切りに、イギリス、ロシア、オランダ、フランスと同様の条約を結び、それに基づき長崎、神奈川（横浜に変更）、箱館の三港を開いた。しばらくのち兵庫（神戸）が加わる。
　首都江戸に近い横浜は、一寒村から早々と貿易港として栄え、各国の領事館が設置され、大規模な居留地がつくられ賑わった。居留する官吏、軍人、医者、商人たちはみな羽振りがよかった。が、食事情に問題があった。牛肉がなかったのである。
　わが国は長きに渡って「牛肉食」が禁制である。農耕牛も肉にされることを知ると農民も供出を拒否した。窮余の策で、中国、朝鮮、アメリカなどから生牛を仕入れ、船上で屠殺と解体を行って、居留地内に販売するという手法をとったが、とても間に合わない。
　やがて、生育頭数の多い近畿地方や中国地方から家畜商に頼んで買い集めさせ、神戸から横浜へ生牛のまま船で運んだ。1865（慶応1）年に「横浜山手屠牛場」が設置され、外国人たちから「神戸牛」の名声が高まることとな

った。

中川屋嘉兵衛は、この外国人向け「牛肉」の販売を行う「アメリカ八十五番館」という店から牛肉を買い受け、英国公使館などに納品していたが、1869（明治元）年に同館が江戸の芝高輪に移ると、横浜から江戸までの牛肉の配達は「実に大変な仕事で、真夏の日などは、特に牛肉を腐らせてしまうこともしばしばであった」。

「ボストン氷」と「函館氷」

横浜に居住する外国人用にアメリカからボストン周辺の天然氷が輸入されていて、「牛肉の保存用や医療用」に使われていたことが知られている。アメリカ北東部ボストンからアフリカ大陸南端の喜望峰を経由してインド、アジアにまで運ばれるこの「ボストン氷」は、横浜においてももちろん相当にうま味のあるビジネスであった。中川が「天然氷」ビジネスへの参入を図ったとしても不思議ではない。

中川は、1861（文久元）年に「まず富士山の山麓に五百坪の採氷池を掘り、そこから二千個の天然氷を得ることに成功」するが、「横浜到着時にはすべて溶けて水になって」いた。諏訪湖、日光、釜山、青森と毎年同じ試みをするがいずれも失敗に終わった。1867（慶応3）年、函館で6度目の採氷の挑戦をし、250トンの氷を"外国船"に搭載して横浜に送ることができたが、採算はとれなかったという。

1869（明治2）年5月、最後の幕府軍が函館・五稜郭で降伏し、戊辰戦争が終結した。中川は、五稜郭外堀の7年間の採氷専取権を入手しアメリカから製氷技術者を招き7度目の採氷を行い、1871（明治4）年夏に横浜へ輸送した。移送量670トン。横浜ですでに氷を販売する「バージェス商会」の向こうを張って価格競争を挑み、「奢侈を極めし貴人富豪」にしても手の届かない夏の氷が「一貧生」でも「消受」できるとして、世に絶賛を浴びた。ビジネス的にも大成功で、濠氷の出荷も翌年には1,061トンとほぼ倍増している。「バージェス商会」も値下げで対抗したが、大航海を経て調達される「ボストン氷」は歩が悪かった。

「函館氷」（天然氷）は、品質も良く氷も硬く一世を風靡し、東京、神戸、大阪、土佐などに販路が拡大し、余勢を駆って1873（明治6）年から1876

（明治9）年には、香港にまで輸出している。1875（明治8）年の『東京日日新聞』には「我が国の製造物産を以て、全く外国輸入を圧倒したる者は、只この氷一品あるのみ」とさえ期待されている。

1878（明治11）年ごろになると「函館氷」に追随して「東京の玉川、栃木の佐野、今市などでも採氷されるようになった」。本州各地に採氷業者が続出して、氷の需給はそれなりに広がっていった。[5]

他方で、アンモニアガスを使った機械製氷（人造氷）の製造知識も知られており、1870（明治3）年「福沢諭吉が、腸チフスに罹ったとき、…アンモニア吸収式冷凍機で門下生たちが少量の氷をつくった記録が残っている」[6]。

そして、1883（明治16）年になると、アンモニアガスを使った機械製氷（人造氷）の供給が外国人経営の「東京製氷会社」（築地）からはじまる。1899（明治32）年には、「機械製氷会社」が設立され、本所業平橋（なりひらばし）の工場で日産50トンが生産されるようになった。

「函館氷」と「氷水売り」

確かに「函館氷」は、天然氷の代名詞となった。が、この名が新聞紙上を賑わしたのは1874（明治7）年ごろから1891（明治24）年ごろまでで、その栄光は10数年であった。そしてわが国ではノルウェー、アメリカのような大規模氷産業はついぞ誕生しなかった。なにゆえであろうか。

一つは、供給サイドの条件、すなわち日本の"緯度"では氷を大規模量産できる気候的条件が望めないことである。

しかし、より本質的な理由はその需要面である。「氷」の使途そのものにある。わが国では、この期の「氷」の主な用途は、「冷やす」ではなく、「食べる」であったからだ。

「氷水」。ただ氷を砕いて、水の中にいれただけのもの。

村瀬敬子（生活文化史）は、横浜の馬車道で「函館氷」を売り出した「最初の氷水屋は、相当に高額であったが二時間も並ぶほどの混雑ぶりであった」ことを紹介している。さらに、1896（明治29）年になると、東京府に米屋2,541軒、味噌屋138軒と並んで氷屋298軒あったことを紹介している。[7]

だが、「氷水」売りの本流は振り売りだ。もともと江戸の町にはさまざまな振り売りが行き交っており、「水」売りも引っ切り無しだった。江戸風俗

史家として名高い小野武夫は、「ひやっこい、ひやっこい」の売り言葉で「泉から汲んだ冷水に、白糖と寒晒粉を加えて一椀四文で」売っていたことを紹介し、「よい飲み水に乏しかった江戸では、吉原でよく売れたらしい」としている[8]。

「冷水売り」は文明開化の新風俗として「氷水売り」に転生し、全国各地で夏の風物詩となった。ちなみに、機械氷が普及してもなお売り文句は「函館氷」であった。これが、「"削り氷"に砂糖煮汁を注いだものが普通」となるのは1887（明治20）年ごろからである[9]。

食べる目的ならその品質もものを言う。食品としての「函館氷」が市場で「ボストン氷」より評価されたのは価格面だけではなかったといえよう。

アメリカおよび世界各地に輸出された「ボストン氷」の主たる用途は、食肉や食品・飲料を冷却することであった。高額食品「牛肉」の遠距離輸送の一定期間にわたって溶解を続けながらなお低冷温度を保持し続けることのできる膨大な量の「冷却」資材としての用途。

アメリカでは、中産階級の台頭に裏打ちされた牛肉需要を賄うための牛肉の大規模製造体制があり、それを根拠に、氷産業への投資も続いた。「牛肉」輸出も拡大し、それを梃子に「氷」輸出も成長産業となった。

これに対して日本では、牛肉への渇望はない。もともと、肉食禁忌、穀類頼みのカロリー摂取・大豆など植物性依存の蛋白摂取・油脂類欠乏の食性、豊富な水で暮してきたのであり、「冷蔵牛肉」の需要そのものがなかったのであるから、冷やす「氷」需要そのものもきわめて薄弱だった。したがって、長距離輸送装備を不要として地場に分散して機械氷の供給がそこそこあるという程度が経済的に至極合理的だということであろう。

「氷」産業の発展の有無は、我彼の食生活の相異が根拠なのである。

【注】
（１）本間健彦『日本食肉文化史』（2001年、財団法人伊藤記念財団）221頁。
（２）村瀬敬子『冷たいおいしさの誕生』（2005年、論創社）13頁。
（３）野口敏『冷凍食品を知る』（1997年、丸善）7頁。
（４）村瀬、上掲書、15・16頁。小菅桂子『近代日本食文化年表』（1997年、雄山閣）13・14頁。
（５）小泉和子『台所道具いまむかし』（1994年、平凡社）72・73頁。
（６）野口、上掲書、7頁。

（7）村瀬、上掲書、21頁。
（8）小野武夫『商売往来風俗誌』（1975年、展望社）236頁。
（9）安藤菊二他『事物起源辞典』（1970年、東京堂出版）138頁。

30節　「プルマン」食堂車と「ハーベイハウス」

プルマンの食堂車

　料理の大規模販売すなわち外食産業を最初に生み出したのはアメリカ鉄道業である。一つは食堂車運営、今一つは駅併設レストラン「ハーベイハウス」。
　1867年、世は「金ぴか時代」、ジョージ・M・プルマンは、本格的食堂車「デルモニコ」を開発して、シカゴ・オールトン鉄道で運行した。「デルモニコ」は、アメリカでもっとも著名で評判の高いレストランの名だ。プルマンは、この食堂車の豪華な内装と贅沢な料理と高質なサービスがニューヨークの高級レストラン並だと訴えたのである。
　プルマンは、運河周りの建築家として実績があり、成長著しい鉄道業に未来を感じ取っていたが、初期の鉄道での旅客移動の居心地の悪さ、客車内の不快感には辟易としていた。そこで、新型車両を開発して鉄道会社に売り込むことを事業化した。簡易な料理を提供する食堂車（1863年）、豪華「寝台車」（1864年）、食事サービス付き「ホテルカー」（1866年）を開発投入してきた。プルマンの客車は「走るホテル」、ホテルは「動かないプルマン」とたとえられた。
　「デルモニコ」の「厨房は約2.4m四方、タンク（水）、流し、コンロ、調理台、食品貯蔵棚が備えられていて」、車両の下部は「氷の入った巨大な冷蔵室と食糧庫」であった。48席で、「料理人2人、ウェイター4人の計6人の専用スタッフで1日250食を提供した」というから街場のレストラン顔負けである。その後にグレードアップする汽車もあり、給仕長、料理長など総勢16人以上の食堂車もあったというから、高級レストラン並みで、料理も豪華だった。
　しかも、サービスはそれ以上に極上だと評判が良かった。プルマンは個人宅で奴隷をしていた解放黒人を（低賃金で）雇った。文字通り顧客（ご主人様）を下にも置かぬ扱いで気の回ること天下一品。社会の最下層からトップクラスの人材が集まった。食堂車ビジネスの拡大で、プルマンの会社はアメリカで最大数の黒人を雇用する会社となった。

なにしろアメリカでは鉄道会社は民間会社だから、顧客誘引策は生命線だ。たちまち食堂車は鉄道路線の特色を競うようになり、鉄道の黄金時代の立役者となった。ジェク・クィンジオ『鉄道の食事の歴史物語』によると、「最盛期1925年には食堂車だけで１万人が雇用され、…１日に８万食を提供」していて、豪華車両の製造も続いていた。

　ただし、豪華さを競うほどに経営効率は悪くなり、鉄道各社は食堂車部門での赤字が拡大した。おりからの1920年の禁酒法施行も足を引っ張った(4)。やがて1929年の大恐慌で食堂車廃止が相次ぐこととなった(5)。

　ところで、食堂車の隆盛は、外食産業の歴史に経営上の革命をもたらすこととなった。レストランでは一体となっていた料理作成工程をコンパクトな食堂車の中と車外とで分割して行うようにしたことである。

　そもそも「ひとつの列車で毎日１トン以上のじゃがいも、数百キログラムの野菜やくだものを使っていた。…300食以上のパン」をどうやって準備するのか。車内だけで完結を目指すことは不可能である。かくして、「鉄道会社は設備の整った厨房、食肉加工施設、製パン所、クリーニング、倉庫の整った補給基地を沿線の拠点に作った」。そう、のちの外食産業用語で「セントラルキッチン」方式を編み出したのだ。この革命的な新方式は、食堂車導入と増設を競う鉄道各社に波及した。

　著名な名物施設となった補給基地（セントラルキッチン）も出現した。じゃがいも産地を走る北部横断のノーザン・パシフィック鉄道は1909年に「巨大ベイクドポテト」を名物料理として食堂車で売り出して大ヒットさせ、余勢を駆ってシアトルに1914年「貯蔵と調理を担う補給基地」をつくった。この建屋の上には長さ12メートルのベイクドポテト（レプリカ）が飾られ名所となった。さらには「乳製品加工所、家禽、豚の農場も所有して」高品質食材の調達に腐心した。「鮮度がわかるように卵や乳製品には日付が記された」というから食品の品質管理でも今日のセントラルキッチンを彷彿させる(6)。

　確認する。外食産業を生み出すために食堂車ビジネスが成した経営上の革命とは、次の３つである。

　①料理の作成工程を時間的空間的に分業して行えるように料理工程の分解法を研究し編み出したこと、②その前工程の拠点としてセントラルキッチンという施設を現実化したこと、そして③その工程ごとの食材管理法として品質管理基準の確立を求め運用したことである。重ねて言えば、この３つを密

接不可分なこととして展開したことである。

「ハーベイハウス」

　1876年、およそ半世紀にわたりアメリカを代表するレストラン「ハーベイハウス」が誕生した。

　フレデリック・ヘンリー・ハーベイは、イギリスからの移民だ。15歳のときに移住し、カフェやレストラン、鉄道の郵便係、貨物取扱係で働き、鉄道旅程での食事と宿屋のひどさに辟易していたが、鉄道業の未来には感じるところがあったはずで、プルマンとはまた異なった経験値の活用を決意した。

　シカゴからコロラド（のちニューメキシコ）を繋いで急発展するアッチソン・トピカ・サンタフェ鉄道のオーナーを口説いて、拠点カンザス州トピカ駅併設のランチルームを手掛けることになった。食材は同鉄道が無償で運搬するという条件であった。ランチルームスペースはピカピカに磨き上げられ、本格料理と美味しいコーヒーを約束した。当時はコーヒーは1日1回入れるだけで済ましていたが、2時間ごとに入れ直した。極めつけは、客にマナーを求めたことだ。「けんか、汚い言葉、つば吐き禁止！」、客が従ったことが「驚きだった」。

　続いて2年後1878年、同州フローレンスにあった鉄道ホテルを買い取って、シカゴの名門パーマー・ハウスホテルからシェフを引き抜き、銀食器や陶磁器を新規に買い揃えてダイニングを営業した。

　当時の鉄道は、おおむね100マイル（161km）ごとに30分ほどの停車時間をとることが定められていた。蒸気機関車の燃料の石炭と水の調達が必要であったからだ。ハーベイは、鉄道駅横に次々とレストランないしホテルを新設あるいは買い取っていった。店数が増えるに連れ、「ハーベイハウス」の名声が高まった。1901年に死去したときには、鉄道沿線レストラン47店舗、ホテル15軒、食堂車30台の運営、フェリーへのケータリングといった一大外食産業王国を築いていた。ハーベイ死後も子ども、末裔と引き継がれていく。

　地方の「ハーベイハウス」では当時の慣行でサービススタッフに黒人を雇用したが、西に延びると元南軍兵士らも入店して、トラブルが増えて深刻化した。1861年発端の南北戦争は南軍優勢で推移していたところにリンカーンが奴隷解放の大義名分を打ち出し黒人連隊が編成され戦況を覆したという記

憶はつい最近であるから、黒人は目の敵（かたき）だ。ついにはニューメキシコ州ラトンの店で射殺事件騒動まで起こった(7)。

　ハーベイが採った窮余の一策は、「白人で独身の若い女性を連れてきてウェイトレスにすることだった」。ハーベイは、東部や中西部に新聞広告を出して、「品行方正な若い女性」を破格の条件で雇った。「寮監つきの寮」付きで月給17.5ドルにチップ。契約期間は半年。教育に熱が籠った。ハーベイは銀行からデイビッド・ベンジャミンをスカウトし腹心として一連のマニュアルを仕立て上げた。そして、彼女たちに1か月間の"厳しい"集中トレーニングを施した。

　彼女たちは、控えめな制服で髪型を揃え、丁寧なサービスと清潔さを徹底し、上品な振る舞いを旨とした。半年経って、契約延長者はそれとわかる特性ブローチを制服に着用した。一段と士気が上がった。

　「ハーベイガールズ」は一世を風靡し、アメリカ中の憧れの的となった。素封家、牧場主や鉄道員と結婚する人が後を絶たなかった。それまで社会的地位が低かったウェイトレスという職種を、皆が羨む憧れの存在とした役割は大きかった。ハリウッドMGMのミュージカル映画『ハーベイガールズ』（1946年）の主役は、『オズの魔法使い』（1939年）で国民的大女優となったジュディ・ガーランドだ。

　「ハーベイハウス」は、停車（食事）時間30分で、出来立てのフルコースを提供して食事を終えてもらうというスピードサービスが真骨頂だ。そのためには厨房もサービスも分業システムが行き届いていなければならない。

　車掌が乗客に次の停車駅で食事を摂るかどうか、ダイニングルームかカウンターかを尋ね、レストランに電報を打つ。客が店内に入ると、テーブルセットは済んでいて1品目の新鮮果物またはサラダが載っていて、支配人がただちに肉のお皿をダイニングルームへ運びこんで分厚く切りはじめる。メニューの選択は不要だ。客目線では何しろ豪華で10種類以上もあるが、厨房目線では皆同じメニューを作るだけである。「ハーベイガール」ズも分業だ。1人が注文を（コーヒー、ティー、アイスティ、ミルク）次々と取っていく。別の1人が現れて注文通りに注いでいく。客は首を傾げるばかりだ。カップの置き方の微妙な違いがサインだった(8)。

　確認する。「ハーベイハウス」は料理の大量販売のためには、①あらかじめの限定メニューであること、②料理時間はデッシュアップの時間から逆算

して定まっていること、そして③「ハーベイガール」と淀みなく連携されること、すなわち厨房と客席部サービスは連続する時間として構想されていること、が必要条件だと教えるのである。

「ハーベイハウス」の料理の評判が高かったのは、良質な食材に拘ったことである。各店が競って優良食材の調達に努め、その情報を全体で共有した。ハーベイは、その食材の仕入れ値を値切る行為を禁じた。優良食材をいち早く優先して仕入れるコツだ。そして、その「新鮮な食材は、サンタフェ鉄道の"冷蔵車"によって各店に配送」されるのである。(9)

しかし、それにしても食堂車と「ハーベイハウス」という鉄道絡みの料理が、大量販売料理であるにもかかわらず、なにゆえ世に絶賛を浴びたのだろうか。

コールドチェーンとアメリカの料理

鉄道業の発展の本流は貨物輸送である。食料品は、重量も容積も嵩み、かつ消耗品なので繰り返しの輸送が必定である。そうして「冷蔵貨車」(天然氷)が開発投入されることで、牛肉、乳製品、果実・野菜、そして冷蔵氷が、アメリカ中を往来することとなり、鉄道の収益性を一挙に高めた。そして、このコールドチェーンこそがアメリカに豊かで美味しい食事を齎した食生活革命の源なのである。(10)

この「冷蔵貨車」による食品をいち早く最大限有利な条件で存分に料理に活用した事業が食堂車ビジネスと「ハーベイハウス」であった。両者にとってこのコールドチェーンは食材の産地直結に他ならない。なにしろ「冷蔵貨車」隣接のレストランだ。これに対して街場のレストランの料理食材は、いかに高級店のそれであっても、鉄道から途中で積み替えられたものとなり、時間的にも距離的にもコールドチェーンが幾重にも途切れた先のものである。したがって、「冷蔵貨車」隣接のレストランは、産地直結のコールドチェーンという食材品質の絶対的優位性を独占的に有していたのである。

であるからこそ、この「冷蔵貨車」隣接のレストランの事業拡大は、「氷産業」(天然氷)成長の軌跡と見事に重なるのである。

そして、第一次大戦が終ると、「氷産業」はあっという間に雲散霧消してしまった。"天然氷"が"機械氷""人造氷"に置き換わり、機械冷却装置が普及したのである。(11)

すなわちここで、食堂車も「ハーベイハウス」も、鉄道を根拠とした高品質食材調達という絶対的優位性が無くなったのである。どんなに贅を尽くした装飾が施された食堂車に乗っても、そこでしか味わえなかった料理ではなくなったのである。ゆえに料理のために高額料金を奮発しようという客もなくなった。「ハーベイハウス」も然りだ。いまや、街場のレストランで、新鮮で良質な食材を用いた料理をリーズナブルな価格でふんだんに味わうことができるではないか。言い方を変えればアメリカ中でどこでも豊かな食材環境になっているのである。

【注】
（１）1865年の南北戦争終結から1893年恐慌までの28年間を指す。資本主義が新しい発展をとげた時代で鉄道建設を推進力とした「西部開拓時代」と重なる。成金趣味の時代ともいわれる。
（２）ジェク・クィンジオ（大槻敦子訳）『鉄道の食事の歴史物語』（2021年、原書房）、42、52、57～59頁。「寝台車」の米語「プルマン・カー Pullman car」は、この開発者の名に由来する。「寝台車」開発投入の翌年1865年エイブラハム・リンカーン大統領が暗殺され、プルマンは、大統領の遺体をワシントンD.C.からイリノイ州スプリングフィールドまで運ぶように手配して名声と多数の注文を得た。
（３）上掲書、66・67頁。
（４）禁酒法は、1932年の選挙で第32代大統領となったフランクリン・ルーズベルトの公約にしたがって、1933年に廃止された。なお成立時には、アメリカのビール会社大手がドイツ系（アンハイザー・ブッシュ、クアーズ、ミラー、シュリッツなど）だとされ、第一次大戦で敵国となったドイツへの悪感情が煽られて、ビール＝アルコールへの反対運動が助長されている。
（５）上掲書、200～202頁。
（６）上掲書、212・213頁。
（７）王利彰、劉暁穎「外食産業の歴史とイノベーション」第4回、日本厨房工業会『月刊厨房』2011年6月号、30頁。
（８）クィンジオ、上掲書、46頁。同じ客が別の店では他の料理を楽しむことができ、地域特有のメニューもあった。
（９）王、劉、上掲稿、31頁。
（10）「冷蔵貨車」開発導入と普及には牛肉産業の役割が大きかった。本書28節参照。
（11）「氷産業」の顚末は、本書27節参照。

第3部
「安全」「栄養」「経済」のアメリカ食

【主な登場人物】
イザベラ・ビートン　『ビートン夫人の家政読本』
メアリー・マーロン　家政婦
キャサリン・ビーチャー　『アメリカ女性の家庭』
ロウランド・ハッシー・メイシー　「メイシー」(ニューヨーク)
ジョン・ワナメーカー　「グランドデポット」(フィラデルフィア)(郵政長官)
リチャーズ・ウォーレン・シアーズ　「シアーズ・ローバック」(シカゴ)
アリスティッド・ブシコー、マルグリット・ゲラン　「ボンマルシェ」(パリ)
ウィリアム・ウォーレス・カーギル　「カーギル」(ミネソタ州)
フランク・ウィンフィールド・ウールワース　「ウールワース」(ニューヨーク州ユティカ)
ジョージ・フランシス・ギルマン、ジュージ・ハンティントン・ハートフォード
「A&P」(ニューヨーク)
トーマス・リプトン　「リプトン」(イギリス・グラスゴー)
フローレンス・ナイチンゲール　看護婦団長・統計学者
エイブラハム・リンカーン　第16代アメリカ大統領
エレン・スワロー・リチャーズ　栄養学・環境学
ランフォード伯ベンジャミン・トンプソン　熱力学・調理科学・栄養学
トーマス・エジソン　「エジソン・ゼネラル・エレクトリック」(GE)(ニュージャージー州メンロパーク)
ヘンリー・フォード　「フォード」(デトロイト)
マイケル・カレン　「キング・カレン」(ニューヨーク)
アルフレッド・スローン　「ゼネラルモーター」(GM)
ピエール・S・デュポン　「デュポン」
クラーレンス・サンダーズ　「ピグリー・ウィグリー」(メンフィス)
ヘンリー・J・カイザー　建設・造船・不動産開発事業家
ベティ・クロッカー　家事アドバイザー(『ゼネラルミルズ』)
ロージー・ザ・リベッター　「ウエスティングハウス」
ビル・レビット、アルフレッド・レビット　不動産開発「レビット・タウン」
ルシル・ボール　TV女優「アイラブ・ルーシー」
ハーランド・サンダース　「サンダース・サービスステーション&カフェ」(ケンタッキー州コービン)

31節 「中産階級」の食文化

「中産階級の台所」

　ビー・ウィルソン（フードライター）は、これまでの食の歴史考察は「何を」料理したかという問題意識に偏っていて、「どのようにして料理」したかという問いかけが等閑視されてきたとして、「台所」と「料理道具」のテクノロジーに着目した労作『キッチンの歴史』（2012年）を上梓した。

　「どのようにして料理」してきたかという歴史であらためて注目されるのは、19世紀に「新たに中産階級の台所が誕生」したことである。(1)

　「中産階級」とは、産業革命によって叢生した多数の中小資本家や法律家、医師など社会経済活動の中核となる人たちで、イギリス、アメリカともに19世紀の後半において大量登場する。イギリスでは「ビクトリア朝」（1837～1901年）後半、またはロンドン万国博覧会開催（1851年）後あたりから、アメリカでは、南北戦争（1861～1865年）終結後あたりからである。

　なお、最近のわが国では「中産階級」と「中流意識」とがしばしば混同されているが、異なった概念であるので留意したい。(2)

　さて、ウィルソンは、「中産階級の台所」とは、それまでの大衆の住居とも、貴族の台所とも異なっていたとする。

　少々解説が要る。そもそも「台所」がない住居の歴史が長かった。次に屋内に炉がある住居の歴史も長いが、基本は「囲いのない床炉」であり、炉端に集まって暖をとるのも鍋を置くのも部屋中に煙が充満するのも共存していて、清潔という観念もまだなく、煤煙や悪臭や類焼など危険とも同居であった。(3)

　中世になって修道院など大規模施設では共同生活を支えるために大きな炉を構えた別棟が炊事施設用途に設けられた。貴族など上流階級の大邸宅では、館の敷地内に狩り用の森や畑もあり、ほとんど自給自足に近い食生活が営まれた。炊事施設は居住用の邸宅にはなく、いくつもの別棟に配置し、「それぞれ異なる台所作業をこなす部屋」が集合する様式になった。すなわち「猟の獲物の貯蔵室」、「乳製品製造室」、「燻製室、塩漬け室」、「パン製造室」、

「調理した肉の乾燥貯蔵室」、「焼き菓子製造室」、「洗い場」など。そして煮炊きする火、発熱する「炉」のある部屋（棟）はこれらとは隣接させない。このようにして館の主も多数の召使たちの食事も、暇と贅を顕示する社交饗宴もおおかた自前で賄った。

　ビクトリア朝になると経済活動が活発になり、いよいよ都市部（近郊）にジェントリー（貴族地主）たちの別宅が構えられるようになった。ここでは、台所は一つの建物内に配置されることもあったが、その場合「台所は虫のうようよいるじめじめした地下室の場合」が多かったという。

　ビクトリア朝時代に躍進した中産階級であるが、かれらの生活様式は、王侯貴族に倣い似せることを本望として使用人（召使）の数を競った。そこでこの時代の彼らの家庭には、台所がある使用人のための空間と、彼らの家族のために居住空間という二つの区別される空間を持つことになった。そうして、台所のある空間を司る「主婦」が生まれた。(4)

　この期半ばに「家事使用人を置くことのできる中産階級」を読者に定めてイザベラ・ビートン『ビートン夫人の家政読本 Book of Household Management』（全17章、1859〜1861年、以下『読本』）が出版された。22歳の才媛が手掛けたこの書は、膨大数の料理レシピが満載で絶賛を博し、たちまちにイギリス料理と家政の「バイブル」となった。「以後150年にわたって愛用され、ごく最近までイギリスでは、ふつうに店頭で入手できた」ほどだ。(5)

　料理のレシピは、900点以上といわれ、ほとんどが着色図解付きで、「スープ」80種類、「肉料理」200ページ、「鳥肉料理」100ページ、「野菜料理」50ページ、「魚料理」多数、大量の「ソース」、圧倒的な「スウィート類」（「プディング」60種以上、「ゼリー類」60種以上）。「ピクルス」も多数取り上げられている。蛇足ながら「サラダ」類（20世紀のアメリカ料理）は当然ない。

　イギリス史の重鎮川北稔『世界の食文化　イギリス』は、これらレシピは、雑誌を媒体に読者から「ひろく募集されたレシピ」を実際にイザベラ・ビートンが再現するテスト（料理実験）を経たうえで採用したものだと解説している。(6)

「主婦」の誕生

　「中産階級の台所」を論じるうえで、このビートン『読本』が画期である

31節　「中産階級」の食文化

のは、第一に主婦の座を定立したことである。第二に「清潔」を守ることを「家政」の重大任務としたことである。

　川北はいう。ビクトリア期は「家族や男女、親子など…非常に明確な役割分担の考え方が定着した時代」であり、女性は「家庭を守り、私的な分野を領分」とし、「男性に従い、つねに受け身で、控えめで、従順で、自らの意思をもたない、多産な妻であることが理想とされた」。『読本』は、こうした「理念」のモデル（在り方）を「主婦」が采配する料理レシピとして提示したのである。

　『読本』では、「清潔を守るのも、主婦の仕事」とされ、「清潔であることが、健康のもと」だと宣言している。川北は、同書が「ミルク・プディングをことのほか高く評価して」いるのは「病人や子供には特に良い食べもの」と考えていたからだと言い添えている。ちなみに「石鹸」の使用と供給が激増するのがこの時代である。

　それにしても、この膨大数の料理レシピの食材の調達はどうなっているのかと問わざるを得ない。

　川北の論述から一例を紹介する。

　「ビクトリア朝のイギリス国民は、スウィート好きであったうえ、紅茶の文化もあったので、当時のイギリスは、ヨーロッパで生産されたビート糖の過半を消費し、…また、ヨーロッパ外から輸入された砂糖の大半も、イギリスで消費されていた」[7]。

　川北はまた、ロンドン中心部にあるスミスフィールド市場での食肉の取り扱い状況を観察して、少し後の年代にはなるが「牛肉」供給の国産割合は16パーセントほど、「羊肉」は23パーセントほどでしかなく、豪州（自治領）、南北両アメリカ、そしてヨーロッパ各国からも輸入があったことを具体的な数値とともに紹介している[8]。

　すなわち、食材は世界中からイギリスに集まってきていたのである。いうまでもなく、19世紀のイギリスは世界の覇者であったからだ。ちなみに、砂糖は、現代では甘味という物理的な存在物としてしか意味を持たないかもしれないが、当時は、砂糖そのものが富の象徴たる存在であり、砂糖を飲物や料理に使用できるということこそが、消費の満足感を高揚させたのである。当世風に言えば、金粉を振りかけるようなものだといえばわかりやすいであろうか[9]。

「欲しいものは何でも買える」

　イギリスの風俗生活史家モリー・ハリスン『台所の文化史』は、同じく『読本』に触れて、「彼女の書く本の中では、だれも食べ物を栽培せず、狩猟も行わず、下準備もしない」、さらに「読者の欲しいものは何でも買えると思い込んでいる"ふし"がある」と戸惑いを投げかけている。[10]
　そして、『読本』には多数多種類の「家事使用人」が登場するが、ハリスンは、収入に応じて雇うべきそれら使用人の人数や役割分担別のモデル賃金表まで記載されていて、使用人たちに市場での「買い物の"こつ"」を指南していることを紹介している。[11]
　そう、食料を自前調達するための森や畑、敷地内での食料の加工施設や貯蔵所も出てこないが、代わって、「買い物」が「家政」として登場する。すすんで、「台所」を論じたハリスンは、「家事労働の中心であり生活の場としての台所に映し出された人々の暮し向きを描く」として次著『買い物の社会史』を上梓している。[12]
　あらためて「中産階級の台所」を確認する。その生活圏において、食料品は世界中から集まり、缶詰や食肉なども自家製ではなくそれぞれの加工製造業者によって潤沢に供給されていて、これら数々の食品が、「買い物」として調達できるという社会機構、小売店群が出現していることが必要条件なのである。
　然り、ビクトリア朝期と南北戦争後はまた産業革命と鉄道網の敷設にともない物流網が拡充することで、「中産階級」が肥大化し、それと連動して新しい小売店などが躍進する時代であった。これを支えた氷産業の成長は前部の稿で述べた。
　ちなみに、イギリスと言えばその代表的料理として知られ、人気絶大な「フィッシュアンドチップス」。これの登場も19世紀だが、労働者階級の常食としてであって、中産階級のものではない。とはいえ、これも汽船によるトロール漁法と鉄道という輸送手段の確立という要因の下で登場し大量供給されどこの町にも店があるまでに普及したという点では、まったくもって産業革命が生み育てた料理なのである。

【注】

（1）ビー・ウィルソン（真田由美子訳）『キッチンの歴史』（2014年、河出書房新社）318頁。
（2）「中産階級」は、生活基盤の実態を内包する語であるが、「中流意識」は自分の経済状態を社会での相対的な位置関係で自己認識するものである。「中流」論は、もともとは内閣府「国民生活に関する意識調査」で、自分の生活の程度を「中流」だとした人の割合が9割を超えた1970年から「1億総中流」という言い方が定着した論（1979年「国民生活白書」）である。ちなみに、これを大宅壮一の発語とする人も多いが、大宅はテレビを表して「一億総白痴化」（1957年）といったのであって、「1億総…」の語呂がいいところから定着したものと思われる。
（3）「紀元前4世紀以前のほとんどのギリシャ住居跡からは、炉がつくられた跡も台所跡も発見されていない」。ウィルソン、上掲書、314頁。
（4）アン・オークレー（岡嶋茅花訳）『主婦の誕生』（1986年、三省堂）70頁。
（5）ビートンは、産褥熱のため29歳で早逝している。アネット・ホープ（野中邦子訳）『ロンドン　食の歴史物語』（2006年、白水社）参照。
（6）川北稔『世界の食文化17　イギリス』（2006年、農山漁村文化協会）204頁。
（7）上掲書、208頁。
（8）上掲書、216・217頁。
（9）イギリスに紅茶文化を持ち込んだのは、1662年にチャールズ2世のもとに嫁いできたポルトガル王妃キャサリンだとされる。このときの輿入れの手土産に砂糖があり、ここから宮廷で紅茶の風習が広まった。それまでの宮廷で飲み浸っていた飲物はエールとワインであった。この砂糖は、事前に約束されていた持参金の銀塊の代わりであって、チャールズ2世もアッと驚いたという。銀塊以上の値打ちがあったのであろう。ちなみに、持参金の一つがポルトガルのインド「ボンベイ」（現ムンバイ）である。紅茶に砂糖を入れる風習がまたたく間にイギリス中に広まり根付いたことは、その後の歴史が示すとおりである。角山栄『辛さの文化　甘さの文化』（1987年、同文館）157〜159頁、参照。
（10）モリー・ハリスン（小林祐子訳）『台所の文化史』（1993年、法政大学出版局）219頁。
（11）上掲書、193〜195頁。女性13種別は、「家政婦」「奥付き女中」「乳母頭」「料理人」「女中」「洗濯係」「雑働き女中」「女中手伝い」「食糧品室付き女中」「乳母の下働き女中」「洗濯係手伝い」「台所手伝い」「洗い物係」。
（12）モリー・ハリスン（工藤政司訳）『買い物の社会史』（1990年、法政大学出版局）。原著は1975年刊で、ハリスン（『台所の文化史』）1972年。

32節　アメリカの「家庭と台所」

アメリカの女性事情と召し使い事情

　イギリスのイザベラ・ビートン『ビートン夫人の家政読本』に描かれる「中産階級の台所」像は、「使用人」の雇用が前提であった。ところがアメリカに目を転じると、「使用人」を雇用しないで「主婦」が一人で切り盛りする「台所」像となる。

　アメリカは、産業革命の前提であるエンクロージャー（農村人口の農村緊縛からの解放ないし追放）という歴史を有さない。産業革命で求められる膨大な労働力需要は、主にヨーロッパからの移民や年季奉公に仰ぐこととなり常に労働力不足の社会であった。産業革命の拠点である北部では、南部のように「奴隷」調達という手法を採ることはできなかった。アメリカ経済史を論じる際には、この慢性的で深刻な労働力不足が、多くの産業現場で機械化が推進される誘因であったとしていることは周知のところであろう。またさらにヨーロッパから渡米する人々の男女比は、圧倒的に男性が多かったことも指摘されている。つまり、アメリカは常に労働力不足でありかつ女性不足社会であった。

　ゆえにそもそもからして「中産階級」の「家庭」に雇用されるべき女性人口は多数を望むことはできなかったのである。

　付け加えれば次のような指摘もある。

　「ヨーロッパからやってきたばかりの使用人女性たちは、汚い三等客船に置かれていたため、そこで増殖した伝染病をもって到着する。…清潔なアメリカ女性はこのような者を側に置く危険性に反対する」[1]と。

　ちなみに、この意見表明は、例外的なものでも的外れなものでもなかった。19世紀の終わりに至る20年間には、重大な病気の原因菌が次々と発見されている。1883年にアイルランドから移住したメアリー・マローンは8家族に雇われて賄い婦を務めたが、うち7家族22人の「チフス」患者が出てキャリア（保菌者）と特定された。家政婦が感染源、「チフスのメアリー」事件である[2]。

キャサリン・ビーチャー『アメリカ女性の家庭』

　アメリカでは、ビクトリア朝期に「家事アドバイスのマニュアル本」が次々と刊行された。
　数多ある類書のなかで、どれか一冊挙げるとすればキャサリン・ビーチャーとハリエット・ビーチャー・ストウ（姉妹）『アメリカ女性の家庭 The American Women's Home』（1869年）である。
　妹は、アメリカで初めてのアフリカン・アメリカンを主人公にした『アンクル・トムの小屋』（1851年）の著者として知られるが、結婚しているので社会的には「ストウ夫人」と呼ばれる。往時「妻」は「夫」の付属物である。姉は生涯独身であったのでビーチャーである。『家庭経済の法則』（1841年）や『ミス・ビーチャーの家事と健康管理』（1873年）などの代表作もあり、「家政学」の開祖ともされる。
　同書とビーチャーには刮目すべき点がいくつもあるが、本稿では次の3点を挙げておきたい。
　一つは、家事空間の中心に「台所」を置いたことである。モリー・ハリスンが解説する。「台所は一家の中心的存在であり、一連の家事サービスを統一する場であり、他の部屋はその周辺に配置されるべきだという考えを初めて打ち出した」ことであると。
　すでに産業革命の成果は一般市民生活の領域でも行き渡ってきており、衣料品を筆頭に次々と新素材、新製品による家庭包囲網が拡充しつつあった。かつては「各家庭で糸を紡ぎ、機を織る」主婦の「単調で骨の折れる」家事はほぼ消失していた。生地や衣料品は小売店から購入すれば事足りた。
　「家庭」内での最大の労働時間投入のエリアは「台所」である。ここを中心として生活空間全体を配置することと「台所」そのものの機能性の追求と生産性のアップが目指されている。ビーチャーは「台所」を「汽船の調理室」に準えて説く。「船内の厨房では200人以上の料理に使うすべての材料と調理器具が整然と配置され、料理人の必要とするすべての物は一歩ないし二歩で手に届くようになっている」と。
　二つは、産業革命の成果、「発明品の急増」を余すところなく活用することを推奨していることである。ドロレス・ハイデン（住環境史）は、個人住

宅に装備可能となった「最も進歩した科学技術―調理器具、暖房、換気、室内の水道管、ガス灯―を取り入れて…機械化は、…「専業」主婦の"小間使い"の役割」をしていると指摘している。

三つは、「家庭」を「子女教育」と「文化の営み」の場としたことである。食器や食堂の佇まいはいうに及ばず、内装や家具・調度、敷物やカーテン、ソファー、椅子、時計、鏡など「家庭」は情操教育の場そのものであり、壁に掛けられる「絵画」は、「芸術」の涵養（かんよう）そのものであると。宗教心と愛国心とを豊かに育む愛情あふれた「家庭」が「主婦」の深い信念なのである。

同書は「専業主婦」の営みと郊外型住宅の理想の暮し向きを具体的に描いて秀逸である。ハリスンをして「100年たった今も現在的響きをもつ」と評せしめた所以である。ただ、次々と市場投入される新商品を吟味して買い惜しみせずに買い続けるということが前提条件ではあるが。

新時代の流通機構

1858年、ロウランド・ハッシー・メイシーがニューローク・マンハッタン6番街に小さな衣料品店を開いた。画期的だったことはクエーカー教徒の商観念を継承して「定価システムを採用し、決して値引きをしない」との方針を堅持したことだ。その後紆余曲折はあるが、百貨店の王者となる。

ジョン・ワナメーカーは、フィラデルフィアで1875年に鉄道車庫を活用した「グランドデポット」（各種専門店を集合）を開店した。「同一商品同一価格」がモットーで、1896年にニューヨークで百貨店を出店した。

両ブランドに代表される百貨店は眩いばかりの館として妍（けん）を競い、ニューヨークはじめ各地の主要都市で新時代の殿堂を誇示した。宗派はともかくキリスト教が世間風俗を司るために荘厳な教会建築の視覚効果で圧倒したことに替わって、百貨店は格段の煌びやかさを見せつけ世間を睥睨（へいげい）する消費者の王宮として君臨した。そして、当時の商習慣であった顧客ごとに交渉で価格を決める「相対販売」を排して、万人に平等な「定価販売」を謳い経済の民主主義を教示した。

「定価販売」という旗幟（きし）は、通信販売とチェーンストアという新しい流通機構の成長エンジンともなった。

通信販売の代表的事業者は、シカゴを拠点とした「モンゴメリー・ウィード」

と「シアーズ・ローバック」である。20世紀に入ると大陸全土の奥深くまで絢爛豪華なカタログに乗せて商品情報と実物商品が届けられるようになる。ビーチャーが描いた理想の「家庭」は、どこにいても手に届くものとなった。

ニューヨークで創業した「A＆P」は食料品小売のチェーン店化を目指した。世紀末までに198店舗となり、20世紀に急加速して世界最大のスーパーマーケット・チェーンとなる。

百貨店、通信販売、チェーンストアは揃って19世紀の終盤で飛躍を開始する。社会的発言と行動の自制を強いられていた「主婦」にとっては、これらの新しい流通機構が提供する商品をしもべのように従えて「家庭」を快適空間に変え「台所」を自在に操作できるようにするという夢こそがミッションである。「家事アドバイスのマニュアル本」はその道標であった。

【注】

（1）サラ・A・レヴィット（岩野雅子、永田喬、エィミー・D・ウィルソン訳）『アメリカの家庭と住宅の文化史』（2014年、彩流社）41頁より再引用。
（2）金森修『病魔という悪の物語』（2006年、筑摩書房）。中国系移民の「ペスト」罹患の疑義でサンフランシスコの中華街全部が都市封鎖された事例なども紹介されている。
（3）レヴィット、上掲書。同書には巻末に119点の書籍（ほとんど家事マニュアル本）とその著者80人を含む14頁におよぶ「人名・著作名索引」、28誌の「女性誌」リストを含む「事項索引」、18誌の定期刊行物リストを含む「参考文献」（1次資料）リストがある。なお同書の原題は『キャサリン・ビーチャーからマーサ・チュワートへ』、邦書副題は「家事アドバイザーの誕生」である。
（4）『アンクル・トムの小屋』は、前年成立「逃亡奴隷法」への抗議の意図があり、1年で120版35万部という空前のベストセラーとなった。南北戦争渦中の1862年にストウに会ったリンカーンは「あなたのような小さなご婦人が、この大きな戦争を引き起こしたのですね」と挨拶したと伝えられている。
（5）モリー・ハリスン（小林祐子訳）『台所の文化史』（1993年、法政大学出版会）229頁。
（6）上掲書、230頁より再引用。
（7）ドロレス・ハイデン（野口美智子他訳）『家事大革命』（1985年、勁草書房）75頁。
（8）ハリスン、上掲書、229頁。

33節 「百貨店」の小売革命

小売業の革命

「百貨店」のはじまりはフランス、パリの「ボン・マルシェ」とされる。1852年にブシコー夫妻が経営権を握り革新的な販売方法を採用したことで百貨店のビジネスモデルが確立し、アメリカ（1858年「メイシー」）、イギリス（1863年ロンドン「ホワイトリー」）、ドイツ（1879年「ガレリア・カウフホーフ」）へと広がっていく。が、「百貨店は、他のいかなる地域にもましてアメリカで繁栄した」[1]。

ではその革新的な販売方法とは、なにか。①「定価販売」②「現金販売」③「入店自由」である。これらはすべて当時の小売業における常識の対極である。

①「定価販売」について。経営史の碩学（せきがく）である鳥羽欽一郎が解説する。当時は、そしてその後もしばらくは小売業に「"定価"という観念はなかった」と。馴染みの客には安く、「見ず知らずの者には高く売りつけること」が「常識」であったのだ[2]。

②「現金販売」について。当時は「人々は顔見知りの店で買ったから、"つけ"が当たり前であった。

「つけ」とは、客が品物を店から持ち帰り、支払いは後から（次回来店の際、自宅集金、月末時まとめてなど）するという行為のことだ。要するに貸し売りなので、売り手は、現金化までのリスク（貸し倒れ、値切り、支払い再延長依頼など）とその間の金利負担分をあらかじめ考慮した売価とならざるを得ない。重要なことは、手許現金化が進んでいないということなので、次の商品仕入れに際しては、仕入れも"つけ"すなわち、長期手形とならざるを得ないのだ。この事情は、仕入れ価格にそのまま影響することは明らかであろう。確認する。この「現金販売」は、「現金仕入」の原資となるので重要なのである。

③「入店自由」には二つの意味がある。一つは、何も買わずとも「退店自

由」ということである。当時の小売店は、いったんその店に入った客は何かしらの買い物をしなければならなかったからである。もう一つは、馴染みでなくても「入店自由」ということだ。金満風体でなくても馬車で乗り付けなくても入店が拒まれることはない。

　この革新的な販売方法で、顧客は不特定多数となり、圧倒的な低価格での販売を可能とした。

いいものをどんどん安く

　百貨店の嚆矢とされる「ボン・マルシェ」の店名は「お買い得市場」だ。ボン（良い＝お買い得＝安売り）。マルシェ（市＝英語でマーケット）。

　ロウランド・ハッシー・メイシーがニューヨークに進出する前の1852年にマサチューセッツ州ハーヴァーヒルで開業した店の広告は今でも語り草になっている。

　「メイシー!!!　ハーヴァーヒル安売り店！　一、当店は現金仕入れ!!!　二、当店は現金販売!!!　三、当店は掛け値なし、これは当店が初めて！」(3)

　「安売り」こそ百貨店の信条

　「安売り」の原資は、まず「現金仕入れ」と「現金販売」だ。"つけ"ならば現金化までの金利負担分と貸し倒れリスク分が"正当に"上乗せされている。また"つけ"仕入れなら仕入れ先も固定されるが、「現金仕入れ」ではこれが外れるので、複数の仕入れ先の価格比較が可能となって仕入れ値が下がる。問屋を経ないで製造者から直接現金でさらに安く仕入れることも可能となる。

　「安売り」の次の原資は、「大量販売」だ。商品1個当たりの利幅が小さくても、できるだけ多くの客に来店してもらい（入店自由）、（安くして）できるだけ多くの買い物をしてもらえば、商売としての採算はとれる。

　それゆえ不特定多数の客が離れていってしまわないためには、並み居る競合相手よりも常に安くしなければならない。

　創業者メイシーがパリで客死したあとも、この安売り哲学は貫かれている。1902年の新店舗（旗艦店メイシーズヘラルドスクエア）開店の際には「６パーセント"現金"政策」を採った。他店よりも６％値引きして売るというのだ。価格確認のために数十人規模のスタッフが増員され、しばらくして価格比較

証明部門が設置された。⁽⁴⁾

では「百貨店」は「大量販売」のためにどのようにして多くの人の来店を促すのか。

「百貨店」は二つの手法で卓抜した。一つは、その建物を「消費者の王宮」として誰もが憧憬する異空間とすることである。満艦飾の威容な建物も、最新技術による透明で大サイズのガラスの煌めきも威力は凄かった。このガラス窓は、それまでの小振りな飾り窓ではないので、「ショーウインドー」という新語（米語）を生んだ。これを覗き歩きする新風俗が生まれ、「ウインドーショッピング」という新語もできた。

もう一つは、「広告宣伝」。「百貨店」は都市部で叢生しはじめていた日刊新聞に大型の新聞広告を次々と打った。他方で新聞は、百貨店が繰り出す催事を記事にし、事実上の連携で消費社会の"暦"をせっせとつくった。なおこれらの広告が新聞経営の財政に大きく寄与したことで、アメリカの新聞はヨーロッパのように政党に媚びず公正中立性を強めることができたとされる。⁽⁵⁾

以上が「百貨店」の「安売り哲学」が生み出した商品の「大量販売」手法である。産業革命は、綿の紡績紡織からはじまる。家内機織りはなくなり、衣料品は安価な買い物財となった。「ボン・マルシェ」も「メイシー」も、衣料品安売り店として伸し上っていく。「百貨店」は、産業革命後の大量生産製品が市場に溢れ出る際の受け口（販売チャネル）だったのである。

「クリスマス」も「サンタクロース」も

「百貨店」の催事はアメリカ移民社会にとって具合がよかった。母国の行事はこの新天地でどのように振舞ったらよいのかと悩まなくてよい、「百貨店」に行きさえすれば恥ずかしくない振舞い方が展示してあるのだから。

1867年12月24日「メイシー」がクリスマス・イヴに真夜中まで営業したところ、客が殺到して1日の売上の新記録をつくった。すぐに他の百貨店もクリスマスまでの2週間は深夜まで営業を行うようになって"クリスマス商戦"が国民行事となった。いうまでもないが、「ショーウインドー」はクリスマス飾りの見本だ。

最初のオランダ移民の船の舳先像としてやってきた子どもたちの守護聖人セント・ニコラスも現地化した。1863年に漫画家トマス・ナストが『ハーパ

ーズ・ウィークリー』誌に描いた挿し絵「でっぷり太って髭を生やした」姿で子どもたちの希望の品リストを読んだりして大ヒットした。名前も英語化し、聖人サンタクロースの生息地も教会から「百貨店」に移った。やや遅れはしたが1939年にシカゴの百貨店「モンゴメリー・ウォード」が開発したキャラクター「赤鼻のトナカイ」が彼の移動手段の永久使用となった。中世では「鈍足のラクダ」だったそうだから長足の進歩だ。

　こうしていったん「消費の饗宴」の世界の住人になると、「百貨店」が言い出さなくてもさまざまな歳時が累加する。

　1907年にミス・アンナ・ジャービスが、母の命日５月の第二日曜日にみんなで母の日を祝おうと思いついた。百貨店主ジョン・ワナメーカーが応援した。翌1908年５月10日、ウェストバージニア州グラントンの教会で最初の「母の日」礼拝が行われた。イギリスの昔からの母親を敬う慣習「マザリングサンデー」もアメリカに吸収され日を揃えた。花束もカードもレストランも１年の最大ピークとなる日だ(6)。

　その２年後1910年ワシントン州スポーカンの教会で「母の日」の日曜礼拝に参加していたミセス・ソラノ・スマート・ドッドは「父の日」も祝うべきではないかと思いついた。彼女の父親は早くに妻に先立たれ男手一つで彼女と５人の息子を育ててきた。急だったので父親の誕生日６月５日には間に合わなくて、第三日曜日19日の礼拝となった。彼女は、「贈り物」の最大提供者にこそ「贈り物」を受け取る日があって然るべきであり、「父」への「贈り物」行為は"神聖"だと述べている。が、その「贈り物」をどこで調達するかには言及していない。もちろん「百貨店」に行けば、素敵な感謝の表し方をいくらでも実見することができる(7)。蛇足だが、「母の日」も「父の日」も必ず日曜日だ。礼拝なのだから。そしてアメリカでは正式な国民行事だ。

　「百貨店」は、人々を「消費」という新しい陶酔の世界へ誘うトリガーとなって「消費社会」を誘導した。しかし、「百貨店」が次々とつくられた大都市はそうであっても、地方都市そして全土に広がる農村部で「消費社会」が同調同振するためには、なお別のチャネルが用意されなければならない。

【注】

（１）ダニエル・J・ブアスティン（新川健三郎訳）『アメリカ人（上）』（1976年、河出書房新社）122頁。鹿島茂『デパートを発明した夫婦』（1991年、講談社）ほか参照。

（２）鳥羽欽一郎『アメリカの流通革新』（1974年、日本経済新聞社）51・52頁。

（３）トム・マーニイ、レナード・スローン（江口紘一訳）『グレート・マーチャント』（1972年、早川書房）168・169頁。

（４）上掲書、177頁。同店はのちアメリカ歴史登録財、歴史登録建造物に指定。

（５）ブアスティン、上掲書、127頁。

（６）ブアスティン、上掲書、191・192頁。1914年5月8日、連邦議会の決議に従ってウッドロー・ウィルソン大統領が「5月の第二日曜日を全米の母親の敬意を表して旗を掲げる日」と布告を発し、正式に母の日が全国行事となった。ただ、ミス・アンナ・ジャービスは、同日が商業主義に利用されることに抗する活動を続けることとなり、また、彼女自身が母となることもなく1948年84歳で孤独に生涯を終えた。チャールズ・パナティ（バベル・インターナショナル訳）『はじまりコレクションⅠ』（日本実業出版、1989年）227～241頁、参照。

（７）議会は1917年ジャネット・ランキンの初登院まで全員男性であり、父の日の決定には気が進まなかったようだ。62年後1972年になってやっとリチャード・ニクソン大統領が、6月第三日曜日を父の日とすることを正式決定した。パナティ上掲書（原書1987年）によれば、父の日に消費されるカードは年間5位とのことである。上掲書、253～258頁。なおランキンは女性史平和運動史に著名で、対日戦争布告、両大戦参戦に唯一反対した人物で、議会に銅像がある。ランキンについては日本でも優れた紹介がある。大藏雄之助『一票の反対』（2008年、麗澤大学出版会（旧版1989年、文藝春秋社））。

34節 「通信販売」と耐久消費財

「シアーズ」のカタログ

　「通信販売」(メール・オーダー)は、カタログによる小売ビジネスのことで、アメリカ産の言葉である。20世紀の前半、同事業者のビッグ2「モンゴメリー・ウォード」(以下「ウォード」)と「シアーズ＝ローバック」(「シアーズ」)がアメリカを代表するビッグビジネスに駆け上った。こんな話がある。
　アメリカ史上唯一4選されたフランクリン・D・ルーズベルト大統領が、急追するソビエト政府にアメリカの繁栄状況を納得させる最良の方法として「シアーズのカタログ」を同国に投下することを提起した。類似の提言をする大物もおり、当時のアメリカ人の感覚では決して荒唐無稽な話ではない。実際、アメリカ情報局はカタログのコピーを海外の前哨基地に定期的に送り届けていた(1)。
　R・S・テドロー(アメリカ経営史)は、この逸話に触れて次のように総括する。
　「シアーズのカタログほど、19世紀末から第2次世界大戦までのアメリカ人の豊かさを1冊で見事に表現したドキュメントは存在しない。…アメリカ方式が平均的な個人に何をもたらすかを、他のどれよりもよく教えていた」(2)。
　たしかに「百貨店」は、アメリカの消費社会の到来を大いに喧伝したのだが、「百貨店」そのものを実見できる人たちは大都会かそこにまで足を運ぶことのできる人たちなのだから、中小都市部や人口の過半の農村部の人たちにとってはどこまでも遠い存在である。こうした人たちがあまねく消費社会の住人になるためには「通信販売」の機構が是が非でも必要であった。いい方を変えれば、「通信販売」なくして豊かな消費社会の到来は果たせなかったのである。

鉄道と郵便

　ミネソタ州片田舎育ちのリチャード・ウォーレン・シアーズは16歳で鉄道の電信技士としての職を得たのを皮切りに、いくつかの駅で貨物輸送の仕事に従業した。1886年23歳の時にたまたま卸商からの送り荷（時計）が宛先不明となり、その荷の捌き（販売請負）を引き受けたことで、結構な差益を得ることができた。これに味を占めて、自分で卸商から時計を仕入れ、駅仲間を販売網に見立ててさらに稼ぐことができた。「代金引換で送ったが、駅の係員は結託していたのでリスクはなかった」。もちろん時計は彼らの〝商売道具〟だし、さらに彼ら自身が地元の宝石店に「安い価格」で時計を売って稼げる機会を提供したのだ。鉄道員と時計とは何とも相性がいい。

　シアーズはまもなく鉄道を辞し、同州大都市ミネアポリスで、さらに翌1887年には鉄道網の中心シカゴに進出して時計販売店を開き大繁盛した。なんといっても主要顧客たる鉄道員だけでも約２万人いた。シカゴでは、近くで時計修理と印刷業を手がけていたアルバ・カーティス・ローバックと手を組み、社名「シアーズ＝ローバック」となった。鉄道頼みだけではなく当初より新聞広告を活用し、商品ラインも懐中時計の鎖、装身具類、宝石類にも広がった。

　さらに業容を広めるべく通信販売カタログを発行した。最初の記載商品は時計だけであったが、「販売商品には６カ月の保証、２年以内の故障には返金」を謳った。[3]

　すでに10数年前の1872年には、アーロン・モンゴメリー・ウォードがシカゴで「通信販売」を始めていた。「ウォード」は「グレンジ」として知られる農民組織の供給機関の地位を得て、往復輸送料負担で返品可とする保証制度で信頼を射止めて農村部の需要を確実なものとしていった。なにしろアメリカの農村人口はまだ７割以上（表３−１参照）。「ウォード」の成長は天井知らず、カタログも「1884年度のもので240頁、１万点数の商品」が掲載されていたというから、「シアーズ」参入時には、通信販売手法は知れ渡っていた。[4]

　1889年、歴史が変わった。

　フィラデルフィアの名士ジョン・ワナメーカーが郵政長官に就任し、全国で戸口までの郵便物を配達する「農村無料配達制度（RFD）」を宣言したからだ。[5] RFD法制化は1891年。当時は郵便物が戸口まで配達されたのは大都

市の一部だけで、人口比で4分の1程度。人々は郵便局まで自分の郵便物を受け取りにいかなければならなかった。

郵便は、現代社会を支える最も重要な社会制度の一つだが、その成立は意外と最近である。「切手」（前払いシステム）は、イギリスで国を挙げての発明品で、1840年にやっと緒に就く。アメリカでの「切手」の採用はそこから7年後の1847年。このときには古都フィラデルフィア（人口15万人）でさえ戸口配達はない。手紙を受け取るために週に一度郵便局に出向かなければならなかった。

したがって、郵便局の存在はまことに大きかった。その地の人々と他の地を繋ぐ物資の集散と情報の交流と人の往来の拠点、多くの地では唯一の拠点であった。郵便局が商店を兼業することもあり、周囲に商店も集まれば、商人も跋扈した。それゆえRFD（無料戸口配達）の推進には、反対勢力の攻撃も凄まじかった。「通信販売」が戸口配達されることで、地域の拠点周辺が霧散してしまうと思われたからである。カタログ（「通信販売」）利用者は地元の店を蔑ろにする地元民の「裏切り者」だと罵られた。

そして、RFDは導入された。たしかに"劇薬"であった。多くの村落はそのものが消失してしまった。(6)

しかしながら、効果もまた絶大であった。各地で日刊新聞の定期購読が普及した。「1911年に10億部以上の新聞や雑誌が農村地帯に配達され、1929年までにその数は20億部近くに達した。(7)」

表3－1　アメリカ合衆国の人口（1880年～1930年）

年	人口	都市		農村	
	人	人	%	人	%
1880	50,155,783	14,139,735	28.2	36,026,048	71.8
1890	62,947,714	22,106,265	35.1	40,841,449	64.9
1900	75,994,575	30,159,921	39.7	45,834,654	60.3
1910	91,972,266	41,998,932	45.7	49,973,334	54.3
1920	105,710,620	54,157,973	51.2	51,552,647	48.8
1930	122,775,046	68,954,823	56.2	63,820,223	43.8

資料）鳥羽欽一郎『シアーズ＝ローバック』（1969年、東洋経済新報社）128頁。

歴史はさらに進む。1913年に郵便小包法が施行され、それまで利用できなかった4ポンド（約1.8kg）以上の物品も（最大11ポンドまで）、安い小包便で戸口まで配達されるようになった。この年、「シアーズ」も「モンゴメリー・ウォード」も前年比5倍の注文に追われた。郵便小包の料金改安と扱いを可能とする重量及びサイズの拡大も引き続いた。

さらに朗報だ。1917年カタログが第4種郵便適用となった。それまで32セントの「カタログ」の郵送が10セントになった。

「カタログ」は、聖書と並んで農家常備の書物となった。が、その活用度合いは聖書の比ではない。カラーの奇麗な写真やイラストで素敵な家具・用具・実用品や記事に溢れ、子どもには絵本、学童には教科書、主婦には家政のテキストとして家族全員に愛読された。本（カタログ）を開けば夢の生活が満載だ。しかも年に2回も夢がバージョンアップされる。アメリカの夢そのものだ。

「シアーズ」の神話

安くて品質がよいのは、"規格化"された大量生産品だからである。商店と違って実物は見ることができない。使い方を教えてくれるセールスマンがいるわけでもない。機能的で操作しやすい商品に仕上げられていなければならない。

1897年、「シアーズ」はミシンで神話をつくった。「シンガー」などミシンの全国ブランドは100ドルを超えるものもあり「シアーズ」の3～6倍の価格といわれていた。「シアーズ」は16ドル55セントのミシン価格を13ドル50セントに切り下げて、注文が殺到した。その2年後には7ドル65セントになっていた。ローバックは言う。

「このやり方は即座に小型運搬車、荷馬車、自転車、クリーム分離器、乳母車、調理用レンジなどの販売に適用され、事業の成長は驚異的となった」[8]。

次の神話はクリーム分離器。牛の乳を脂肪豊富な部分（バターに仕向く）と少ない部分に分ける機械で農家になくてはならないものだ。標準的モデルで100ドルもしたが、「農民に負担の大きい手間のかかる家事仕事」を軽減するので必要度が高い。田舎育ちで農民生活の実情を知るシアーズは「奮い立った」。1902年62ドル50セント、さらに翌年には39ドル50セント、35ドル、

27ドル、の3サイズを揃え、世間は沸いた。「シアーズ」が扱っている商品種類は数えきれないが、クリーム分離器だけで総売り上げの30分の1ほどを叩き出した。

「2つの際立った功績はミシンとクリーム分離器であったという事実は道理にかなっていた。すなわち両方とも家庭と農家にとって時間と労働を節減する装置であったこと。その大切な顧客は主婦と農民であり、有力な市場は家庭と農家であった」(9)。

「シアーズ」は、大量生産システムを活用することで"耐久消費財"というカテゴリーと市場をつくりだし、全アメリカを「中産階級の家庭」の相似形に整える任務を果たしたのである。

【注】
（1）トム・マーニイ、レナード・スローン（田島義博、江口紘一訳）『グレート・マーチャント』（1972年、早川書房）263頁。アリステア・クック（鈴木健次、桜井元雄訳）『アメリカ（下）』（1988年、日本放送出版協会）179頁。
（2）R・S・テドロー（近藤文雄監訳）『マス・マーケティング史』（1993年、ミネルヴァ書房）311頁。
（3）鳥羽欽一郎『シアーズ＝ローバック』（1969年、東洋経済新報社）64頁。
（4）ダニエル・J・ブアスティン（新川健三郎）『アメリカ人（上）』（1976年、河出書房新社）145頁。
（5）ジョン・ワナメーカーは、1875年、フィラデルフィア最初の百貨店と位置付けられる「グランドデポット」（専門店の集合）を開店し、「同一商品同一価格」「返品可能」の商原則を掲げた。1896年、ニューヨークに百貨店を出店し、米欧で「百貨店」王国を築いた。
（6）ブアスティン、上掲書、154頁。星名定雄『郵便の文化史』（1982年、みすず書房）も参照。
（7）ブアスティン、上掲書、154〜161頁。
（8）テドロー、上掲書、317頁より再引用。
（9）テドロー、上掲書、317頁。

35節 「商品取引所」と「卸売商」

「大量流通」の担い手

　商業の世界は、19世紀の半ばを境にして異次元のステージに転換した。このことを後付けたのは、偉大な経営学者アルフレッド・D・チャンドラーJr.『経営者の時代』である。彼は19世紀後半に登場した新しい商業のミッションが「大量流通」であると喝破した。

　その担い手を登場順に並べると、①「商品取引所」、②「卸売商」、③「百貨店」、④「通信販売業者」、そして⑤「チェーンストア」の5つである。このうち前2者（①②）は、売り手も買い手も一般消費者ではない。製造業者や流通事業者（卸・小売）である。これに対して、後3者（③④⑤）は、直接に消費者に商品を販売する事業者である。今日の用語で前者は「BtoB」、後者は「BtoC」という。

　登場は、「BtoB」（①②）が先行し、その後に「BtoC」（③④⑤）が追走した。歴史観察としては、明らかに「BtoB」（①②）で創案されたシステムが、「BtoC」（③④⑤）に援用された。その意味で「BtoB」（①②）は、「BtoC」（③④⑤）の生みの親である。

　しかしながら、歴史の皮肉は常にある。19世紀後半で流通を支配した②「卸売商」は、20世紀になると凋落して、流通王座の地位を「BtoC」わけても⑤「チェーンストア」に簒奪されるのである。

「商品取引所」

　1848年シカゴ商品取引所が開設された。穀物取引所、物産取引所、商業取引所など呼び方はいろいろだが、機能や役割は同じである。1850年ニューヨーク、1854年セントルイス、フィラデルフィア、1860年ミルウォーキー、カンザスシティなど続いた。

　チャンドラーは、「二大農産物、つまり穀物と綿花」が「アメリカのもっ

とも重要なビジネス」財となったのはそれらの取引形態が「大量流通」仕向きに"劇的"に「変革」されたからだと指摘する。そして、この「変革」装置が①「商品取引所」である。

それまで取引は外からは窺（うかが）い知れない当事者間の閉じた世界で営まれていたが、「商品取引所」が設立されると、「販売手続きの標準化と体系化」が進んだ。あわせて農産物の「等級づけ」が行われて商品としての規格化が成立した。そのための「検査システム」も「計量方法」も各地「商品取引所」間で共通化された。

こうして、「商品取引所」によって自然財としての農産物は経済財としての性格を付与され、規格品化された。売り手が誰であっても買い手が誰であっても「共通言語」で"迅速な"取引ができるようになったのである。農産物財に付与されたこの「共通言語」の定立が「大量取引」への跳躍台であった。

その一方で、路線網を拡大しつつある鉄道各社にとっても、穀物輸送は最大の収益源である。鉄道各社は路線の各地拠点に大規模倉庫を次々と建設して、穀物輸送の便宜を補助した。荷積み・荷下ろし作業の迅速化・機械化に肝胆を砕くことも鉄道事業の発展のための企業努力である。アメリカの鉄道業は（国有ではなく）民営なのだから。

鉄道網と電信網は"一心同体"である。鉄道線路の際（きわ）は、電信線の敷設埋設である。

「商品取引所」と鉄道輸送・電信の広がりは、「着荷契約」を生んだ。それまでは「委託契約」であった。届くか届かないか、何時届くのか、不確実要素が多かったので、リスクは荷の送り主が負うほかなく、荷物が届いた時点でその場の時価で販売されることになる。売れるまで荷の所有権は送り主である。

これに対して「着荷契約」では、買い手（製造業者や流通業者）の用意が整った時点で、穀物を出荷すればよい。「数量や品質、価格、配送日を明示」できるのであるから。これなら「現金」取引もできるので、結果として、取引価格全体が劇的に下がることになった。

こうなると、穀物倉庫証券も倉荷証券も譲渡（売買）可能となり近代的な「先物取引」も体系化されていく。資金は繰り返しの売買を重ねることで一層の「大量流通」を可能としていく。要するに、「商品取引所」を拠点には

じまった流通革命は、金融革命にも連鎖したのである。

　穀物は、自家消費財ではなく"金"(マネー)となった。規模拡大の動機はこれだけで十分である。1841年にサイラス・H・マコーミックは熟練鍛冶など職人を集めてリーパー(刈り取り機)を投入し、10年もしないうち量産機械工場を稼働させた。コンバイン(穀物)、ハーベスタ(畑作物)など飛ぶように売れた。馬が曳く軽機だが、のちには内燃機関を動力にする重機が続いてトラクターの時代になり、アメリカは歴史上初めて機械化農業の国となった。(4)

　ちなみに、1865年ウィリアム・ウォレス・カーギルがアイオワ州ではじめた小さな穀物商は次々と穀物倉庫を所有することで「大量流通」のプレーヤーとなり、1世紀後には世界の穀物取引に君臨する穀物メジャーの筆頭「カーギル」社としてある。

「卸売商」

　②「卸売商」は1860年代後半に「工業消費財」分野で勃興した。「工業消費財」とは、産業革命後に各地で機械を活用して生産されるようになった消費財のことで、職人の精緻な手づくり財ではない。

　「卸売商」には経営組織論的に刮目すべき特徴がある。それは、「仕入れ」部門と「販売」部門の分離である。彼らは、「仕入れ」部門として直接買い付けによる大規模な購買網を創出し、「販売」部門では「巡回販売員」を多数雇用して組織化した。

　「販売員は、鉄道沿線の町や村に「汽車で」行き、そこから馬や馬車に乗り継ぎ、最小かつ最果ての農村店舗に出かけて行った」。その際「衣料品」の販売員は「見本」がいっぱい詰まったトランクが、「金物、道具、食品」などの販売員は「カタログ」が必携であった。こうしてあらゆる「工業消費財」は「卸売商」にその流通を託されることとなった。(5)

　ではアメリカ社会は、なにゆえこの期に「卸売商」を求めたのであろうか。

　それは、この期にまったく新規に生活財・消費財を求める人口と世帯がアメリカ全土で激増し、そのためこれを扱う商店(小商い)が激増したからである。この膨大数の小売商店に商品を供給する「卸売商」の対応が社会の急務だった。

　それまで東部に人口の偏りがあったが、中西部および南部での人口増は目

覚ましかった。

　1862年に独立自営農の創出を目論む「ホーム・ステッド法」が成立し、入植者が幌馬車隊を組んで次々と西部を目指した。1865年、南北戦争が終結し「プランテーション制の廃止と奴隷の解放」で、新しい農場経営や解放奴隷の小作人化や、南軍北軍を問わず兵士たちの農業参入が相次いだ。

　彼らは自給自足を旨とする生粋の農家農民ではない。よくても家財道具一式を頼りにほとんどは着の身着のままで、わずかばかりの生活資金を懐に新天地に転がり込んできた人たちである。生活財・消費財は些細なものから一切合切が必需である。商店への依存度は現在のわれわれには想像も届かないところであろう。

　チャンドラーは、ニューヨークの衣料商アレグザンダー・T・スチュワートは1870年時2,000人を雇用していたことなど、各主要都市で「空前の大量取引」を行っていた金物商、医薬品商など「卸売商」を多数紹介している。(6)

　が、今日これらの挙げられた固有名詞を目耳にすることはない。

　19世紀後半「大量販売」の主役は紛れもなく「卸売商」であったが、「B to C」が台頭してくると分が悪くなった。なかでも「チェーンストア」は脅威となった。「卸売商」の「巡回販売員」に代わって、「店舗」と「店長」を配置し、相似の「工業消費財」を扱うからである。20世紀は「チェーンストア」の時代となった。

【注】
（1）アルフレッド・D・チャンドラーJr.（鳥羽欽一郎、小林袈裟治訳）『経営者の時代（上）』（1979年、東洋経済新報社）、特に第7章「大量流通」参照。
（2）上掲書の他、森永和彦『シカゴ穀物取引所の窓から』（1977年、家の光協会）、日本経済新聞社編『先物王国シカゴ』（1983年、日本経済新聞社）参照。
（3）1860年代後半に「他の穀物—とうもろこし、ライ麦、オート麦、大麦—」が、小麦に続いた。1870年代には「綿花」もほぼ同じ道を辿った。
（4）デーヴィッド・A・ハウンシェル（和田和夫、金井光太朗、藤原道夫訳）『アメリカン・システムから大量生産へ』（1998年、名古屋大学出版会）第5章。
（5）チャンドラー、上掲書、388・389頁。
（6）上掲書、387・388頁。

36節 「チェーンストア」

バラエティストア「ウールワース」

　1879年2月、フランク・ウィンフィールド・ウールワースはニューヨーク州小都市ユティカで、「5セントの商品ばかりを店頭にならべた」8坪弱の小さな雑貨店を開業した。近傍でにわかブームとなった"叩き売り"の「5セント」商法に肖（あやか）ろうとしたものだ。これは、「卸売商」の不良在庫を格安で仕入れて5セント以下の安値で売るものだが、粗悪品やインチキ「行商」が横行し「夜逃げ商売」と思われたりして一過性に終わった。(1)

　「ウールワース」の看板は赤字で「グレート・ファイブ・セント・ストア」。店内では「錫（すず）の胡椒入れ」「ビスケット切り」「暖炉用シャベル」など"目新しい"雑貨品40種を棚に並べた。当世風にいえば「百円均一店」だが、プラスチック素材など無い時代で、金属・木・紙・布素材の量産雑貨自体が斬新であり、棚に置いて「顧客が商品を手にとってみる」方式も革命的だった。

　手応えはあったので同年6月、ペンシルバニア州ランカスターで「10セントの商品を加えて」次の店を開店した。看板は「グレート・ファイブ・アンド・テン・セント・ストア」。

　地方都市で出店を重ね、6年間で11店を出店したが、うち5店は失敗した。

　7年目1886年、「卸売商」が集中するニューヨークに、仕入れと管理のための事務所と倉庫を設けたことから、俄然風向きが変わった。そこそこの店舗数にものをいわせて安く仕入れ、製造業者からの直接仕入れも進めた。後日談だが、この直接仕入れのキャンディを「5セント」（4分の1ポンド）で販売してヒットしたので定番商品となり、のちにアメリカのキャンディ消費の7分の1を売り上げている。

　9年後の1895年、「ウールワース」は28店となった。

　類似の店も、各地で多店舗化を推し進めていた。

　量産雑貨では店舗数規模が大きくなるほど仕入れ価格は低くなる。店数で先行した「ウールワース」は、20世紀に入るころから他の弱小チェーンを次

々と吸収合併して、1908年には30州189店となっていた。

1909年にはイギリス進出も果たした。「３ペンス・アンド・６ペンス」店は大繁盛して３年で28店となり、半世紀のちに１千店を凌駕した（アメリカの半世紀後は２千店を超えている）。

食料品店「A&P」

1859年ジョージ・フランシス・ギルマンとジョージ・ハンティントン・ハートフォードは貿易の拠点ニューヨークで紅茶の専門店「グレート・アメリカン・ティー」を開店した。「紅茶」は人気の高級輸入食品で値段がとても高いので、大量に直接買い付けをして安価で小売すれば成功すると目論んだ。

ギルマンはセールス・プロモーションに長けていた。アラビアンナイトを彷彿とさせる奇抜な店構えで、緑色の鸚鵡が鳴いていた。店開きには八頭の灰色斑毛の馬が深紅の荷馬車で市中をまわり、土曜日夜には賑やかなバンド演奏で盛り上がった。派手な馬車での「巡回販売」すなわち「行商」も得意とした。

惜し気もなく陶器類、皿洗いの桶、幼児用石鹸など豪華「景品」もばらまいた。新技術"石版画"（リトグラフ）多色刷の美麗な"珍品"も"無料"で配った。

さらに「クラブ・プラン」という手法が画期的だ。「チラシ」や雑誌で「クラブ」つくりを呼びかけ、「時価の三分の一」の価格と、「品質保証」、「返品保証」を謳って「通信販売」した。のちに「モンゴメリー・ウォード」（1872年創業）、「シアーズ=ローバック」（1886年）など「通信販売」事業者に真似されて、彼らは「大量販売」の大勢力となっていく（前々節（34節）参照）。

1870年には11店となり、高級輸入食品「コーヒー」が加わっていた。

1878年、ギルマンの引退でハートフォードが継ぎ、社名「グレート・アトランティック・アンド・パシフィック・ティー（A&P）」となった。この年、初のアメリカ横断鉄道が開通したというビッグニュースに因んだに違いない。なにしろ「大西洋」（アトランティック）と「太平洋」（パシフィック）だ。

店数の拡大に励むにつれて、他の"高額食品"も追加されていく。1884年に「砂糖」、1890年に「ふくらし粉」「クリーム・バター」「スパイス」「調味料」、つづいて「小麦粉」「ココア」「バター」「缶詰」「石鹸」などが加わった。

追走する店もいくつも登場している。

「A&P」のインパクトはニューヨークの出稼ぎ人にも轟いていた。15歳で生地スコットランド・グラスゴーからニューヨークに出稼ぎに出ていたアイルランド難民の子トーマス・リプトンが戻り、1871年21歳になってグラスゴーで低価格を訴える食料品店を開店した。リボンを纏(まと)った豚を市中散歩させたり金貨入りチーズを売ったりするなど奇抜な宣伝を次々仕掛けて評判を呼び大繁盛した。10年で20店以上としたが、「リプトン紅茶」のストアブランドで名を上げ、まもなくセイロン島の茶園に手を伸ばしたことで世界ブランドとなった。(3)

1912年の転換

　1912年に、「ウールワース」も「A&P」も企業戦略を大転換した。それまでの手法では競合チェーンの台頭に抗しきれなくなってきていたのだ。
　「ウールワース」は、親類縁者や資本出資などで共同歩調していた7社の大同団結＝店舗数一挙増加を図った。319店に246店が加わり565店（外数カナダ31店）となった。
　「ウールワース」の仕入れ力は絶大となり、主要商品はサイズ、重量、色など外形はもちろん、素材の材質まで統一規格に整えられ、製造業者は「ウールワース」のバイヤー（仕入れ担当）が指示する規格で生産して納品する。ここにはもはや「卸売商」の介在余地はない。
　7年後の1918年、1千店を突破した。この時点で仕入れ会社は1,704社、うち製造業者が1,619社で、「卸売商」はわずか（輸入業・代理店11社、仲介業者24社）である。
　他方「A&P」も1911年に400店となったが、取扱商品も次々と増えていて、かつての"高級"食料品店を極め込むわけにはいかなくなっていた。それに他の食料品店と比べて目立って安いわけではない。また、これまでの豪華景品や馬車での配達などの目玉政策が経営上の重い足枷となった。なお念のためにいうが食肉類はまだ専門店の扱いで別である。
　1912年、「低価格」訴求という原点を再確認してローコスト経営を徹頭徹尾追求した17坪の店をジャージシティ（マンハッタン対岸）につくった。他店で試みられていた「キャッシュ・アンド・キャリー」（現金支払いで持ち帰り）を取り入れ、電話も置かず（注文を受け付けない）、店員は1人で昼食時

には店を閉じるという徹底ぶりだ。「エコノミーストア」と呼ばれて起死回生の一手となった。

　ここまでの「A＆P」史は、食品産業の生成・成長期とピッタリ時代が重なる。「ハインツ」（ケチャップ）、「キャンベル」（スープ）、「ケロッグ」（コーンフレーク）、「ハーシーズ」（チョコレート）、「ナビスコ」（ビスケット）、「ウォッシュバーン・クロスビー（のち「ゼネラルミルズ」）」（小麦粉）、「ユナイテッドフルーツ」（バナナ）、「リグリー」（ガム）、「コカ・コーラ」、「プロクター（「P＆G」）」（石鹸）など怒涛の如き広告でナショナルブランド（NB）化を駆け上がっていた。在来のバラ荷の量り売りではなく瓶・缶・袋・箱にプリパックされた包装食品であり、店員の説明も中身の吟味も計量も不要とした。顧客は「エコノミーストア」で不自由しなかったのだ。新登場のNBとは食品の規格量産品なので、「チェーンストア」は販売チャネルとして最適であった。同時にその広告は労せずして「A＆P」への顧客誘導となった。年平均500店以上増店し、7年後1919年4,224店と快進撃した。

　ヘンリー・フォードがハイランド工場を竣工させたのが1910年、3年かけて「T型フォード」の本格量産稼働体制が築かれ、いよいよ自動車社会が現実のものとなっていく。1912年からフルモデルチェンジした「チェーンストア」は、かくして歴史上初めて誕生する「郊外」生活で、「徒歩での買い物というそれまでの人類史」を覆した新しい最大多数の消費者を迎えるのである。

【注】
（1）「ウールワース」「A＆P」は、主に鳥羽欽一郎『ウールワース』（1971年、東洋経済新報社）、同『A＆P』（同）、トム・マーニイ、レナード・スローン（田島義博・江口紘一訳）『グレート・マーチャント』（1972年、早川書房）11章「食品の巨人たち」13章「F・W・ウールワース社」、アルフレッド・D・チャンドラーJr.（鳥羽欽一郎、小林袈裟治訳）『経営者の時代（上）』（1979年、東洋経済新報社）第7章「大量流通」、参照。
（2）カナダ、イギリスに続き1920年代にはアイルランド、キューバ、ドイツ（「25Pf＆50Pf」）に進出した。
（3）磯淵猛『二人の紅茶王』（筑摩書房、2000年）74〜80頁参照。グラスゴーについては横川義正『ティールームの誕生』（1998年、平凡社）参照。

37節　都市と衛生

都市の人口膨張

　19世紀は西ヨーロッパの都市の人口が大膨張を始める世紀である。
　ロンドンの人口は18世紀初め50万人で、19世紀初めには100万人、40年後は200万人、その15年後は400万人。その膨張ぶりは尋常ではない。パリの人口は1789年フランス革命時50万人台、1840年代に100万人を超え、その40年後は200万人を超え、これまた加速度的である。
　人口の急膨張は明らかにその都市の収容力を超えてしまった。それまでのギルド（職業組合）や身分など分業共同体的な都市の秩序は一変した。なにしろ各地から押し寄せる見ず知らずの群衆が集散する坩堝である。窃盗・殺人といった犯罪、膨大な独身男子と貧困女性をベースとする売春と梅毒蔓延。ゆえに近代警察の発足も必定であった。1800年パリに警視庁が設立され、1829年にロンドン警視庁が発足した。
　だが頻発する伝染病に対しては対処の仕様がなかった。1832年パリのコレラ流行の際にはカジミル・ペリエ首相が死亡した。道路や水路に沿って拡大するのであるから為すすべがない。ただ多大な犠牲者が頻出するのは人口増加に伴いスラムと化した地区だった。過酷な労働、乏しい栄養、湿気蔓延の藁敷雑魚寝など苛烈な生活環境であるが、今日の観点では都市全体の衛生環境の劣悪状態が主因だと指摘される。
　上下水道の設置はほとんど手付かずで、排水路を兼ねた河川や小川から生活用水を得、雑排水やゴミは道路に無秩序に投棄された。生活手段を支える物流は"馬"頼みで、道路に馬糞屎尿が累積し、雨ともなるとぬかるんだ道を馬車や荷車の轍が撹拌した。往時都市に蔓延した悪臭は現代人の想像を絶する。
　かくして、「19世紀前半の伝染病は、人間の病が社会の病であることを実感させ…公衆衛生学が誕生し…良質の水の供給、排泄物の下水道による処理、効果的な塵芥の処理、道路の拡張による空気の流通改善」が意識されるよう

になった。しかし、こうしたインフラ整備は抜本的な都市改造となるので、簡単に手が付けられるものではない。

「クリミアの天使」

　1853年10月、ロシアの軍隊進駐に対抗してオスマン帝国が戦端を開いた。クリミア半島を主戦場とする「クリミア戦争」である。ロシア優勢に対して翌年3月、イギリスとフランスがオスマン帝国を支援しロシアに宣戦布告した。1856年3月、パリ条約で終結したが、死者は連合軍7万人、ロシア側10万人といわれる。

　「クリミア戦争」は、現地の天候に苦しめられたフランスが「天気予報」への取り組みを開始したきっかけとして近代史を飾るが、もうひとつ重大な出来事がある。「クリミアの天使」の登場である。

　当時は中産階級の家族が病気になると、かかりつけ医に往診をたのみ、看護は家族がした。当時の病院とは「一種の貧民救済所で…ロンドンの最悪のスラムに病人をぎっしり詰め込んだような場所」だった。また「看護婦とは…いずれも大酒呑みで、売春を兼業する者も少なくな」かった。

　のちに「クリミアの天使」と呼ばれるフローレンス・ナイチンゲール（1820～1910）は、イギリスの富豪の令嬢であった。19歳で社交界にデビューし、ロンドンのみならずイタリアでもフランスでも際立つ花形であった。ときどき気晴らしに旅行するときは6頭立ての馬車であった（ハイクラスでも4頭立て）。

　彼女は、慈善事業などを通じて「看護婦」の仕事がいかに「病人」の役に立っていないかを知るところとなる。両親はそうした問題意識を危険視して医療・看護現場から遠ざけようとはしたが、「ヨーロッパ旅行の折には、…口実を設けて病院を訪ね」たりして、「各地の病院の実情について調べ、各種の報告書や統計を集め、…病院にアンケート調査を行い」、専門的な知識と技能を身に付けていった。

　そうして彼女が、33歳のときにようやくロンドンの病院で看護婦の監督としての職を得た。「クリミア戦争」勃発の年である。その翌年1854年、彼女は38人の看護婦（シスター24名、職業看護婦14名）を引き連れてクリミア戦争前線のスクタリ（現ユスキュダル、イスタンブール隣接）の陸軍病院に着任した。前線のその病院は彼女の報告によれば、「ダンテの『神曲』地獄篇そのまま

のありさまで…ぎっしり詰め込まれたベッドや通路には便器が放置され、…壁には湿気のために水滴がせせらぎのように流れ、ロンドンの最悪のスラム街よりひどい衛生状態であった」⁽²⁾。

　彼女は直ちに38人の看護婦を指揮して病院のありとあらゆるところの掃除と衛生に徹底的に取り組んだ。その結果、着任時に42％であった入院患者死亡率が５％へとまたたく間に激減した。のちの公式見解では兵舎病院での死者の死因は、戦争負傷ではなく、病院内の不衛生ないし蔓延する感染症だと総括されている。

　死地にあって絶望していた兵士たちは「通り過ぎる彼女の影に接吻して安らかに枕につくことができた」と本国に書き送った。回復した帰還兵士は挙って「クリミアの天使」「ランプの貴婦人（夜回りを欠かさなかった）」の存在を熱く語って吹聴し「クリミアの天使」"伝説"が響き渡った。

　彼女は、ビクトリア女王とも直談判し、陸軍大臣を説得して病院の衛生改革の約束をとりつけ、世論を動かした。衛生こそが救世なのだと⁽³⁾。

　かくして衛生問題は、軍事・病院問題の範疇を飛び越えて都市問題、国民問題として提起されたのである。1860年、彼女が上梓した『看護覚え書』が出版されるや、イギリスはいうに及ばずアメリカでも大評判となった。救世の書であり具体でもあるので、いわば救世のマニュアル、導きの書である。

「アメリカ衛生委員会」

　ナイチンゲール『看護覚え書』出版の翌年1861年、アメリカを二分する南北戦争がはじまった。

　首都ワシントンはたちまち若い義勇兵たちが各地からやってきて雲集し、俄かな大駐屯地と化した。彼らは、人家寂しい農村各地からはじめて家を離れてやってきた若者たちで、集団生活の経験などもなく腕白少年そのままだ。野営地では勝手気ままに騒ぎまくり、「新兵のほとんど全員が毎朝テントのすぐ横で小便をし」、「洗濯もせず何週間も下着をとりかえ」なかったり、といった状態だった。すぐに「はしか」に感染した。そして、同市を出発する段では、連隊の３分の１は何らかの病気にかかり、腸チフスで死亡する者もいた⁽⁴⁾。

　ナイチンゲールの名声はアメリカでも大きく轟いていて、特に同地の女性

にとっては救世のシンボルに他ならなかった。ナイチンゲールは「衛生改革」の担い手は「女性」こそが適格だと明言していたのである。往時女性は男性の付属物であり社会活動からは排除される存在であったが、「衛生」という救世の活動は「女性」が主役だというのである。戦争の勃発に北部でも南部でも「何千人もの女性たちが固い決意のもとに…、ボランティアや有給の看護婦として奉仕作業を申し出た」。(5)

　各地で婦人救援協会が組織された。リンカーン大統領は押されて「アメリカ衛生委員会」発足に署名した。

　クリミア戦争と「クリミアの天使」が範となり、清潔な病院が造られた。ナイチンゲールの提言には病院の構造や建築に関するものもあったのだ。また、同会は、「予防衛生」こそ「すべての問題の最優先事項」と主張し続け、「軍隊規則の強化」で、洗濯、頭・首・足洗、入浴、歯ブラシ・靴ブラシ・タオルの使用などの生活習慣を植え付けることに励んだ。

　「衛生」は軍事力であると認識されたのである。兵士たちは「清潔」を"訓練"し体得した。そして戦争が終結して各地に散ることで、石鹸と歯ブラシを携行し「衛生」に務め、「清潔」をスローガンとする国民運動が広がっていく。

馬、馬車、馬糞

　しかしながら、アメリカの都市人口の急膨張はここからなのである（表3－2）。鉄道の敷設が進むと、都市への人口流入の規模も拡大し、生活物資の都市への搬入能力も増大した。これと同時に都市内外の中近距離の移動手段および物資の輸送手段として馬と馬車が激増した。その様は、都会とは「ハエの群れと糞の山、湯気を立てる馬の死体」があるところと揶揄された。(6)

　1900年のニューヨーク州ロチェスター（第3の都市）の役人の計算では、市内1万5千頭の馬の1年間に落とす糞の量は、1エーカー（4,047㎡、約64m四方）の土地に積み上げると50m以上の高さになると判明した。同年ごろニューヨークでは毎年1万5千頭、シカゴでは1万2千頭の馬が街頭で死に、死体が何日も放置されることもあった。

　それゆえ馬に代わる移動手段、運搬手段は、当時の都市人類の夢のまた夢であった。

表3-2　アメリカの3市の人口の推移

	ロチェスター	ニューヨーク	シカゴ
1860年	4万8千人	81万4千人	11万2千人
1870年	6万2千人	94万2千人	29万9千人
1880年	8万9千人	120万6千人	50万3千人
1890年	13万3千人	151万5千人	101万0千人
1900年	16万3千人	343万7千人	169万9千人

資料：アメリカ「国勢調査」

が、20世紀に入ると自動車が登場して人類の夢を叶える乗り物となり運搬手段となった。自動車が都市と郊外を結んで、馬糞も馬の死体も悪臭もハエも伝染病の心配もない「清潔」生活が、郊外の閑静な住宅としてついに実現することになった。自動車を得ることでアメリカに郊外という夢の住まいの舞台が登場したのである。

人類の「清潔」社会化の歴史に遣わされたのは、「クリミアの天使」に続いて、ビジネスという手法を駆使したヘンリー・フォードであった。

【注】
（1）相良匡俊「都市と衛生」、『クロニック世界全史』（1994年、講談社）735頁。
（2）木原武一『大人のための偉人伝』（1989年、新潮社）102頁。
（3）統計分析やその結果表現法にも長けており、レーダーチャートと呼ばれる表図法は彼女の考案である。
（4）スーエレン・ホイ（椎名美智訳）『清潔文化の歴史』（1999年、紀伊國屋書店）63頁。
（5）上掲書、67・68頁。
（6）ビル・ブライソン（木下哲夫訳）『アメリカ語ものがたり①』（1997年、河出書房新社）337頁。

38節　「安全」と「栄養」と「経済」の食

「ホワイトシティ」

　1878年、アメリカ議会は「全米健康評議会」を創設した。これにより各州で保険衛生改革が一挙に推進され、1880年代は下水構の建設ラッシュとなった。

　1884年、ニューヨークで馬車流通激増の産物「悪臭を放つ大量の馬糞の山が…山積みのまま放置されていることに憤慨し、そして自分たちの家、服、顔を汚す埃」を除去すべきとして「婦人衛生協会」が発足し、次々と市政に働きかけた。

　1892年、同会を模してシカゴで「道路清掃」に繰り出す婦人団体「地方治安同盟」が設立された。翌年にアメリカの威信が懸かった「コロンブス新大陸到達400周年」を謳う大規模な「シカゴ万国博覧会」開催を控えていたというタイミングもよかった。彼女たちの奮闘努力と反響は大きかった。

　そのシカゴ万博は、「本格的な都市計画の視座で構成された初めての」万博だ。ミシガン湖畔の公園に増設した人工湖を中心に、グレコローマン様式の建物外装が白漆喰で統一された壮麗な会場は、「ホワイトシティ」と呼ばれた。この呼び名は白人文明への僭称的な意味合いもあったが、驚異的な衛生を誇称する意味が込められていた。一例をあげる。「飲料水は濾過され、歩道は夜中に掃除され」、3千カ所以上の水洗トイレが備え付けられていた。かくしてシカゴ万博に全国からやってきた人たちは、衛生と清潔の都市「ホワイトシティ」が現世にありうることを体験したのである。

「ランフォード・キッチン」

　「ホワイトシティ」には、マサチューセッツ州（州都ボストン）がエレン・ヘンリエッタ・スワロー・リチャーズに依頼した「ランフォード・キッチン」が出展し、大きな反響を呼んだ。

「ランフォード・キッチン」は、彼女が３年前に開設していて評判を博していた「ニューイングランド調理研究所」（ボストン）をモデルとしたものであり、その名はランフォード伯ベンジャミン・トンプソンに敬意を表して命名した。
　エレン・リチャーズその人は、水質調査法や空気の汚染度測定法を案出したりして今日の環境科学および家政学のスターターに位置付けられる人物であるが、女性だということだけで"環境科学"では不当に扱われ、"家政学"では後世に名を残している。
　「ランフォード・キッチン」では、調理過程が公開され、安価で栄養価の高い食事が提供され、栄養の基本知識が説明された。厨房は清潔で、作業が淀みなく進められていて、"安全"な料理が作られていることが示された。栄養学はまだ行き渡っていないものであったが、食材と料理の栄養素などが壁面に画図され、「科学的料理法」に関するパンフレットや図書も展示されていた。先行していた家事アドバイザー、キャサリン・ビーチャーらとは、①「栄養学」「細菌学」など新しい"科学"的知識と思考法が展開されていたこと、②「中産階級の主婦」にとどまらずに労働者、貧困者、移民家族など各層への浸透普及を目指していたことで、相異していた。
　この食事管理の手法は、国内外からの一般入場者は無論のこと、「医療・教育関係者たち、家政学者や教師、ソーシャルセツルメントの経営者、さらに主婦からも注目を集め」た。
　「ホワイトシティ」は産業技術の最先端を展示して人類の未来を構想したものである。その一角に出展した「ランフォード・キッチン」はやがて実現されるべき"科学的"食の未来を示そうとしたのだ。
　無知ゆえに健康を損なう食事、あくせくして面倒で主婦に過大な負担を強いる食事準備、不衛生な台所と食堂が、現下のアメリカの食の現実である。このアメリカの食は、新しい科学技術の発想をもって組み立て直しそれを適用することで解決されなければならないものであり、その解決策の具体が「ランフォード・キッチン」なのである。
　多くの女性活動家たちが、「ランフォード・キッチン」に触発され、これをモデルとしてさまざまな活動を展開した。セツルメントハウスの経営（食堂運営）を手掛けたり、子女教育に傾注しつつ自宅で「料理教室」を開いたり、「節約料理」レシピを開発したり、「練習用キッチン」を備えて「料理学

校」を運営したりするなど、運動が広がった。
　新時代、男性には"産業教育"が望まれたが、それと両輪となるべく女性に望まれたのは"科学的""家庭教育"であった。

「安全」「栄養」「経済」の食

　エレン・リチャーズが企図した「最小の費用でもっとも栄養のある食物調理法」は、学校給食と工場給食に延伸した。
　"清潔"と"科学"の明日を見せつけた「ホワイトシティ」と「ランフォード・キッチン」の評判は、無論エレン・リチャーズと彼女が主宰する「ニューイングランド調理研究所」の名声を高めた。
　シカゴ万博の翌1894年、彼女は、「ボストン教育委員会に、栄養を考えた給食を導入するように提案し…まもなく1日当たり4千人の学童がニューイングランド調理研究所から給食を受けるようになった。…そしてそれは次第に全国の公立学校にも採用されるようになった」。
　理解者であるエドワード・アトキンソン(ボストン製造業者相互火災保険会社社長)の協力で「同様の栄養給食計画を工場にも導入した。…まずマサチューセッツ州の織物工場が、やがて全国の開明的な実業家たちの経営する多くの工場が、労働者の食事と健康状態を改善してくれるようにと、次々とエレン・リチャーズに依頼してきた」[5]。
　「安全」と「栄養」と「経済(コスト)」ががっちり組み合わさった理想の食、すなわち自然界にあるがままではなく品質が安定し規格化された食が、家庭でも学校でも職場でも提供される。これこそ、アメリカの食である。
　彼女は、『栄養計算機』(1902)、『食物と栄養』(1904)、『日常生活の衛生』(1907)、『家庭の衛生(共著)』(1911) などしっかりとした専門書を世に送り出し、多くの有能な弟子を育てて大学などの教育機関にポストを増やし、1908年「American Home Economics Association(アメリカ家政学会)」の結成に漕ぎ着けた。押されて彼女は初代の会長(終身会長)となった。同じころ隆盛を誇っていた女性誌には、彼女の薫陶を受けた魅力的な女性たちが次々と健筆を揮って、家政学と家事アドバイザーの社会的名声と地位が高まった[6]。
　アメリカ家政学史を描いたローラ・シャピロ『Perfection Salad』(1986)は、リチャーズによって体系づけられた「科学的料理法」は、「機械化時代

の料理の価値観」を体現したものであり、「均質性」「減菌性」「予測性の高さ」が特徴であると総括している。すなわちこの時代に躍進する食品加工業の進歩と同じ価値観だと。

例えば、「ハインツ・ベークド・ビーンズ」の「缶詰」。「工場でつくることによって豆は徹底的に煮こまれ、衛生的にあつかわれ、…子供にも消化しやすい、どの季節にもぴったりの一皿に変えられたのだ」と。(7)

20世紀の科学技術立国アメリカの目指す食卓とは、衛生的で栄養価に富み、品質の安定した食品を安価で取り揃え、かつ調理する家事担当者主婦の負担を軽くすることである。これの実現を担うプレーヤーは家政学と食品企業である。広告宣伝は、この両者の同志的共同行動に他ならなかった。

20世紀の初め、エレン・リチャーズは近未来の家庭、台所、食事に関する夢「20世紀の家事」を書いた。

「家も大量生産、家具も工場製。科学的な道具が揃う台所では余計な労働は節約され、棚にはすぐに食べられる食料品がストックされている。食料品は機械で大量生産され、台所と"食料品店"はチューブ（パイプライン）で繋がっていて、欲しい食品は"10分"で届く」と。(8)

シカゴ万博から18年後1911年、エレン・リチャーズ没、享年69。その5年後1916年、クラーレンス・サンダーズがセルフ・サービス方式の「ピグリー・ウィグリー食料品店」（テネシー州メンフィス）を開店し大繁盛する。「スーパーマーケット」の原型店とされる。リチャーズの時代、食料品は事前包装されておらず量り売りだ。店主との値段交渉も一仕事。これが、リチャーズが夢想するように「機械で大量生産」されたものなら、均質平等で計量不要、どれでも同じだ。そしてセルフ・サービス方式ならば、家事担当者のもう一つの負担である買い物労働の節約は計り知れない。しかしながら、台所と食料品店は「チューブ（パイプライン）」で繋がることはなかった。したがって、人々は自動車を使った。こうして自動車を介して彼女の夢想した台所と食料品店の直結時代がはじまった。

【注】
（1）平野暁臣『万博の歴史』（2016年、小学館）41頁。
（2）スーエレン・ホイ（椎名美智訳）『清潔文化の誕生』1999年、紀伊國屋書店）119頁、133頁、135頁、139頁。

（3）ランフォード伯ベンジャミン・トンプソンは、多才な科学者で、調理分野でも実証実験を行い、キッチンレンジ（閉鎖式コンロ）の開発者とされる（特許を取っていないので異説がある）。世界の飢餓救貧の目的で開発した"最小の出費と最大の栄養"を求めた「ランフォードスープ」（大麦とえんどう豆のスープ）は、19世紀後半から20世紀前半にかけて代表的な軍用食とされた。リチャーズとランフォードの接点（MIT）は、ロバート・クラーク（工藤秀明訳）『エコロジーの誕生』（1994年、新評論）参照。
（4）上掲書、C・L・ハント（小木紀之、宮原佑弘監訳）『家政学の母エレン・H・リチャーズの生涯』（家政教育社、1980年）、ローラ・シャピロ（種田幸子訳）『家政学の間違い』（1991年、晶文社）、E・M・ダウティー（住田和子・鈴木哲也訳）『アメリカ最初の女性科学者エレン・リチャーズ』（2014年、ドメス出版）、参照。
（5）クラーク、上掲書、161・162頁。
（6）サラ・A・ウィルソン（岩野雅子、永田喬・エィミー・D・ウィルソン訳）『アメリカの家庭と住宅の文化史』（2014年、彩流社）参照。
（7）シャピロ、上掲書、294・295頁。なお訳書名『家政学の間違い』は「家政学史」としての内容を誤誘導するので再考を願う。
（8）シャピロ、上掲書、248・249頁より再引用、一部要約。

39節　大衆消費社会の登場

「自動車」社会

　アメリカの1920年代は、経済史的には未曾有の「繁栄の10年」といわれ、社会史的には「大衆消費社会の登場」時代といわれる。第一次世界大戦を経て、それまでのあらゆる価値観が混乱し、新時代の息吹に躍動した10年である。常松洋（アメリカ史）は「急速に都会的で世俗的な、余暇と娯楽と消費を重視する社会への…移行の時代であった」と表現する。[(1)]

　では、この「移行」はどのようなものが登場することで果されたのであろうか。人類史にはじめて登場した「自動車」社会と「電気生活」社会への「移行」がその実態である。

　「自動車社会」化は、大量生産方式の"権化"としてヘンリー・フォードのＴ型車開発（1908年）もしくはハイランド・パーク工場（1910年稼働、1913年組立ライン設置）によって代表されることが通例である。もちろんこの説明は妥当である。しかしながら、「自動車社会」化の"実現"という意味では、次の三つの事項に着目しておく必要がある。

　一つは、道路の整備である。

　アメリカの道路は、もともとは先住民の小路をなぞって郵便馬車道としたものであるが、郵便物輸送を速めるための道路建設を謳う1916年連邦援助道路法で全国的な道路網の建設が一挙に進んだ。続いて1925年農務長官の高速道路に番号を付ける制度の承認をいわば合図とするかのように各州でも一斉に道路整備が進んだ。道路は、もはや特定カ所を繋ぐ「公道」ではなく、[(2)]「運転者を、どこであれ、いたる所へつれていく」ものとなった。ダニエル・Ｊ・ブアスティンはこれを「都市の中心部の終焉のはじまりであった」と書いている。

　ちなみに、彼は続いて、やがて航空機の時代がはじまると、空港を郊外に設けることが可能となったのも同じ事情によると、指摘している。[(3)]

　二つは、「給油所」（フィリング・ステーション）の敷設である。このアメリ

カ語は1921年ごろ登場したとされる。スタンダード石油、ガルフ、シェル、モービルなどの商標のガソリンを売るスタンドは、「アメリカ的制度になった(4)」。

「給油所」がまたたく間に全国津々浦々に普及するうえで特筆されるのは「フランチャイズ制」である。「フランチャイズ制」とは、「①製造主が販売者に認めた製品販売権、あるいは②商品名・商標・営業技術等の所有者が第三者に認可したそれらの使用権のこと」を指す(5)。

「ディーラー」とよばれる自動車の販売店網も「フランチャイズ制」で、車の修理、部品在庫などのバックアップシステムを整えることができた。「フランチャイズ制」は、「アメリカ的標準生活のあらゆる製品やサービスをほとんど網羅」するところとなり、「大衆消費社会」を演出した立役者である。

三つは、「信用販売」である。

「フォード」は現金販売にこだわっていたが、1923年フォード車の購入では8割近くがなんらかの分割払い方式であった。1915年には、車の分割払い購入に融資するために「信用保証会社」（自動車販売融資会社）が設立されていて、1922年には1,000社を超えていたのである。これをみていた「ゼネラル・モーターズ」社（GM）は、1919年に自社で融資会社を設立した。「フォード」が宗旨替えして「ユニバーサル・クレジット会社」をつくったのは遅れて1928年である。「今欲しいものは今買う」の哲学、「新しい社会的発明」が制度化された。

「自動車社会」とは、大量生産されるモノ（自動車）を取り巻いて、「公・政府」（道路）と「民・企業」（フランチャイズ制）と「私・消費者」（クレジット販売）の3者一体、否4者一体の社会システムであることに「大衆消費社会」の主役としての含意がある。

「電気生活」社会

大発明家トーマス・エジソン（1837～1931）の毀誉褒貶はさておく。ただ、発明を個人のアイデアや力量に任せるのではなく、工房を組織化して、"発明"の量産システムを構築した「ビジネスモデルの"発明"」においては特筆しなければならない(6)。

1920年代の「電気生活社会」化は、彼の関与を抜きにして語ることはできない。「大衆消費社会」を特徴づける「発熱電球」「ラジオ」「蓄音機」「映画」

は、彼の発明史上にある。彼が率いた「ゼネラル・エレクトリック」社（GE）の功績も絶大だ。「GE」は、発電と送電を担う電気事業会社であり、かつフルラインの家電メーカーである。

表3－3は、アメリカの一般家庭における耐久消費財の保有率である。表に掲示されていない品目についても1920年代こそが急速な普及期であることが理解できる。

常松はここでも「GMに勝利をもたらした月賦販売」が大活躍したと指摘する。「1920年代末には、洗濯機と車の57％、家具の85％、掃除機・ラジオ・電気冷蔵庫の大部分がクレジット購入されていた」と指摘し、さらに若い勤労女性は「流行の服装を分割払いで入手していた」と付け加えている[7]。

経済学の古典W・W・ロストウ『経済成長の諸段階』での「高度大衆消費社会」の叙述がわかりやすい。1920年代に、「自動車とともに、郊外に新しく建てられた1世帯用の住宅へと大挙して国内移住がはじまった。そしてこれらの新しい住宅はラジオ・電気冷蔵庫等の家庭器具によって次第に充たされていった。…これらの住宅のなかで、アメリカ人は彼らの食料を次第に缶詰―のちには冷凍―の形で買える高級品へと切り替えていった」[8]。

「どの鍋にも鶏1羽を、どのガレージにも車2台を！」のスローガンを掲

表3－3　一般家庭における耐久消費財の保有率

	1920年	1930年	1940年
自動車	26	60	＊
電気照明	35	68	79
水洗トイレ	20	51	60
ラジオ	0	40	83
真空掃除機	9	30	＊
電気冷蔵庫＋	8	24	＊
セントラル・ヒーティング	1	n.a.	42

＊：連続データがないため不詳とした。／＋原文では機械式冷蔵庫
原資料：Stanley Lebergott, The American Economy; Income, Wealth and Want, Princeton, N.J,：Princeton University Press, 1976. Pp.260-299.
出所：須藤功「両大戦間期のアメリカ経済（1）」、須藤他著『エレメンタル欧米経済史』（2012年、晃洋書房）185頁。

げて圧勝したハーバート・クラーク・フーバー大統領は、1929年3月の就任演説で「永遠の繁栄」を約束した。その半年後10月24日、「GM」の株下落をきっかけとして突如株価の大暴落が惹起した。世界大恐慌のはじまりである。古典派経済学（自由主義）のフーバーは躊躇（ためら）うばかりで無策であったが、食料品流通業界では革命児マイケル・カレン（1884～1936）が登場した。

1930年8月ニューヨーク・ロングアイランドに初出店した彼の店の新聞広告見出しは、「キング・カレン、世界最大の価格破壊者—いかにしてそれを行うか」。数マイル先からも客が詰め掛け、間髪を置かず多店舗化した。大不況の申し子、彼が綿密に企てたビジネスプラン「スーパーマーケット」が食料品流通業界を塗り替えていく。（9）

【注】

（1）恒松洋「1920年代と大衆文化」、野村達朗編著『アメリカ合衆国の歴史』（1998年、ミネルヴァ書房）172頁。

（2）東西に走る道路は偶数番号、南北は奇数番号。大陸横断道は10の倍数番号。大西洋沿い南北の古い郵便道路は「U・S・1号線」、太平洋沿い「U・S・101号線」。

（3）ダニエル・J・ブアスティン（木原武一訳）『アメリカ人（上）』（1976年、河出書房新社）313・314頁。

（4）「ガソリンスタンド」は和製語。
　　ガソリンは様々な小売店に樽で運ばれて缶とじょうごで給油されていたが、1910年給油計量機の開発で「給油所」に変わった。

（5）ブアスティン、上掲書（下）、141・142頁。引用文中「①②」は筆者の補足。「①」は「伝統的フランチャイズ」と呼ばれ、ミシン（シンガー）、農機具（マコーミック）、自動車、ガソリン、ソフトドリンク（コカ・コーラ）など、「②」は「ビジネスフォーマット・フランチャイズ」と呼ばれ、レストラン（ハワードジョンソン）、コンビニエンスストアなどが例示される。

（6）名和小太郎『起業家エジソン』（2001年、朝日新聞出版）、小林袈裟治『GE』（1970年、東洋経済新報社）など参照。エジソンがニュージャージ州メロンパーク（現エジソン）に設けた研究所でエジソンが掲げたミッションは「10日に一つの小発明、半年に一つの大発明」であった。

（7）恒松、上掲書、188頁。

（8）W・W・ロストウ（木村健康、久保まち子、村上泰亮訳）『増補・経済成長の諸段階』（1974年、ダイヤモンド社）105頁。

（9）M・M・ジンマーマン（長戸毅訳）『スーパーマーケット』（1962年、商業界）44頁。

40節　自動車と電気冷蔵庫

「T型フォード」

　ヘンリー・フォード（1863-1947）、自動車王と尊称され、1908年に売り出された「T型フォード」は自動車の代名詞となった。この「馬のいない馬車」は、馬の"糞尿公害"で溺れかけていた都市を救済した。
　フォードが構築した分業と流れ作業方式による大量生産方法は「フォードシステム」と称えられ、新時代の生産モデルとして全世界で絶賛を浴び続けた。[1]
　フォードは、1914年、突如1日8時間労働、日給5ドル（当時平均給与の約2倍）を採用した。資本主義史上に前代未聞の策だが、結果、工場労働者でも中産階級のように自動車の購入が可能だとする実例となった。そして、1919年までに、「標準以下の体力の人」9,536人（約1千人の結核患者を含む）、有罪判決を受けた人数百人、黒人約5千人を雇用した。ながらく大卒者は採用しなかった。また同社内に社会部を設置し、強制的に英語の授業を課しアメリカ帰化を推奨したり、賭博や酒に耽溺する従業員を降格したり解雇をしたりした。
　フォードは移民たちには夢の合言葉となり、黒人たちはブルースの歌詞にフォードをのせて歌い継いだ。フォードその人は、これらの策により屈強で反復作業にも手を抜かずに働く有能な工場労働者を密度高く配置できたことこそが同社の生産性の高さの秘訣だとしている。
　1920年ごろからフォードを大統領に推薦するクラブが、自然発生的に全国いたるところで生まれた。経営史家ジェームス・J・フリンクは、各地各層の支持層の分析から、フォードが望みさえすれば選挙運動なしでも大統領に選ばれていたはずだと結論付けている。[2]
　しかし、フォードは「T型車」の価格を下げ続けることだけに固執する偏狭で頑迷な独裁的経営者であった。販売不振には労働者のリストラも躊躇しなかった。減員しても生産性は落ちないはずとする信念があったからだ。

隔年統計だが、1921年の55.7％で「フォード」の市場シェアはピークアウトした。その後1位の座は「ゼネラル・モーターズ」社（GM）の指定席となった。2位の席も数年で、1937年には「クライスラー」に譲った[3]。客観的にはフォードの経営者としての栄華は10年少々であった。フォードに対して今日のわれわれがそれなりのイメージを持っているのは、彼の没後に継いだ2世が立て直しした後の姿越しに覗いているからであろう。

「GM」と「デュポン」

　「GM」はもともと「ビュイック」「シボレー」「キャデラック」「クライスラー」など自動車メーカーと部品メーカーを糾合する総合（ゼネラル）自動車メーカーである。初代トップのウィリアム・デュラントは、ウォール街（株式市場）で有名人であったが、1920年に資金ショートで引責辞任し、出資していた「デュポン」社のピエール・S・デュポンがワンポイントリリーフで繋いでアルフレッド・スローンが辣腕を振るった。
　「デュポン」社は、1802年デラウェア州ウィルミントンに火薬工場を建設し、その後アメリカ最大の爆薬会社となった。20世紀初から1920年代まで買収合併などで化学製品の多角化を進め、研究開発に邁進した。1931年、合成ゴム（ネオプレン）、1935年、合成繊維（ナイロン）などを次々と世に送り出し、世界最大の総合（ゼネラル）化学会社となった[4]。
　さて、単純比較において「GM」が「フォード」を追い抜いたポイントは2つある。
　一つは、「GM」が各層向けにそれぞれに複数車種を取り揃え、かつ熱心にモデルチェンジを繰り返して既存車を"陳腐化"したことである。市場は富裕層から中産階級へそして大衆へと拡大を続けていた。
　1924年、「デュポン」研究陣が革命的な商品を送り出した。速乾性の安価な「デュコ塗料」で、「熱や水、泥土にも強く、年月を経てもその色彩を保持する特性をもった」。エィミー・D・ウィルソン（家庭文化史）は、生活空間のいたるところで明るい色が利用可能になったことを指摘する。限定的だった消費者の「色彩」世界が突如としてカラフルな世界へと転じたのである[5]。直ちに「GM」の新車もカラフルになり黒一色の「T型フォード」をたちまち"陳腐化"した。この年、ほぼ2割のシェアであった「GM」は、1927年

では43.5％に躍進してトップに立った。

　いま一つ。価格にこだわった「フォード」車は屋根のない無蓋車（帆布の幌はある）が多かった。「馬のいない馬車」のままだ。これに対して価格は乗るが屋根も乗る有蓋車は「動く部屋」だ。

　アメリカ屈指のジャーナリスト、フレデリック・ルイス・アレンは、大衆は有蓋車を「馬なし馬車」とは「まるで違ったものであることを発見して喜んだ」と解説し、寒中でも出掛けられるし雨天や風塵も平気だ、だから「食料品を自宅に運ぶのに簡単で、…これまで通勤不可能だった郊外にも住める」のだと続けた。1916年に２％であった有蓋車割合は1926年に72％となった。[6]

電気冷蔵庫「フレジデァー」

　1927年４月、「GM」の総帥スローンが販売年次総会であげた売上高ベストスリーの事業部は、１位「シボレー」、２位「ビュイック」、そして３位は電気冷蔵庫「フレジデァー」であった。[7]

　電気冷蔵庫は超高級財で購入者は富裕層すなわち「GM」の高額価格帯車購入層に限られていた。また、「自動車のエンジンの部品とほとんど同じ部品、たとえばクランク室、ピストン、シリンダー、カム・シャフト、ベルト車、コンプレッサー・ファンがつかわれていて、自動車と同じ電気システムと冷却装置を内蔵していたのである」から、「GM」が電気冷蔵庫を手掛けて実績を上げたことは不思議ではない。[8]

　なにより1920年代はアメリカ家庭への送電普及時代である。受電世帯は1920年では３分の１であったが、1930年には３分の２になった。

　「GM」は1926年に電気冷蔵庫事業拡大を決定し、オハイオ州モレーン市に２千万ドルを投資して電気冷蔵庫製造工場を新設し、1927年完全操業を開始した。「フレジデァー」はこの市場で首位を走り続け、電気冷蔵庫のアメリカでの代名詞となった。[9]

　が、電気冷蔵庫にはなお最大の技術課題があった。「冷媒」である。

　「冷媒」に「二酸化硫黄」（有毒化合物）を使用していて、しばしば漏出した。設置には強力な換気が必要条件だ。次にやや毒性が薄れる「塩化メチル」を使用したが、臭気が少ないので漏出発見が遅れる。1929年、オハイオ州クリーブランドの病院での冷媒漏出事故では100人以上の死者が出た。

前年より「GM」と「デュポン」が共同して「冷媒」探究のプロジェクトが発足した矢先の出来事であり、悔やまれた。

この共同研究は、フッ素誘導体を用いた実験を繰り返し、「フレオン12」を完成させた。適度な沸点、高い可燃性も毒性も無く、臭気で発見しやすいが不快臭ではない。開発者は1930年、アメリカ化学学会大会の席上、参加者の面前で実際に「フレオン」を吸入してみせ安全性を示した。その後半世紀以上にわたって世界中に家庭冷蔵庫の恩恵を供給し続けたあの「フロン」（和名）である。[10]

「GM」と「デュポン」両社の合弁で「キネティック化学社」が設立された。「フレジデァー」も「フレオン」（商品名）をここから調達した。追走する電機メーカーの「ゼネラルエレクトリック（GE）」、「ウェスティングハウス」、流通王者「シアーズ」なども挙って「フレオン」を購入して、電気冷蔵庫は名実ともにアメリカの家庭と台所の標準装備となった。[11] あとは「動く部屋」で運ばれてきた食料品で庫内を埋めるだけだ。1930年、マイケル・カレンの店がオープンし「スーパーマーケット」の時代がはじまる。

【注】
（1）人類史にはじめて誕生した社会主義国ソビエトでも、ドイツのヒットラーもフォードへの称賛の声を惜しまなかった。ジェームス・J・フリンク（秋山一郎、近藤勝直、正司健一訳）『カー・カルチャー』（1982年、校倉書房）79〜81頁、マンセル・G・ブラックフォード、K・オースティン・カー（山口一臣ほか訳）『アメリカ経営史』（1988年、ミネルヴァ書房）271頁などに詳しい。
（2）フリンク、上掲書、77・78頁。
（3）自動車各社の売上台数の推移は、アルフレッド・D・チャンドラーJr.（内田忠夫、風間禎三郎訳）『競争の戦略』（1970年、ダイヤモンド社）448頁、表1による。原資料はアメリカ商務省国勢調査局。
（4）「デュポン」社については、石川博友「デュポン」朝日ジャーナル編『世界企業時代』（1967年、朝日新聞社）、安部悦夫「デュポン社」阿部ほか編『ケースブック　アメリカ経営史』（2002年、有斐閣）など参照。
（5）エィミー・D・ウィルソン（岩野雅子、永田喬訳）『アメリカの家庭と住宅の文化史』（2014年、彩流社）210・211頁。
（6）フレデリック・ルイス・アレン（河村厚訳）『ザ　ビッグ　チェンジ』（1979年、光和堂）142・143頁。
（7）R・S・テドロー（近藤文雄他訳）『マス・マーケティング史』（1993年、

ミネルヴァ書房）368～372頁。
(8) テドロー、上掲書、369頁より再引用。
(9) 初期の家庭用電気冷蔵庫の開発販売者は、自動車産業の周辺にある。嚆矢として1918年デトロイトの「ケルビネーター」社、同「ガーディアン冷蔵庫」社が名乗りを上げている。後者が翌年GMに買収され、のち社名を商品名に揃えて「フレジデァー」社とした。アルフレッド・P・スローン・ジュニア（田中融二、狩野貞子、石川博友訳）『GMとともに』（1967年、ダイヤモンド社）453～463頁、参照。
(10) 1970年代に地球のオゾン層破壊が問題化し「フロン」類はその原因物質とされた。1985年、ウィーン条約（オゾン層保護）、1987年、モントリオール議定書採択で全廃となった。
(11) 「GE」はしばらく前から営業用冷蔵庫を手掛けてきていたが、家庭用市場への本格参入は1927年で商品名は「モニター・トップ」。各種家電製品を揃えた販売網の強みを活用して「フレジデァー」を急追した。「シアーズ」の電気冷蔵庫販売は1922年からはじまるが、OEM供給（original equipment manufacturing、「シアーズ」のブランドで既存の冷蔵庫製造販売事業者に製造委託して製品を調達する）で技術が安定せず返品が多く低迷を続けた。あらたに、「サンビーム家庭用機器」社（インディアナ州エヴァンズヴィル）と年1万台10年間仕入れの契約を結んだ上で新工場に投資し1931から新ブランド「コールドスポット」を発売した。転機は1934年で大胆な低価格路線を採って奏功した。氷冷蔵庫からの買い替え期と大不況とが追い風となった。なお価格訴求のため「シアーズ」の冷媒はしばらく「二酸化硫黄」のままで高額な「フレオン12」の採用は遅れた。

41節 「スーパーマーケット」の誕生

第一次世界大戦と「セルフサービス」

　大衆的科学雑誌『サイエンティフィック・アメリカン』（1845年創刊）の第一次大戦末期1918年9月7日号に「カリフォルニアの従兄弟—新型セルフサービス雑貨店、現金払い持ち帰り方式を推進」との記事が載った。商店の「セルフサービス方式」が斬新で科学の時代のニュースに相応しい出来事だとの認識だ。⁽¹⁾
　商店が発達したこの時代は、主婦が「電話で買い物する」というスタイルが一般的で、「どんな商品であれ電話で注文すると、店員が注文の品を揃えて家まで配達してくれる。支払い方法も掛け売りが一般的だった」。ゆえに商店間の競争は「サービス」競争である。「信用貸しの返済期間は延長され、配達サービスも迅速かつ臨機応変になり、スタンプやクーポン券も登場し、割引額も増えるなど、枚挙にいとまがなかった」。
　そうしたところに、第一次世界大戦（1914年6月～1918年11月）がはじまった。アメリカも末期になって（1917年4月）参戦し、政府は産業動員の基幹部局として戦時産業局（WIB）を設置し、各業界主要企業を糾合して軍事物資の生産量や価格を立案し実施の調整にあたった。
　大戦の影響はさまざまなところに起こった。移民流入の急減もその一つで、新規入国者は1914年（開始年）に122万人であったが、1918年（終結年）には11万人であった。⁽²⁾
　商店では、なにより男子の働き手が足りなくなった。上掲『サイエンティフィック』誌の記事はこう続ける。「現在、多くの商店では人件費の削減を行っている。そうしなくてはやっていけないというのが実情である。かつて提供してきたサービスも、信用貸しも含めて、すべて廃止されることになった。あるいは、消費者自身にセルフサービスで代行してもらうしかなくなった」と。
　渦中1916年、クラーレンス・サンダーズがテネシー州メンフィスで、「ピ

グリー・ウィグリー」を開店した。客が自分で陳列棚から品物を選び、現金で支払うセルフサービスの食料品店で、「スーパーマーケット」の原型店とされる。[3]

　同じ1916年、ミネソタ州セントポールの雑貨店主ウォルター・ドゥーブナーが「紙製買い物袋」を思いついた。来店する主婦を観察して「主婦の買物は財布の中身で決まるのではなくて、腕の力によって決まる」(手で持って運べる分量しか買い物をしない)という"法則"を見つけた。そこで強い撚り糸を底部と持ち手に回した紙袋を開発した。特許を取って大量生産してたちまち全国に広まり、彼は立志伝中の人物となった。

　1920年代、アメリカ各地でセルフサービス方式が試みられていた。しかしながら、こうした試みはなお散発的で中途半端であった。缶や箱入りで規格品の食品ならセルフサービス方式が可能でも、量り売りしている多数の食料品や商品管理に難のある青果、その場で切り分ける食肉では対面販売とならざるを得ない。

　が、1929年10月、大恐慌が起こって状況が一変した。

大恐慌と「スーパーマーケット」

　1930年8月にニューヨーク州ジャマイカに開店したマイケル・ジョセフ・カレンの食料品店「キング・カレン」は「世界最安値」と新聞広告した。自分では「スーパーマッケット」を名乗ってはいなかったが、その第一号として歴史に刻まれる。後世に残された事業計画書が見事であったからだ。[4]

　「スーパーマーケット」の「スーパー」は、1920年代にハリウッド映画の宣伝キャッチコピーで頻繁に使用されていた"接頭語"で、「巨大な」とか「超越した」とか「空前の」とかいった強調語で、いってみれば流行語。1936年登場の「スーパーマン」の「スーパー」と同じニュアンスである。

　食料品を安く売るために徹頭徹尾考え抜かれたカレンの周到な計画書は以下のようである。

　まず立地。これまでの商業地から大きく外れた郊外で大規模な駐車場を確保して広大な売り場面積を用意する。

　次に商品別の週間売上見通しは、①「食料品」8,500ドル、②「野菜果実」1,500ドル、③「肉」2,500ドルとする。①②はセルフサービス方式とし、①

は食品メーカーの量産品ブランドが中心となる。②も規格流通品である。③はその都度カットして提供するので対面販売である。

　ふるっているのはこれらの商品の販売価格だ。「300品目は原価」で、「200品目は原価プラス５％」、のこり「300品目プラス15％」と「300品目プラス20％」。一律の値入り率としないこの手法は「マージンミックス」といい、今日「スーパーマーケット」が消費者に目玉商品を価格遡及する金科玉条の常套手法である。

　計画書は続く。各所に配置するスタッフの職位と人数、その週給、経費面では投下資本の利息や保険料、税金まで算出されており、300品目を原価販売しても純益は稼げるというものだ。

　大恐慌下で喘ぐ人たちは「キング・カレン」に殺到した。マイケル・カレンは５年後には15の大規模店舗を経営し、ボランタリー・チェーンで全国組織化を手掛けようとした矢先の1936年４月に52歳で急逝した。

　1932年12月、ロバート・M・オースティンとロイ・O・ダウソンがニュージャージー州エリザベスの自動車工場空き屋を改造して「ビッグ・ベア（熊）」を開店した。半径10マイル（16㎞）に撒かれた新聞広告には「ローコストオペレーションで価格粉砕！」の文字が躍っている。連日毎週来店する「客の多くは50マイル以上も離れたところから車を走らせてきた」。

　①「食料品部門」と②11の「委託部門」で構成され、売り場面積は、①３割、②７割に対して、売上は①56.5％、②43.5％である。パッケージ食品を山積みした①の商品回転率が高く売上効率がよい。商品管理がデリケートな「肉」と「野菜果物」は、委託売場であり対面販売であった（他の委託部門は、酪農品、パン類、キャンディー、タバコ、化粧品・薬局、電気器具、自動車アクセサリー、飲物スタンド・軽食堂、ペンキ・ニス類）。

「スーパーマーケット」と「ナショナルブランド」

　大規模な駐車場と広大な売場「キング・カレン」「ビッグ・ベア」を模倣する事業者が各地で続出した。その名も「ジャイアント・タイガー」「ブル（雄牛）マーケット」「グレート・レオパルド（豹）」「キング・アーサー」など。「スーパーマーケット」らしい名だ。青果商や肉屋からの転生もあったが、ナショナルブランド食品（NB）を低価格で大量陳列し、セルフサービス方式

で売り捲った。

　新聞、雑誌と新興のラジオというマスメディアが影響力を発揮していた。「ケロッグ」、「ポスト（ゼネラルフーヅ）」、「キャンベル」、「ハインツ」、「ゼネラルミルズ」、「クラフト」、「ナビスコ」、「ドール」、「デルモンテ」、さらに「コルゲート」、「P&G」など怒涛のような宣伝広告はNBこそが健康で豊かなアメリカの食卓の源だと繰り返して、消費者はそのままに店舗に誘われた。

　アメリカの食卓を造形するうえでNBの広告宣伝が果たした役割は絶大である。一例を挙げれば1921年ラジオでデビューした料理アドバイザーのベティ・クロッカー。有賀夏紀（アメリカ史）は「この名を知らないアメリカ人はいないだろう」という。ベティ・クロッカーの紹介する料理は好評を博し、1950年に出版された彼女の料理書は版を重ねて40年間で2,600万部の大ベストセラーである。顔写真も公開されているが、若返ったりすることもある。「ゼネラルミルズ」社が創作した人格で、同社の研究スタッフ数十人の総称である。同社商品を食材とする料理であることはいうまでもない。

　念のために確認する、「加工食品でつくる手作りの家庭料理」がアメリカの食だ。わが国のコメと生鮮品を主食材とする「家庭料理」とは異なる。[6]

　1936年には専門誌『スーパーマーケット・マーチャンダイジング』誌（主幹M・M・ジンマーマン）が創刊され、「スーパーマーケット」店数は1,200店に達していた。同誌の呼びかけで1937年9月、ニューヨークで「スーパーマーケット協会」設立総会が開催された。食品大手企業はじめ、梱包機器、紙・箱、レジスター、冷凍機など45社のメーカーも馳せ参じた。2日間に渡りぎっちりと詰められた熱気溢れるプログラムのハイライトは、ウイリアム・H・アルバース初代会長（「アルバース・スーパーマーケット」社長）の基調講演で、そのタイトルは「ナショナルブランドで売り上げを伸ばす」であった。[7]

　1934年に4,306店を擁する食料品チェーンの最大手「A&P」も既存店から「スーパーマーケット」への業態転換を急いだ。1937年までに2割以上の933店を閉じ、204店の「スーパーマーケット」を開店した。

　1939年9月の英独戦争、すなわち第二次大戦のはじまりに向けてアメリカ食品産業の量産体制と食料品流通配給機構は、民間主導で整いつつあったのだ。「スーパーマーケットの本当の爆発的発展はこの先のことである」。[8]

【注】

（1）原克『ポピュラーサイエンスの時代』（2006年、柏書房）36・37頁より再引用。
（2）須藤功「両大戦期のアメリカ経済」、須藤他『エレメンタル欧米経済史』（2012年、晃洋書房）182頁。
（3）同店で、はじめてチェックアウトカウンター（会計）に「回転枠」を採用した。顧客を一人ずつに区切るこの「回転枠」は、セルフサービス方式と一対の装備として業界標準となった。が今は、店舗からは取り払われ、遊園地の入退場の際などで現役機能している。
（4）M・M・ジンマーマン（長戸毅訳）『スーパーマーケット』（1962年、商業界）38〜43頁。
（5）上掲書、51頁にこのチラシが収録されている。なお45頁にはカレンの広告チラシもある。
（6）本間千恵子・有賀夏紀『世界の食文化⑫ アメリカ』（2004年、農山村漁村文化協会）181頁〜。
（7）ジンマーマン、上掲書、第5章に詳しい。総会プログラム、役員名簿、参加メーカー名簿、ウィリアム・H・アルバース会長講演録（143〜157頁）も収録されている。
（8）ヴィンス・ステートン（北濃秋子訳）『食品の研究』（1995年、晶文社）25頁。

42節　第二次世界大戦と「冷凍食品」

第二次世界大戦と「缶詰」

　第二次世界大戦は、1939年9月1日のドイツ軍、および同月17日、ソビエト連邦軍によるポーランド侵攻に端を発する。同月3日イギリス、フランスのドイツへの宣戦布告により、ヨーロッパは戦場と化した（本格化は翌1940年）。アメリカにとっては対岸の火事であり、ヨーロッパ各地への物資供給を一身に担って産業経済は拡大を続けたが、参戦の国論はまとまらなかった。事態が一変したのは、日本が太平洋地域で開戦したことである。1941年12月8日早朝（日本時間）にハワイ真珠湾攻撃（ハワイ時間7日）を仕掛けたことで、アメリカ国論は一気に参戦に傾き、総力戦体制へと突入した。
　1942年1月にはWPB（戦時生産本部）を設置した。2月にはすべての自動車会社は民間乗用車の生産を中止し、軍用車や航空機エンジンなど軍用品生産に転換した。5月には砂糖の配給制がはじまり、まもなくほとんどの食料品（「冷凍食品」を除いて）が配給制度になった。ちなみに、缶詰は1943年3月に、肉類・チーズなどは4月に、コーヒーは11月に、日用品では靴が2月に配給制となった。(1)
　缶詰は、兵食の主役であり軍事力そのものである。この期には、前線用に自熱式缶詰まで実用していた。外缶を開けると空気接触で発熱する化合物を詰めた缶詰の缶詰だ。(2) ともかく、缶詰が軍事優先の出荷となり、民需は後回しにされることは当然のこととしても、当局が想定していなかった思わぬ事態が襲った。
　日本は真珠湾攻撃の前日（日本時間同日）、イギリス領マラヤ（マレー半島、シンガポールなど）、フィリピン（米軍基地）でも奇襲を成功させ、東南アジア海域の制海権を手に入れた。マラヤは錫（スズ）の世界的産地であり、アメリカへの錫の輸入が途絶えたのである。(3)
　錫は、缶詰の最重要原料である。缶詰の「缶」はブリキであるが、これは鉄鋼（鋼板）を錫で表面処理した表面処理鋼板のことである。

そもそも缶詰業界は、参戦前から連合軍への食料供給のために歴史上かつてないスケールでの増産を要請されており、自国軍へも一挙積み増しが求められていた。あわせて缶詰は家庭への配給食糧としても主力の食品である。
　挙国一致である、官民挙げての錫の確保と供出の大運動が展開されていく。
　「業界は、空き缶等の廃品から錫を回収する方法を開発」した。「家庭では錫の缶をつぶし、歯磨きのチューブを貯え、錫箔をまるめて戦時に備えた」。「鉄鋼業界では、缶の錫膜を薄くする方法を開発」した。節約、再利用、技術開発などおよそ考えられる方法を総動員して戦時体制を支えたのである(4)。
　その結果、「缶詰は、自国軍隊に対しては、ピーク時1,200万人を超える兵士の食料の実に三分の二をまかない、そのうえになお大量の食料を連合軍に供給する役割を果たしたのである」。
　そして、「缶詰食品が大量に戦線に送り出された後は、本国に残されたのは紙容器入りの冷凍食品だけとなった」。錫も鉄もいらない「冷凍食品」の需要は「缶詰食品の後を受けて」「極端に増加した(5)」。

戦時体制と「セルフサービス方式」

　戦時経済体制とはWPBを司令塔とする計画経済に他ならない。基本物資の量的統制と価格管理規制が採られた。1942年5月、アメリカの消費者は初めて食料品手帳の配布を受けた。全米の小学校が本部となって教師たちと補佐する人たちが手帳の交付にあたった。あらゆる業界が参画して「栄養」「保存」「倹約」の国民運動が推進された。同年11月は「全国栄養運動月間」となり、マスコミ、食品メーカー、スーパーマーケットは、一斉にキャンペーンを張って、「普段あまり使われなくても栄養価の高い食物の食べ方や浪費の防止などが説かれた(6)」。
　アメリカは世界最大の農業生産国家であり、長らく余剰農産物問題に直面してきた。このことがはじめて国家的問題となったのは第一次大戦終結後の1920年で、輸出市場を喪失したことで打撃を受けたときである。続いて1930年代の大不況期だ。第二次大戦下では、この余剰農産物対策問題は棚上げされ増産に励んだので、主要農産物の供給不足を案ずることはなかった。
　食料品の消費者への最終配荷機構としての小売業「スーパーマーケット」で深刻となったのは、兵役への動員で、「店舗の人員は殆どいなくなってし

まった」ことである。「切り札」は「セルフサービス方式」だ。

「肉部門」は、それまで消費者も関係者もその場で切り分ける「対面販売」しかないと観念していて、「セルフサービス」は「とうてい不可能と考えられていた」。が、他の選択肢がないので、消費者からの苦情殺到も予想されるが、ともかく戦時だということを理由にやってみようと覚悟を決めて踏み切った。その結果は、消費者からの苦情は皆無に等しく、「驚異的な売上増加と経費の減少」が齎(もたら)された。

これをみて、同様にそれまで対面とされていた「青果物とか酪農品部門にもセルフサービス方式が採用され始めた。結果、ほとんど例外なく売上高が増加した」。

第二次大戦下では部門を問わず「セルフサービス方式」を採用しさえすれば「主婦たちは、店員が売るよりももっと多くのものを、常に自分で買うということを繰り返し証明した」のである。(7)

「缶詰食品」と「冷凍食品」

今日的な意味での冷凍食品の歴史はクラレンス・バーズアイが"急速凍結"の原理を発見し、連続式冷凍工程を開発してスタートする。「ゼネラル・フーズ」社が「鳥肉、牛豚肉、魚、11種類の果実・野菜の冷凍食品を市販する態勢を作り上げた」のは1930年である。ただそれまでの「冷凍食品」(緩慢凍結)の評判が捗々(はかばか)しくなかったことと価格も高かったので、思ったようには売れなかった。

なにより、これを販売する小売店舗では、「専用キャビネットすらもたない店があり、あったとしてもスペースは非常に狭いうえ、買い物客が便利なオープン式、セルフサービス式のキャビネットが少なかったのである」。(8) もちろん店舗側からすれば、冷凍キャビネットは新規設備投資が要るので、「冷凍食品」の導入には慎重であったわけだ。

ところが、戦時経済に入ってまもなく事態は一変した。なにしろ「冷凍食品」はまだ全国商品としては普及途上にあり、設備取扱条件からも「配給品」指定はまったく現実的ではなかった。そのため統制を外れた商品となったので、小売店サイドからの関心は俄然(がぜん)高まった。

しかも、戦時経済下で、小売店舗も食品工場も新設・増設・更新は中断な

いし先送りせざるを得ない態勢だ。そうしたなかで、政府は、冷凍食品工場の建設、冷凍キャビネットの製造には金属材料を割り当てして増産策を採った。「冷凍食品が、缶詰食品の後を受けて国民の食料供給源となり、国民の士気高揚に大きな力を持つと、政府筋が認めたのである(9)」。

　缶詰事業者が直ちに応じた。すでに缶詰業界の要請で、原料作物では、加工に仕向く品質、均一性、成熟の時期の精度、扱いやすい形状など、改良が進んでいた。

　検査と等級づけも進歩した。例えば「ナシの成熟測定器」（一定の格子の間を押し通す際にダイヤルが硬さを示す）は1937年から実用されている。「アスパラ繊維計」（茎を切るときの抵抗を測って品質を示す）、「サキュロメーター（水分測定器）」（スィートコーンの完熟度測定）、「園芸分光器」（果物の内側の色を見分ける）など。

　原料の準備処理工程も日々進んでいた。"移動させながら"の洗浄、同じく不純物・不良品除去、同じく品質・サイズ別選別。人手依存であったスライス、皮むき、カッティングなどの機械化。少し後になるが皮取り法（アルカリ式、火炎式）(10)。

　要するに「缶詰食品」事業者が「冷凍食品」事業を営むうえでは、原料調達から中間処理段階まではほとんど同じかまたは見知った手法でことが足り、最終の加工と出荷段階に新要素を付け加えるだけで成業するという次第である。

　店頭でも、配給品ではない「冷凍食品」への関心がいや増した。ついには、料理そのものである「温めればすぐに食べられる"冷凍簡易食"が現われ、…食品店のキャビネットの中に数多く並べられるようになった(11)」。

　缶詰事業者ばかりではない。

　巨大食肉産業も、肉類は統制品・配給品である。冷凍肉の販売はそれまで成功したことはなかった。が、食肉業界の２大巨人「スウィフト」社、「アーマー」社も冷凍鶏肉、冷凍牛肉を作り、そして"冷凍簡易食"の製造販売を手掛けた(12)。

　大戦終結の頃には、「冷凍食品」は、消費者側にも小売事業者側にもあったかつての「緩慢凍結」品のよろしくなかった記憶や評判は、「急速凍結」品の実食体験を通して塗り替わり、「スーパーマーケット」の必須の重要部門として地位を確立していた。総力戦体制は、未熟段階にあった新産業を一

気に成長産業へと導く跳躍台であった。(13)

【注】
（1）鈴木鴻一郎編『現代アメリカ資本主義年表』（1969年、東京大学出版会）。
（2）E・C・ハンプ2世、メール・ウィッテンバーグ（渡部伍良訳）『食品産業』（1968年、ダイヤモンド社）105頁。
（3）真珠湾攻撃の翌日、アメリカ東部時間12月8日の正午、議会上院・下院にルーズベルト大統領の宣戦布告の審議要請の演説は、「日本政府は、"昨日"マレーに、"昨夜"香港、グァム、フィリピン、ウェーク島に、そして"今朝"ミッドウェー島（ハワイ・真珠湾）を攻撃しました。日本政府は太平洋全域にわたって"奇襲攻撃"をかけました」と始まる。なお真珠湾攻撃時には、アメリカ側の事前対応で最強兵器の航空母艦が1隻もおらず、いわば「蛻の殻」状態であった。攻撃した日本の戦争体験者は訝しがったが、そうした声は日米双方でかき消された。ロバート・B・ステイネット著『真珠湾の真実』（荒井稔、丸田知美訳、2001年、文藝春秋）など参照。
（4）ハンプ、ウィッテンバーグ、上掲書、85頁。
（5）上掲書、105頁。
（6）M・M・ジンマーマン（長戸毅訳）『スーパーマーケット』（1962年、商業界）178・179頁。
（7）上掲書、180頁。
（8）ハンプ、ウィッテンバーグ、上掲書、107頁。
（9）上掲書、105頁。
（10）上掲書、87・88頁。
（11）上掲書、106頁。
（12）上掲書、110頁。「ミートパイ、フィッシュスティック、ワッフル、フルーツパイ」など。
（13）ただし、戦後に冷凍食品業界の発展は順風満帆であったわけではない。しばらくは過剰生産と過剰在庫、低品質低価格の新規参入、包装の不備、輸送途上での品質劣化、小売店での取り扱い不備など、多方面で混乱が続き、消費者の離反もあった。缶詰業界の発展期にたどった経緯と相似形である。今一つ、家庭での冷凍庫の普及度合と保存スペースの問題もあった。上掲書、106～108頁。

43節　「レビットタウン」とアメリカの戦後

「カイザーヴィル」と「ロージー・ザ・リベッター」

　第二次世界大戦下、イギリスは軍艦も商船もほとんどが、ナチス・ドイツの潜水艦の攻撃で海の藻屑と消えた。1940年にイギリスは、アメリカのヘンリー・J・カイザーに貨物船を大量発注した。

　カイザーは、ハイウェイおよびフーバーダム建設などで知られており、造船での実績はなかったが、彼のビジネス信条はとにかくスピード仕上げで、既存手法やルールにとらわれずに大型の機械を開発者ともどもスカウトして量産投入するという力業だ。翌年に真珠湾攻撃が起き、対日戦争がはじまると、アメリカ政府からも次々と発注が続き、リバティ船・ビクトリー船（輸送船）、兵士輸送船、タンカー、揚陸艦、小型空母など1,490隻を納品して、莫大な利益をあげた。今日ハワイでカイザーの名を至る所で目にするのは、カイザーがこの利益をハワイのリゾート開発に投資して観光地化につとめたからである。(1)

　それはともかく大戦渦中だ、スピード第一である。機械も工廠も造船ドックも24時間稼働で、人手も大量に必要である。その数ざっと４万人（家族を含め）。カイザーは、オレゴン州ポートランドへ遠くニューヨークやロサンゼルスにも極上の好条件で募集をかけたが、住宅、いや町を用意しなければならないことに気が付いた。「ニュータウン」建設が必須である。

　連邦公共住宅機関も、この町の開発を認可してインフラや公共施設などさまざまな面で共同した。応募者は白人も、黒人、アジア人、ラテンアメリカ人もいたが、女性と子どもに気づかいしなければならないというミッションがあった。戦時下ですでに男性労働力は払底していて、女性の労働力なかんずく主婦が頼みの綱であったからだ。

　「数ヵ所の大規模な保育所…１日24時間、週７日間。病児のための診療所完備。子供用バスタブ（母親が入浴させなくてすむように）、調理食品サービス（子連れの母親の持ち帰り用）、なにより大きな窓（子供たちが造船所の進水

式を見て「おかあちゃんがつくったふねだ！」と興奮して叫ぶ）。…しかも保育料は1日75セント」。

この史上初の「ニュータウン」は、わずか10カ月で建設され、1943年3月に入居がはじまり、「カイザーヴィル」と呼ばれた。この町の主たる顧客は、アメリカで知らない人はいない「ロージー・ザ・リベッター（リベット女工ロージー）」だ。

ロージーは、もともとはウェスティングハウス社の工場労働者を鼓舞するポスターに描かれた女性で1942年3月に掲示されたものだが、それまで男性の職種とされていた工場や兵器、造船など現場作業に従事する女性のアイコン（聖像）として、女性の動員や戦時国債キャンペーンなどにも多用され、パレードなどではその歌が口ずさまれた。当時アメリカでもっとも露出度が高かったイラストの女性だ。そのポスターに書かれた「We Can Do It！」はいまでも著名人（女性）などが決め台詞にしたりする。

戦時労働局のキャンペーン冊子は「主婦」こそが工場労働者として理想だと訴え、「軍需工場での仕事の多くは家の仕事にとてもよく似ています…ミシン、電気掃除機、ひき肉機組み立て、裁縫、その他普通の家事をするようなもの」と描写している。

「レビットタウン」と大膨張する郊外

同じころ1941年、住宅建設会社経営のビル・レビットと弟アルフレッドは、バージニア州ノーフォークで2,350戸の戦時労働者用住宅建設の政府契約を取ったが、納期厳守は絶対条件で、これまでのやり方では不可能だ。

レビット兄弟は現場監督と建設工程を分析して基本作業を分類した。そうすると27種類に分類できることが判明した。そこで職人たちを27班に分け、各班別に担当工程を設けて訓練した。各作業工程を綿密に検討し、最善の進め方、作業時間も割り出した。分業と動作分析こそスピードの源泉であり、大量生産・大量建築の原資である。

その後レビットはアメリカ海軍設営隊に入隊して、太平洋の島に仮設飛行場を建造する命に従事した。敵は日本だ。後年彼は、海軍は「低コストの大量生産住宅を実験的に建設できた」「素晴らしい研究所」だったと回顧している。

1945年、終戦し「兵士たちの復員が始まると、住宅事情は逼迫どころか危機的状況に陥った。5万人が陸軍かまぼこ兵舎に寝起きし、…必要な新規住宅は推計250万戸以上である。"緊急連邦住宅法案"が通過し、住宅建設規制は最小限に抑えられ、かつ連邦政府が抵当保証を引き受けた」。住宅建設業者は狂喜乱舞した。新規住宅着工件数は1944年11万4千件であったが、1946年93万7千件、1950年170万件となった。

1946年にニューヨーク、マンハッタンから約20マイル（32km）の広大なジャガイモ畑を舞台に、レビットが手掛ける史上最大の住宅建築プロジェクトが始まった。

レビットは「フォードの量産システム」に倣ったことを広言している。工場は建設現場に置き換わり、移動するのは組立てラインの車体ではなく、各工程を担当する作業チームの方である。さらにレビットは重要な部分は別の場所で組み立てておき、現場では作業の単純化を図った。登場したての電動工具が使えたのだ。"フォード似"と思うのは、「組合に属する労働者を一切雇わず、自分が雇った者には最高の賃金を払い、あらゆる奨励金制度を用意した」ことであろうか。相場の「2倍近い賃金であった」。

1949年3月受付事務所がオープンして、アメリカ史、経営史にフォードと並び大量生産の権化とされる「レビットタウン」の時代が始まった。第一次レビットハウスの敷地60×100フィート（18×30m）、部屋数は4.5室（居間、寝室2、キッチン、浴室、屋根裏）、価格7,990ドル（手付58ドル）、景品でテレビと洗濯機付き。発売初日1,400件が成約し、第1期1万7千戸に8万2千人が移り住んだ。プール17、学校5校があり、やがて教会も建てられた。第二期ペンシルバニア、第三期ニュージャージーなど各地に「レビットタウン」がつくられ14万戸が供給された。

米語で妊婦を「レビットタウン・ルック」というのはここが誕生地で、アメリカでこのあと4半世紀続くベビーブーマーの揺籃地であることを象徴した表現だ。(6)

郊外型生活と新人類の誕生

住宅大量生産方式は他の建設業者によって各地に飛び火した。「1955年にはレビットタイプの分譲住宅が新規着工住宅の75%を占めるようになってい

た」。そして「アメリカ社会を根底から作り変えることになる」。

　新しい土地、新しい環境下で、当地に移り住んできた家族はどのように暮したらよいか、近所付き合いはどうするかなど、以前なら頼りにできた両親や親戚は近くにはいない。しかし、代わってテレビのホームドラマとCMが生活の手本を教えた。住民はみな同じ情報に触れるので、生活の同質化・規格化が推進された。

　「レビットタウン」は増殖し、郊外は大膨張した。職場は離れたエリアにあって自動車で通勤する。消費生活が大量生産されるこの地には、スーパーマーケットが大量供給されなければならない。

　こうして、アメリカが郊外化社会へ移行すると、短時間で人類が進化することを自分たち自身で目撃することとなった。「現代のアメリカの進化」を研究したフレデリック・ルイス・アレンは、アメリカ人が一斉に健康になって体格が瞬く間に増体し、死亡率の急低下と寿命の急伸が起こったことを報告している。現代人という新人類の誕生という他ない[7]。もちろん、医学・医療の進歩や公衆衛生の改善はその要因の一つだ。が、郊外型生活そのものを思い浮かべることが手っ取り早い。すなわち清潔な空間に身を置き、自動車でスーパーマーケットからナショナルブランド食品を買い込み、CMなどマスメディアで栄養知識に触れて家庭料理を食し、同質近隣の人たちと持ち寄りのホームパーティを楽しむ。前世代の飢えや貧困から解放され明日の経済発展を自明のものとして暮らすストレスフリーの豊かな食卓がその転換装置だと思い至るのである。

【注】
（1）H・W・ブランズ（外山理恵他訳）『アメリカン・ドリームの軌跡』（2001年、英知出版）211〜236頁参照。カイザーのハワイ開発は、ホノルル・ワイキキ、オアフ島「ハワイ・カイ」など手広い。
（2）ドロレス・ハイデン（野口美智子他訳）『アメリカン・ドリームの再構築』（1991年、勁草書房）5頁から再引用。
（3）政府の戦時プロパガンダとしていくつかのバリエーションがある。他方で、働く女性の新しいイメージとして女性の社会参加の代名詞としても使われる。
（4）有賀夏紀『アメリカ・フェミニズムの社会史』（1988年、勁草書房）161頁より再引用。有賀は、それまでの女性就労に対する社会的忌避感が戦

時下で一時的に緩和されたことに着目して、女性の労働人口に占める割合は1941年25.6%から44年53.4%へ上昇し、この年に既婚女性の労働者数が未婚女性のそれを初めて上回ったことを指摘している。159・160頁。
（5）デビット・ハルバースタム（金子宣子訳）『ザ・フィフティーズ（上）』（1997年、新潮社）153・154頁。また151〜163頁参照。
（6）第二次大戦後の出生率上昇は各国共通現象であるが、アメリカの「ベビーブーマー」は1950年から1964年生まれまでとされる。わが国では、通例1947年〜1949年であり「団塊世代」と命名されている。なお、わが国のベビーブームが短期であったのは、1948年7月に「優生保護法」が公布され、人工妊娠中絶（堕胎）が合法化された（戦前は禁止されていた）という要因がある。
（7）フレデリック・ルイス・アレン（河村厚訳）『ザ ビッグ チェンジ』（1979年、光和堂）223〜231頁。

44節　テレビの時代と「TVディナー」

テレビの時代

　第二次世界大戦は、1939年（昭和14年）9月1日にドイツ軍がポーランドに侵攻し、同月、イギリスとフランスがドイツへ宣戦布告し、ヨーロッパを戦場としてはじまる。その直前である。1939年4月20日、ニューヨークで世界万国博覧会が開幕した。会場のRCA（ラジオ・コーポレーション・オブ・アメリカ）館にはテレビが登場した。そして、こことRCA本社に置かれたテレビ画面を見つめている人々に向かって同社デビッド・サーノフ会長がスピーチした。

　「私たちは、ラジオの音声に映像を加えることについに成功しました。社会全体に大きな影響を与えることになるであろう偉大な新技術の誕生です」[1]。

　テレビの普及は、第二次大戦およびトルーマン政権下の放送局新設凍結はあったもののテレビ受像機はアッという間に増えていた。1953年ドワイト・ディビッド・アイゼンハワー大統領の就任で凍結解除となり、TV局もどんどん増えた。その威力は絶大で、「贔屓の番組に合わせて、生活習慣が決まるまでになっていた」。「人気番組が放映されている時間帯は、CMが始まると、それが合図かのように放映地域のトイレの水が一斉に流され…レストランに出かける時間が早まり、テレビで宣伝された商品の好感度は急上昇した」。他方で、「書籍の売上が落ち、図書館の利用率は低落し」、映画の観客数は激減し、映画館の閉鎖が相次いだ[2]。

　テレビのもつ空前の威力を示した最初の例は、ニューヨーク「パラス劇場」（1913年開場）で活躍していたボードビル芸人ミルトン・バールであった。全米50万台に過ぎなかったテレビ黎明期の1948年に「テキサコ・スター劇場」に登場するやたちまちに視聴率94.7％を叩き出した。番組スポンサー料は跳ね上がり、テレビ業界が一躍産業化した。翌1949年には全米テレビ普及台数は108万2,100台となった。が、うちニューヨーク市に45万台（41.6％）で、他は主要都市に集中していた。

この都会で人気絶大の騒々しい芸人は1951年が絶頂期で、テレビが郊外に地方にと普及していくことと反比例して番組視聴率は下降線を辿り、1955年にはこの番組から降板させられた。

　入れ替わって視聴率首位に立ったのは1951年10月登場の『アイラブ・ルーシー』だ。喜劇役者ルシル・ボールが、実生活での夫デジー・アーネスト（キューバ出身ミュージシャン）と役柄も夫婦で、そそっかしい"主婦の平凡な暮らし"をドタバタ調で演じ、4ヵ月で視聴率トップに躍り出た。実生活で妊娠出産するとその経過を同時進行で演じてアメリカ中を釘付けにし、1953年1月19日の誕生時の視聴率は68％、4,400万人の同日祝福を受けた。

　『アイラブ・ルーシー』の当初の舞台は都会であったが、視聴率に陰りがみえると、「アメリカの主婦の共感をえる」ために「多くの視聴者が引っ越した郊外に舞台を移すべく」、役柄上の隣家フレッド、エセルとともにニューヨーク市から約80km離れた郊外のコネティカット州ウェストポートに引っ越した。賢明という他ない。相次ぐ新興郊外タウン大規模開発で人口が郊外に大量移動する「レビットタウン」の時代は始まっていたのである。ここでの戸建て住宅はテレビの景品付きだったことを思い出してほしい（前節231頁）。

「シチュエーション・コメディ」（シットコム）

　『アイラブ・ルーシー』は、舞台設定と登場人物をほぼ固定して、毎回ドタバタ調の平穏な生活風景を描いてみせる「シチュエーション・コメディ」（シットコム）という分野を確立した。そして、新興の郊外が生活の舞台であり視聴率競争の主戦場だと判明すると、40歳で『アイラブ・ルーシー』をはじめたルシル・ボールは世代的には年上だ。そこで、テレビ業界は家族構成を少しだけズラしたシットコムを量産した。

　『パパはなんでも知っている』（1954年）、『ドナ・リード・ショー』（邦題『うちのママは世界一』）（1958年）、『陽気なネルソン』（1952年）、『ビーバーちゃん』（1957年）など、みな郊外に暮らす親子4人の核家族が主役で、戦後の新時代に新開地での郊外生活はどうあらねばならないかというケーススタディの束である。自分のこと隣家のこととして飽きることなく視聴した。

　「レビットタウン」の住宅は庭付きの一戸建てであるから、子どもが元気に庭を走り回る風景としては「犬」が一緒に駆けずり回ってくれると嬉しい。

そこで少年と犬が主役の『名犬リンチンチン』(1954年)、『名犬ラッシー』(同)も登場した。この2作品は郊外生活が舞台ではないが、これから庭犬に親しむための学習効果および"犬"需要の喚起効果は絶大であった。ちなみに、上掲番組はすべて日本でもテレビ放送されており、見た人はみな巨大な冷蔵庫に圧倒されていた。[6]

「TVディナー」

テレビの視聴行為とラジオの聴取行為は、本質的に異なる。ラジオは聴取しながら家事や軽作業ができるが、テレビはそうはいかない。目がとられて他の行為を中断して画面に集中する。ただ手と口を動かすことはできる。そこで、テレビ視聴の時間を取るためには、それまでの家事時間のどこかを削る必要がある。"洗濯機"も景品で付いていたので、気が付くと"食"に費やされる時間が長い。買い物や下拵え、調理、盛り付け、配膳と長いうえに見たいテレビ放映時間と重なり、どちらかを中断するしかない。

必要は発明の母。冷凍のコンビニエンスフーズが登場する。なにしろ戦時中に冷凍食品製造会社は多く生まれていた。卵、鶏肉、乳製品の販売会社であったスワンソン社も冷凍鶏肉で成功していて、1951年にオーブンで温めるだけですぐに食べられる「冷凍チキンポット・パイ」(ビーフ、ターキーも)を売り出した。さらに1954年に「家族がテレビを見ながら食べられる冷凍の料理のディナーセット」を売り出した。「ローストターキーのスタッフィング、グレービーソース添え、さつまいも、グリーンピースのセット」だ。容器上蓋に「TVディナー」と大書きした。「主菜の肉(魚)料理、マッシュポテト、グリーンピース、ソースのセット」、「フライドチキンのディナーセット」も続いた。容器のままオーブンにかけるだけの冷凍の料理セット。「しかも四角いアルミの入れ物に入った食べ物はそっくりお盆にのせて居間に運び、テレビを見ながら食べることができた」。

TVディナー市場は急成長し、大手食品企業も陸続と参入して、食品企業の商品開発の最重視点が「簡便さ」に移行し、そして消費者の食に大変化が生じた。

注意していただきたいことは、彼の国では、家族が食事をとる部屋(ダイニング)とテレビが置かれる居間は、別空間だということである。日本では、

テレビは茶の間に、茶箪笥、仏壇、遺影とともに置かれた。茶の間はちゃぶ台や電気こたつを出し入れして、同一空間を居間・客間・食堂・寝室と時間帯で使い分ける居住スタイルであるので、はじめから「テレビ共食」であり、「ごろ寝テレビ」であった。アメリカに戻る。

「まもなく国中の人々が、テレビの前を離れずに「TVディナー」を食べようと、折り畳み式のテーブルを買いはじめた」。「TVディナーをのせたまま台所から居間のテレビ前に移動して食事する」ためである。⁽⁷⁾⁽⁸⁾

「TVディナー」市場の急成長は、さらにもう一つの画期的な新商品の登場を助けた。「電子レンジ」（マイクロウエーブオーブン）である。軍用レーダー開発のいわば副産物として開発されたが、1947年にレイセオン社が初めて送り出した「レーダーレンジ」は高さ1.7メートル、重さ340kgもあり、購入はレストラン２店だけだった。1952年、タッパン社が実用的な「電子レンジ」を発表し、1955年に家庭用モデルをつくって、ゆっくりではあるが「着実に上昇傾向」を描いていく。「電子レンジ」が冷凍食品わけても「TVディナー」と相性が良かったからである。「オーブン」で"加熱"では火の番が要るが、「電子レンジ」は"加熱"ではなく、食品内部からの"発熱"だ。スイッチ一つで事足りる。⁽⁹⁾

テレビの時代は「冷凍食品」の時代となった。スーパーマーケットでのまとめ買いの定番として有力なスペースを確保した。

【注】
（１）H・W・ブランズ（鈴木佳子他訳）『アメリカン・ドリームの軌跡』（2001年、英知出版）275頁。
（２）デイヴィッド・ハルバースタム（金子宣子訳）『ザ・フィフティーズ』上（1997年、新潮社）207頁。
（３）上掲書、207～210頁。
（４）上掲書、221～224頁。
（５）三浦展『「家族と郊外」の社会学』（1995年、PHP研究所）38～42頁。「パパは…」のみ子ども３人。
（６）『うちのママは世界一』はフジテレビ（1959年３月）、TBS（1961年５月）で放送、TBSは「味の素」一社提供で、テーマソング（作詞作曲・三木鶏郎、歌・楠トシエ）は「お椀のマーク味の素」と歌い出した。
（７）ヴィンス・ステートン（北濃秋子訳）『食品の研究』（1995年、晶文社）113頁。本間千恵子・有賀夏紀『世界の食文化12 アメリカ』（2004年、

農山漁村文化協会）190・191頁。ビル・ブライソン（木下哲夫訳）『アメリカ語ものがたり②』（1997年、河出書房新社）100頁。
（8）アナシスタス・マークス・デ・サルセド（田沢恭子訳）『戦争がつくった現在の食卓』（2017年、白揚社）によると、「スワンソン社はTVディナーメーカーとしては2番目で、最初のメーカーは陸軍の契約業者だったマクソン・フード・システムズ社である。この会社は、海外への飛行機で移動中の兵士に出す食事として、一つのトレイに肉と野菜とジャガイモを入れて冷凍した〈ストラト・プレート〉を考案した」（279頁）。なお「スワンソン社」は1964年に自社の冷凍食品を「TVディナー」と呼ぶことを止めている。（本間・有賀、上掲書、191頁）
（9）ブライソン、上掲書、104頁、ステートン、上掲書、109〜112頁、ほか。

45節　「ルート66」とロードサイドビジネス

「ルート66」とロードサイドビジネス

　1948年にカリフォルニア、ロサンゼルス郊外のサンバーナディーノにマクドナルドがオープンし、全米から視察が殺到するほどの大繁盛店となった。手掛けたのはリチャードとモリスのマクドナルド兄弟である。

　サンバーナディーノは、イリノイ州シカゴからロサンゼルスまでを結ぶ大陸横断道路「ルート66」の沿線上の拠点であった。古道を整備しつつ各州間を連携する長距離用の道路建設はアメリカ国策上の重要課題であるが、政策として本格化したのは第一次大戦後であり、全米の道路ネットワーク構想（Numbered Highways）が具体化したのは1925年であった。このとき道路標識も統一され、主要幹線道路として「ルート66」（当初「60」）が誕生した。

　ロードサイドビジネスがはじまっていた。「ドライブ・イン」は、少し前から賑わい始めていた。ビル・ブライソン（ノンフィクション作家）が探索するところ「近代的なドライブ・イン第一号」はロイス・ヘイリー考案の「ピッグ・スタンド」で、ダラスとフォートワースを結ぶ街道沿いに1921年に開業して大成功する。「またたく間に南部諸州とカリフォルニアのあちこちにピッグ・スタンドが雨後の筍のように姿を現す」。「ドライブ・イン」に「車の中で待つ顧客のところに注文の品を届けるトレイ・ガール」という新機軸を付け加えたのは1924年の「A＆W」（カリフォルニア州ローダイ）だ。

　「街道沿いには安上がりで賑やかな飲食店がずらりと並んだ」。「diner」（食堂車形式の店）、「roadhouse」（軽食のある宿、居酒屋、ダンスホールなど）、「greasy spoon」（安食堂）など新米語も生んだ。ブライソンは1930年代初期にニューヨークとニューヘイブン間の街道調査資料を紹介している。「ガソリンスタンド273mに1軒、レストラン・食堂556mに1軒の割合で立っていた」と。

　主要街道沿いにガソリンスタンド（和語、以下GS）を用意するのは石油会社の重要な任務であった。そのためGSの運営を引き受けてくれる人がいれ

ば、いくつもの条件を付けてスカウトすることも稀ではなかった。1930年、「シェル石油」は、ケンタッキー州コービンのデキシィー・ハイウェイ沿いのGSを出すときには、自宅併設のGSを用意して、「スタンダード石油」GSで実績を挙げていたハーランド・サンダーズをスカウトした。彼は、顧客誘因策として、腕に覚えのある食事の提供を思いついたので、店名を「サンダース・サービスステーション＆カフェ」とした。のちの「ケンタッキー・フライド・チキン」である。[3]

わが国のファミリーレストランのお手本となった「ハワード・ジョンソン」は、街道沿いのいかがわしい「安上がりで賑やかな飲食店」ではなく「安全、確実、品質の安定した食事」を提供することを目指した。ドライバーたちにアピールすべく外観でそれとわかるネオ・コロニアル様式の建屋で派手なオレンジ色の屋根にブルーの尖（とんが）り帽子を載せた。1929年に値ごろな価格の統一メニューでフランチャイズ展開をはじめた。用意されたマニュアルは「聖書」と呼ばれ、コーヒーの注ぎ方まで決められていた。1940年にはフリーウェイ出口付近を中心に125店となった。[4] 第二次大戦期を挟んで1960年代半ばまでは外食産業の王座に君臨した。わが国の起業家たちが外食産業の時代を切り開こうと繰り返したアメリカ詣で、誰もが真っ先に駆けつけた必須の視察店舗であった。

揺籃地ロサンゼルス郊外

鉄道が敷設され、陸路での大量輸送時代になると都市への人口集中が拡大する。都市内および都市近郊の輸送手段は馬車が担うことになったが、馬の大量投入は、糞尿・屍骸の堆積など都市問題を極めて深刻なものにした。

自動車の普及する前の救世主は電気（電動）であった。ケーブルカーとトローリーカー（路面電車）。

ケーブルカーは地下埋設して動き続けるケーブルを摑んで走るというもので、操作性に難があり過ぎた。それでも嚆矢として知られるサンフランシスコでは1900年には路線の総延長176km、車両6千台を誇ったという。「今ではわずか16km、40台が走るばかり」だが。[5]

これに対して路面電車は大発展する。ニューヨーク北部ブロンクスの人口は路面電車が走り出すと直後に9万人弱から20万人に増えた。郊外生活の道

が開けたのである。1902年には、ニューヨークの路面電車だけで年間10億人1日平均27万4千人を運んだ。新語が生まれた。「rush hour」（ラッシュアワー）「traffic jam」（交通渋滞）。絶頂期1922年アメリカの路面電車の線路は全長2万kmを優に超え、そして最大路線網を誇ったのはロサンゼルスであった。

　路面電車こそ郊外化の立役者であったが、次の10年では営業距離は半減し、そして後退していく。自動車社会が本格化したからだといえなくもないが、「路面電車スキャンダル」も大きかった。「GM」（自動車・バス）、「ファイアストン」（タイヤ）、「シェブロン」（石油）、「フィリップス」（石油）などで設立した「ナショナル・シティ・ラインズ」社が、1936年から1950年にかけて全米45都市で100以上の路面電車会社を買収し、バス路線（GM製のバス）に置き換えたのだ。線路は剥がされ新品の車両も屑鉄の山とされた。弱肉強食の極みともいえる。シャーマン法違反で各社は有罪となった。しかし、わずか各社5千ドル、重役は各1ドルの罰金、すべては覆水盆に返らずだ。

　ロサンゼルスは、すでに市街地が広範に拡大していた。「1940年のロサンゼルスの自動車台数はおよそ100万台で、他の41州の合計台数よりも多かった」。そこに第二次世界大戦がはじまった。「政府は200億ドルをカリフォルニアに、それも主としてロサンゼルスおよびその近郊に投入し、航空機製造工場、製鋼工場、軍事基地、港湾施設を建設した。…南カルフォルニアの個人所得の半分近くは政府支出で、戦後も約20年間は政府の軍事支出が経済の中心で、雇用の約3分の1を提供した」。

　ロサンゼルスとその近郊は、いってみれば完全雇用下の自動車社会、豊かでストレスフリーの郊外社会をアメリカ政府と自動車産業界とで作りだした壮大な実験場だ。こんなところはどこにもない。

　ロサンゼルス近郊でなら市場（需要）は空から降ってくるようだ。アイデアか意欲さえあれば、起業するも追随するも怯むところは何もない。「モーテル」、「ドライブ・イン式銀行」、「ドライブ・イン教会」、「ドライブ・イン・シアター」。アナハイムには1955年「ディズニーランド」がオープンした。ほとんど雨がなく温暖な気候で1年中営業可能な楽園だ。車に乗った消費者が横溢する"ごった煮"状態で、繁盛店はたくさんあった。

　破格の規模の公共投資（軍需）と自動車による縦横の都市内移動がロサンゼルス郊外の外食社会化の正体である。

飛躍の核心は、冷凍ポテト・冷凍牛肉

　「マクドナルド」のやり方も"あけすけ"だった。マクドナルド兄弟本人が来訪者に懇切丁寧に教えており、真似する事業家は後を絶たなかった。
　1954年、大繁盛を聞きつけてレイ・A・クロック（1902〜1984）が同店を訪ね、そのフランチャイズ権を得た。が、クロックはマクドナルド兄弟が店舗拡大に消極的だったことに異を唱えて、すべての経営権をマクドナルド兄弟から奪取した。クロックの直営1号店は1955年シカゴのデスプレーンズ店。いまや同社公史では、ここが1号店だ。
　それはともかく、ここから、クロックの采配で「マクドナルド」は全米最大のそして世界最大のレストランチェーンとして飛躍していく。多くの論者はみな一様に、ハンバーガー製造工程を徹底的に分業化したフォードシステムの採用、持ち帰り用ワンウェイ容器の導入などが特徴で成功の要因であると指摘するようだが、こうしたことは、「マクドナルド」に先行する多くのレストランチェーンでもよく見られたところだ。[8]
　では、クロックの「マクドナルド」は、なにが違ったのか。筆者は2点、指摘する。一つは、出店戦略である。自社で店舗をつくってフランチャイジーに貸し出すという独創的な店舗開発法を案出したことだ。この手法で「マクドナルド」はアメリカ最大の地主となっている。
　今一つは、食材と料理の関係に科学的な分析を加えて食材開発に革命を起こしたことである。その究極のアイテムは、牛肉とポテト。フライドポテトは1966年に、牛肉パティは1968年に、オリジナルの冷凍ポテト、冷凍牛肉に切り替わった。これによって、「マクドナルド」の品質と生産性は格段に向上し、一気に抜け出した。[9]この年、「マクドナルド」は1千店舗となった。そして、同社社長は、クロックから弱冠35歳のフレッド・ターナー（CAO）へとバトンタッチされ、あたらしい歴史が始まった。日本の商社、外食・流通事業者などが1969年の資本の自由化（第二次）と1970年大阪万博開催を見据えて「マクドナルド」の日本進出のパートナーとなるべく、同社とクロックの門を次々と叩いていた時期であった。

【注】
（1） ビル・ブライソン（木下哲夫訳）『アメリカ語ものがたり（①）』（1997年、河出書房新社）355頁。
（2） 上掲書、356頁。
（3） カーネル・ハーランド・サンダース『Col. Harland Sanders』（自伝）（2013年、日本ケンタッキー・フライド・チキン）91〜101頁参照。
（4） ブライソン、上掲書、356・357頁。
（5） 上掲書、337〜339頁。原著1994年刊行時。
（6） エリック・シュローサー（楡井浩一訳）『ファーストフードが世界を食いつくす』（2001年、草思社）25頁。
（7） 上掲書、28・29頁。
（8） 「マクドナルド」以前のチェーンレストラン史については、わが国ではほどんど研究に手が付けられていないが、王利彰、劉暁穎（共著）「外食産業の歴史とイノベーション」（日本厨房工業会『月刊厨房』2011年3月号〜12年4月号全14回）が唯一詳しい。とくに鉄道主要駅ごとに出店された「ハーベイハウス」とハンバーガーチェーンの「ホワイトキャッスル」を詳細に紹介しており、これらによって第二次大戦前の時代で、QSC（品質、サービス、クリンリネス）の徹底や同一メニューを全体として管理する食材統一仕入れなど、チェーン運営のさまざまな基本形が出揃っていたことがよくわかる。
（9） ジョン・F・ラブ（徳岡孝夫他訳）『マクドナルド―わが豊穣の人材―』（1987年、ダイヤモンド社）4章、5章、12章他参照。

第4部
日本の近代食と現代食

【主な登場人物】
森 林太郎（鷗外）　帝国陸軍軍医（総監）
石黒 忠悳　帝国陸軍軍医本部（総監）
カール・フォン・フォイト　栄養学
勝 麟太郎（海舟）　軍艦奉行（海軍卿）
榎本 武揚　蝦夷共和国総裁（開拓使、駐露特命全権公使）
マシュー・カルブレイス・ペリー　アメリカ東インド艦隊司令長官
ジョン・マーサ・ブルック　アメリカ海軍大尉
増井 徳雄　「紀ノ国屋」
ジュージ・ヘインズ　「日本ナショナル金銭登録機」社長
M・M・ジンマーマン　アメリカスーパーマーケット協会専務理事
桐野 忠兵衛　愛媛県青果農業協同組合理事長
橋本 絵美　「紀ノ国屋」（アメリカ第八軍通訳）
矢ケ崎 敬一郎　「アルプス」（ワイン）（長野県塩尻）
中内 㓛　「ダイエー」
長谷川 義雄　「今治センター」
J・F・ケネディ　第35代アメリカ大統領
中村 博一　「中村博一商店」（ナックス）
川 一男　「ダイエー」本部担当バイヤー（副社長）
鳥羽 薫　「味の素」「ダイエー」（社長）
ジョージ・H・W・ブッシュ　第41代アメリカ大統領
北野 祐次　「関西スーパーマーケット」
幸島 仁　「日新工業」
荒井 信也（安土 敏）　「サミットストア」
尾形 方通　水産庁東海区水産試験場
鈴木 敏文　「イトーヨーカ堂」（取締役）
山本 憲司　「セブン-イレブン」1号店店主（山本商店）
田淵 道行　「ほっかほっか亭」
木村 清　「すしざんまい」（新洋商事）

46節　徴兵制と日本食の形成

近代国家と徴兵制

　19世紀後半は、近代国家の形成期であり確立期である。
　イタリア王国の成立は1861年、アメリカ南北戦争の終結が1865年、日本の徳川幕藩体制から明治新政府への転換が1868年、そして、ドイツ帝国成立が1871年。日本も激動の時代であったが、世界もそうだ。
　近代国家として先行していたのはイギリスとフランスである。イギリスは世界の海の覇者として君臨し、フランスはナポレオン軍の下で陸の王者として振る舞い、ともに植民地獲得に余念がなかった。両国の勢力と覇権争いは無論極東にも及んでおり、隣国清国ではアロー戦争（第二次アヘン戦争）を起こし連携共同して1860年不平等条約（北京条約）を成した。続く標的日本では徳川側にフランスが、反幕府側にイギリスが軍事顧問として就いていた。(1)
　大規模内戦を寸（すん）のところで回避した明治新政府は軍備増強を急いだ。1870（明治3）年に太政官が兵制統一を決定し、陸軍はフランス式、海軍はイギリス式を採用して、1873（明治6）年に徴兵制を施行した。(2)
　実は、海洋国家イギリスは、平時には大規模な陸軍を必要としないので（第一次世界大戦まで）徴兵制ではなく志願制であった。ちなみにアメリカも南北戦争後は外征用の大規模軍隊の必要性はなく志願制であった。
　近代的な徴兵制の歴史はフランスにはじまる。フランス大革命に対する周辺諸国の干渉戦争に対抗すべく革命政府が1793年に国民総動員令を発令して、ナポレオン軍が100万人もの圧倒的な兵力を得たのである。
　1806年、イエナ・アウエルシュテットの戦いでナポレオン軍に完膚（かんぷ）なきまでに敗北を喫したプロイセン（ドイツ）はフランスに倣（なら）い1814年に国防法を制定して、20歳男子を例外なく兵役に就かせる徴兵制を採用した。
　だが、明治政府が範としたフランス軍は世界最強のはずであったが、直後の1870・71年の普仏戦争で覆ってしまった。英雄大モルトケ率いるプロイセンが圧勝しナポレオン三世は捕虜・退位、フランスのアルザスとロレーヌが

割譲された。日本陸軍のモデルもフランスからドイツへと転換が急がれた。

徴兵制の糧食問題

　1883（明治16）年、参謀を養成する日本の陸軍学校が開校した。当初のフランス軍将校の教官から、大モルトケの弟子メッケル少佐を招聘して、ドイツの軍政に倣っていく。陸軍のエリートは多くドイツに留学した。

　一方、1871（明治4）年、文部省が設置され、1877（明治10）年、東京大学（医学部）が発足する（「東京帝国大学」となるのは1886年）。紆余曲折はあったが、最終的にはここでもドイツ医学が正式採用となり、ドイツ陸軍軍医が招聘され指導にあたった。

　1881（明治14）年7月、卒業1期生の森林太郎（のちペンネーム森鷗外）はドイツ留学を強く望み、陸軍に就職して首尾よく軍医本部からのドイツ留学1期生となった。上司である同部次長石黒忠悳（のち軍医総監）より託された課題は、①「衛生学」の修得と②「陸軍医事」の事情収集で、実務懸案の③「兵食」の考究もあった。

　あらためて、近代軍隊における徴兵制の最大の問題は、その経費と兵の資質問題である。

　徴兵制の利点はいうまでもなく、その兵数の動員力である。しかしながら、その兵数維持のためにはそれに見合う費用が膨大となる。兵舎、被服、装備ももちろん要るが、なにより糧食である。食は一回配給すればよいというものではない。消耗品であり、日々休むことなく確保提供し続けなければならない。

　資質問題は二面ある。なにしろ各界各層各地からの寄せ集めである。言葉や振る舞いも違っており、識字率（文字を読み書きできる人の割合）さえまちまちだ。読み書きがままならなければ軍兵として機能しない。軍事国家プロイセンこそ、兵役そのものを学校教育の仕上げ段階と位置付け、世界で初めて初等教育を義務教育とした。この世紀半ばの識字率は80％だといわれる。

　日本では1872（明治5）年に「学制」が公布され、小学校の建設に励んだが、施行2年間で、児童の就学状態は「名目で男女平均35パーセント、出席状況を勘案した実質で26パーセント」であった。日清戦争（1894・95（明治27・28）年）では日本兵の識字率が清国兵のそれより高位であったとの勝因分析

が推して、1900（明治33）年に「小学校令」が全面改訂され、4年制、単一内容、"無償制"の義務教育制度が確立された。識字率は2年で9割を超えた。(6)

　もう一面は、兵士の体力と健康の問題だ。その源こそ「兵食」である。
　そこで、「兵食」をどのように設計するかという課題は、一方で糧食の確保供給とその費用問題、他方で兵士資質の維持強化（体力・健康・栄養）問題という二面を有した。
　なお陸軍（陸戦）と海軍（海戦）の違いは、確認しておくべきであろう。単純化すると陸戦は、銃装備の兵士の多寡で帰趨が決まる。数の勝負だ。海戦は、海上の戦艦の能力である。実際、明治・大正期の平時の陸軍は2桁万人で海軍は1桁万人である。戦い方も兵員規模も異なるのであり、おのずから「兵食」システムも別のものとなる。海軍はすべからくイギリスモデルを応用しようとした。

森「兵食」論と日本食の形成

　森のドイツ留学は、1884（明治17）年6月から1988（明治21）年9月までのほぼ4年間に及んだ。そこには、当時最新の栄養学も最新の細菌学もあった。有機化学者リービッヒ（1873年没）門下生で栄養学の父ともよばれるカール・フォン・フォイト、細菌学の権威コッホらが名声高く活躍中で、森はコッホの研究生にもなっている。フォイトが1881年に発表した「栄養比」（食の標準）は、第一次世界大戦に臨んでのドイツ食料政策の基礎として用いられた。
　森は、最初の滞在地ライプツィヒで直ちに「兵食論」を考究執筆しはじめ、「フォイトの立場からみた日本兵食論」（独語）と「日本兵食論大意」という論文を仕上げ、石黒に報告し、帰朝後は、その実現に邁進していく。
　徴兵制で招集される壮丁（徴兵検査の適齢者）は、入営を喜ぶものも多かった。人口の大半を占めた農村部では日ごろ麦飯雑穀で、"白米"は冠婚葬祭時くらいにしか口にできなかったが、軍隊では"白米"を常食できたからだ。この期の日本軍隊は、"白米"食の魅力こそが軍隊維持の最大のモチベーションであった。
　1873（明治6）年徴兵令公布にあたり「陸軍給養表」が制定されたが、元来「一人扶持5合」（玄米）なので「5合」（白米）でよいとするところを

「壮丁の多くは農民であり、農民は大食であると主張して6合としたのは森の直属の上司石黒忠悳であった(7)」。

しかしながら、懸念もあった。開国によって、眼に触れ始めた欧米人と我らとの体格体位の隠しようもない圧倒的な差だ。組討戦闘、銃器操作での劣勢は明らかである。政府は、ながらく禁忌としていた牛馬鶏などの肉食を解禁し、牛肉・牛乳摂取の大キャンペーンを繰り出していた。つまり米食が中心に据わったわが国の伝来の食は栄養的に欧米食に劣るのではないかという懸念であった。

果たして、森「兵食」論は、最新の栄養学（フォイトの栄養比）を駆使してこの懸念を吹き飛ばす米食擁護の模範解答を提示した。内容の詳細は他書に譲るが、要諦(ようてい)は「在来食物は多少の加減で完全食物となる」というものであり、あわせて陸軍兵食に「欧風食物採用は不可能」であることを兵員数、農業生産高、調理法、そして経費の点から論じ及んでいる。石黒の期待を超えたものであった。

陸軍は、森が指摘した「多少の加減」を"白米"に相伴する副食類のバリエーションで実現すべく全国の地方料理を糾合して嗜好を平均化し、それら料理の量産調理法を工夫しレシピ集を編んで「軍隊調理法」とした(7)。これは国民食としての和食の創出に他ならなかった。

【注】
（1）イギリス、フランス、ドイツ、アメリカ、ロシアなどが、どのような戦略で日本の各勢力に取り入りどのような介入や武器類の提供（販売）をおこなってきたかを具体的に明らかにした快作が夫馬直実・山崎啓明（NHKスペシャル取材班）『新・幕末史』（幻冬舎、2024年）である。今後、幕末期の動静は同書を抜きにしては論じられない。
（2）武家武士政権の交替であった明治新政府にとって、「徴兵制」という自己否定策は、切迫した財政課題解消の特効薬でもあった。1869（明治2）年「版籍奉還」で藩主層を排除し、1871（明治4）年「廃藩置県」で、諸藩士族軍隊の"秩禄"を浮かせる大規模リストラを断行した。明治政府は、年貢収入を集中化し、1873（明治6）年に「徴兵令」を施行し、同年「地租改正」を発布した。同年西郷隆盛（もと薩摩藩士、のち自刃）、板垣退助、後藤象二郎、江藤新平（もと佐賀藩士、のち死刑）、副島種臣が下野した。翌1974（明治7）年「佐賀の乱」、1976（明治9）年「神風連の乱」（熊本）、「萩の乱」（山口）があり、1977（明治11）年

「西南戦争」で武士の世のフィナーレとなった。石井寛治『開国と維新』（1993年、小学館）、同『日本の産業革命』（1997年、朝日新聞社）参照。
（３）近代ドイツ陸軍の父と呼ばれるヘルムート・カール・ベルンハイト・グラーフ・フォン・モルトケ。後に甥も参謀総長になるので、通例区別して大モルトケとする。
（４）森については、坂内正『鷗外最大の悲劇』（2001年、新潮社）、中村文雄『森鷗外と明治国家』（1992年、三一書房）ほか参照。後述「日本兵食論」は、茂木『食の社会史』（2019年、創成社）参照。
（５）板谷敏彦『日本人のための第一次世界大戦史』（2017年、毎日新聞出版）61頁。
（６）上掲書、63・64頁。猪木武徳『学校と工場』（1996年、読売新聞社）26頁。
（７）坂内、上掲書、30頁。
（８）『(昭和12年版)軍隊調理法』（復刻版、1982年、講談社）は、献立279種、食品製法11種が挙げられており、料理マニュアルないしレシピ集である。部隊ごとに工夫していた「兵食」調理を統一したもので、昭和6年版の改定版である。他にも「四季標準献立表」など追補版もある。校閲した小林完太郎（もと学徒出陣中部第四十八部隊（岡山）突部隊（野戦部隊）糧秣事務、慶応義塾大学）は「兵士たちの嗜好に合致する平均的料理」であり「わが国の伝統的料理の集大成」だと解説している。

47節 「兵食」と大量炊飯

「徴兵検査」

　徴兵制といっても、やみくもに"国民皆兵"であるわけではない。兵力維持にはそれなりの費用が掛かる。日本の国家財政に占める軍事費の割合は平時3〜5割ほどで、国民所得（国民総生産）の数パーセントほどである。戦時の1905（明治38）年（日露戦争）は82.3％、29.1％である。軍事より前に戦費調達（外債）がなければならない。[1]

　また兵力の質も問題である。この徴兵制の基本問題を解決するのが「予備役」制度と「徴兵検査」である。

　日本の「徴兵令」（1873（明治3）年、1883（明治16）年改正）では、軍事国家プロイセンの「予備役」制度に倣（なら）って、兵舎で合宿訓練を受ける「現役」3年・社会に出て「予備」4年・待機の「後備」5年の計12年とした。平時の実質3年分の予算で、戦時の12年分の年齢層を確保することになる。

　20歳以上の男子全員に課す「徴兵検査」はその判定区分を「甲種」「乙種」「丙種」「丁種」「戊（ぼ）種」にランク分けし、「甲種」「乙種」のなかから（身長が1.55m以上で身体強健なるもの）抽選で現役入営者を決め、残りは補充兵に回した。実際に徴兵されるのは、「日清戦争までは5％、以降でもせいぜい10％、1931（昭和6）年（満州事変直前）ですら15％」であった。[2] とはいえ、この数が毎年積み上がっていくことと、毎年新兵が入ってきて兵が入れ替わっていくことが核心である。

　ちなみに、総兵員数を総人口で除してみると、平時では0.5％ほど、男性人口比では1％前後である。あきらかに予算で徴用する人数がコントロールされている。[3] なお、戦時では、たとえば日露戦争時（1904・05（明治37・38）年）ではこれが2％強、4％強にと直ちに引き上げられている。

　新兵は、まず海軍と陸軍に分けられ、兵科が決まる。「陸軍」兵科は大部分が「歩兵」である。それ以外では「騎兵」「砲兵」「工兵」「輜重（しちょう）兵」があり、後年では「戦車兵」「航空兵」も設けられた。1月に入営する。

「陸軍糧秣廠（りょうまつしょう）」

　新兵は入営して「内務」生活となる。合宿しての集団訓練である。体力づくり、集団行動、兵器取り扱い修得、野外演習に専心する。1年で心身ともに屈強な兵士となっていなくてはならない。

　「給与」の食事分は、現物（「精米」6合）と賄い料（米以外）であり、事実上の三食あてがい扶持である。

　日清戦争の6年後1901（明治34）年に「陸軍糧秣廠」を設置し、それまで師団ごとの「糧秣」の整備補給を一元化した。「糧秣」とは、兵士の食糧と軍馬の餌のことである。あわせて各分野の研究開発、関係の教育業務も集約した。

　1929（昭和4）年時点での組織表をみると「本廠」（深川）のほか全国4カ所に「支廠」（習志野、駒沢、大阪、宇品（広島））、2か所に「倉庫」（流山、門司）、札幌に「派出所」、小樽に「出張所」がある。

　「廠」は、いまのチェーンレストランにいうセントラルキッチン、「倉庫」はカミサリー（物流センター）と比喩されようが、規模は比較にならないほど大規模である。

　「宇品支廠」の缶詰工場跡は現在「広島市郷土資料館」となっているが、そこでは、「牛舎・処分場・缶詰工場・梱包所・製品倉庫・試験所などの施設が合わせて30棟以上が建設され」「約800人の従業員が勤務」していたと説明がある。

　"主食"の「米」は、「本廠」で「玄米」で調達し「胚芽米」にして部隊に配給し、「小麦」は「大阪」「宇品」で精麦作業を施して配給した。6割ほどのカバー率であったが、品質のばらつきがなくなり、調達価格も節約となり、そして炊事時間が短縮された。

　各種食糧の調理法の研究、「戦用糧食品」の研究開発は主に「本廠」の「審査部」が行った。

　実際の食品の調達は、「官営製造」品と「契約調達」品がある。前者は「廠」内での製造品で、平時の「米麦」と一部「副食」、そして戦時に用いる「乾麺麭」（かんめんぼう）（乾パン）「圧搾口糧」「牛肉缶詰」「粉醤油」などである。後者は外部すなわち民間からの購入である。

大量炊飯技術と食文化

　大量調理のための機械化は、陸軍兵食において我が国の食生活史上初めて登場したテーマである。徴兵された兵士は兵営暮らしであり、主食は現物支給。毎日米を食う。

　大正期からスチームボイラーが普及しはじめ、多くの部隊でスチームを用いた「蒸気煮炊罐」と「茶蒸罐」による炊事方式が採られるようになった。「蒸気煮炊罐」は主食の「米麦飯」から「汁物」全般、「副食」調理まで可能ないわば万能調理器で、料理の取り出しに便利な「回転式」のものもある。アタッチメントの取り換えで野菜切りや大根おろしや肉挽きが可能な万能調理器、魚焼機（熱源も電気、石炭、木炭もある）など多くの機械メーカーが提案し納品した。

　確実な購入先があること、多数の発注が期待できること、製品使用状況のフィードバックがあることなど、民需だけでは開発動機が薄弱であるので、炊飯の技術と機器開発が進んだことは兵食があればこそといえる。

　また「本廠」は、「献立標準表」を各部隊に配布した。各部隊では、本部勤務の「経理将校」が「軍医」の意見を参考にして「献立予定表」を起案した。「栄養」「経済」「嗜好」が基本軸である。

　1931（昭和6）年には、詳細なレシピを掲載する料理マニュアル「軍隊調理法」を作成配布し、1937（昭和12）年には同改訂版と「陸軍四季標準献立表」が作成配布されている。

　こうして「栄養」「経済」「嗜好」に合致したいわば理想の食を兵食として日々体験消費した兵が満期除隊して郷里に帰還すると、彼の体験は地域全体に共有される情報となった。入営まで体験できなかった三食米食と"贅沢"な献立は吹聴され、その献立は地域の食にも求められるところとなり、同時に軍への憧れを育んだ。なにしろ「甲種」合格、兵営実績（上等兵除隊）は国による人物保証そのものであり、「在郷軍人」としての活動もあった。[7]

　以上のように、兵食がわが国の食生活に与えた影響には、米と炊飯に係わる技術と副食献立の調理法の体系化という点で絶大な貢献があった。"和食"は兵食がルーツである。とはいえ、それ以上の食のイノベーションを喚起するものではなかった。その理由の一つは、短粒種米の軟水による炊飯米は日

本に限られた食であるため、他地域への広がりを展望できなかったことである。そしてより大きなもう一つの理由は、戦時の食の基本が現地調達方式であったことである。戦地海外で日本と同じように思い通りの食材が入手できるわけではない。日本の食は、わが国固有の風土条件の下で営まれてきたものである。(8)

　この点で、軍（戦争）による食のイノベーションは、アメリカ軍が圧倒する。(9) わかりやすい例は日本に進駐してきた占領軍。現地日本での調達を一切避けて「Ｃレーション」（戦場用食キット）と自前の軍用飲水でしばらく過ごし、次いで「冷凍船で、冷凍肉と野菜」をアメリカから大量に送り込んだ。(10) 行き交う日本人に気軽にばら撒いていた「リグリー」社のガムは、歯の衛生目的でレーションに入っていたもので、戦地で大多数の兵士が「齲蝕症」（虫歯）に苛まれていた日本兵には無かったもの。(11) カロリー補給と疲労回復に大量携行していた"口で溶けて手で溶けない"「Ｍ＆Ｍチョコレート」は独占契約でアメリカ軍に納品されたものだ。彼の国では、兵食のルーツが食品産業なのである。

【注】

（１）日本統計協会編『新版　日本長期統計総覧　第５巻』（2006年、日本統計協会）。
（２）板谷敏彦『日本人のための第一次世界大戦史』（2017年、毎日新聞出版）58頁。加藤陽子『徴兵制と近代日本』（1996年、吉川弘文堂）参照。
（３）アザー・ガット（軍事史）はいかなる国家も常時維持できる兵力には「歴史上の鉄の法則」があり、それは人口の約１％だとしている。『文明と戦争（下）』（2012年、中央公論社）57頁。ちなみに、盧溝橋事件で日中戦争がはじまる1937（昭和12）に日本は1.52％となり、以降この値を超えて敗戦の1945（昭和20）年は11.45％であった。
（４）兵士の白米の偏重食により、脚気（ビタミンＢ１欠乏）患者を大量に生むことになり、死者も相次いだ。海軍はいち早く脱したが、陸軍は、1884（明治17）年に「精米に雑穀混用の達」が出されていたにもかかわらず、軍医森林太郎の頑迷執拗な脚気細菌説により白米変更を許さず苦慮し、陸軍が脚気予防を目的として主食に「米麦飯」を制式に規定したのは1913（大正２）年となった。
（５）藤田昌男『写真で見る日本陸軍兵営の食事』（2009年、光人社）47頁。
（６）膨張玄米（主食）、副食（乾燥鰹節、乾燥梅干、砂糖）を別々に圧搾し

た缶詰。1936（昭和13）年制定。
（7）「在郷軍人会」（1910（明治43）年〜1946（昭和21）年）も組織され、軍への協力も担った。ドイツに倣ったとされる。1931（昭和6）年調査で、陸軍258万人強と海軍6万人強と特別会員・名誉会員合計で約287万人。
（8）現地での食糧調達は、どんなものが生産されているかということ以前に、食料物資を広範囲から円滑に調達することが可能な流通機構があるかどうかということが決定的に大事である。強制徴用という手法は、強制力の行使に多大の労力がかかり、経済効率が悪すぎるのである。日本軍が進出した先は、ほんの一部の都市部以外では近代化されておらずそうした流通機構は存在していなかった。また貨幣通貨を日本軍の軍票（軍が貨幣代わりに発行して使用する手形）で代位するやり方も無理である。商業流通の担い手も"華僑"（敵国人）が大多数で、託すにも著しい制約と限界がある。

日露戦争（1904・1905年）時には、ロシア、中国の属国化に抗して日本との合併を唱える朝鮮（大韓帝国）の勢力「進歩会」（のち「一進会」）が、約5万人（15万人説あり）を動員して、日本陸軍の鉄道敷設工事や弾薬の運搬などを支援したという（豊田隆雄『誰も書かなかった日韓併合の真実』2018年、彩図社、24頁）。ここから30余年後の日中戦争・第二次大戦での日本軍の兵站については、無為無策というほかない。

（9）アナスタシア・マークス・デ・サルセド（田沢恭子訳）『戦争がつくった現代の食卓』（2017年、白揚社）参照。
（10）本書2節、クロフォード・F・サムス（竹前栄治編訳）『DDT革命』（1986年、岩波書店）、二至村菁『日本人の生命を守った男』（2002年、講談社）など参照。
（11）日本軍では「兵士の7〜8割に虫歯や歯槽膿漏」が蔓延しているにもかかわらず、事実上の放置状態であった。嘱託の巡回歯科医の度重なる提訴があったが、陸軍に歯科医将校制度が設けられるのはやっと1940（昭和15）年、海軍は翌年であった。外見からはわからない歯病での体力損耗は計り知れないほど大きかった。吉田裕『日本軍兵士』（2017年、中央公論社）、大野粛英『歯』（2016年、法政大学出版局）参照。

48節　連合艦隊と特務艦艇

海軍省発足

　1853（嘉永6）年6月、アメリカ合衆国海軍東インド艦隊司令官ペリーが浦賀に来航した。軍艦4隻（蒸気外輪2隻、帆船2隻）で、旗艦は『サスケハナ号』（2,450トン、乗務員300人）。

　徳川幕府は同年9月、鎖国下で唯一交流のあったオランダに蒸気軍艦2隻を発注し、洋式海軍創設を狙って、操艦術など海軍教育を依頼した。オランダはこれに応えて軍艦『スームービング号』（蒸気外輪、400トン、『観光丸』）を寄贈し、これを練習艦として「長崎海軍伝習所」がはじまる。オランダ側教官22名、伝習生は当初幕臣、諸藩士など100余名、勝麟太郎（海舟、33歳）、榎本武揚（20歳）もおり、のちの日本海軍士官多数を輩出している[1]。

　1857（安政4）年オランダから新造軍艦『ヤパン号』（380トン、『咸臨丸』）、翌年『エド号』（300トン、『長陽丸』）が日本に回航した。2年後1860（安政7）年、アメリカへの使節団77人を乗せたアメリカ軍艦『ポーハタン号』（2,415トン）の護衛に指名された『咸臨丸』は、遠洋航海向けの船体修理を施し、ブルック海軍大尉（38歳）下アメリカ兵11名の操艦で、勝麟太郎を艦長格として日本人90余名が乗船して太平洋を横断した。日本人（艦）初の太平洋横断航海と歴史に刻まれる[2]。

　新政府が発足すると旧幕府ならびに各藩の軍艦は献納された。1872（明治5）年、海軍省が独立した時点での保有軍艦は14隻で大半は木造である。国産は『千代田形』（木造、183トン）だけ、13隻は外国産、うち9隻はイギリス製である。アメリカから購入した『東』（あずま）（木造装甲、1,800トン、1864年竣工）は、もともとはアメリカ南軍がフランスに発注した艦であり北軍の砲艦に対抗する装備であった。

「連合艦隊」

　2隻以上の軍艦が1人の指揮官で指揮されるときは「艦隊」、2個以上の艦隊が一人の指揮官で指揮されるとき「連合艦隊」とすることは1884（明治17）年にできた制度で、10年後の1894（明治27）年に清国との戦争に臨んで、はじめて「連合艦隊」が編成された。同年9月「連合艦隊」は、黄海海戦（日清戦争）で東アジア最強と言われた清国「北洋艦隊」と交戦して、5隻を撃沈し制海権を握った。

　このときの「連合艦隊」の軍艦は12隻である。そのシンボルは『松島』『厳島』『橋立』（ともに4,280トン）で「三景艦」とよばれた。12隻中、国産は『橋立』（設計フランス）と砲艦『赤城』（622トン）の2隻のみで、10隻はフランスとイギリスに発注されたものである。

　ここからさらに10年後1904（明治37）年、日露戦争。このときの「連合艦隊」は、第一艦隊（戦艦6隻中心）と第二艦隊（装甲巡洋艦6隻中心）で、別称「六六艦隊」と呼ばれた。これに開戦時大本営直轄であった第三艦隊（予備艦隊）が、総力戦（日本海海戦）におよんで「連合艦隊」に編入された。

　第三艦隊は、日清戦争を戦った「三景艦」など有り体に言えば「時代遅れの軍艦」で編成されていたが、対して、第一艦隊、第二艦隊の中心艦12隻はすべて日清戦争後に完成した新鋭艦である。

　この12隻のうち10隻はイギリス製で、ドイツ製（『八雲』）とフランス製（『吾妻』）が各1隻。開戦間際には新鋭巡洋艦2隻（『春日』『日進』）が加わるが、この2隻もイタリアで建造中（アルゼンチン発注）のものをイギリスの仲介で購入したものである。日露戦争で世界中に勇名轟いた日本の「連合艦隊」の核心「六六艦隊」12隻（2隻加わり14隻）には日本製軍艦は1隻もなく、旗艦『三笠』をはじめイギリス製軍艦中心艦隊に他ならなかった。[3]

　イギリスは、ボーア戦争（南ア戦争）に手を焼く一方で対立を深めるロシアへの対抗とアジア権益の確保を目論み、ロシア牽制のために止むを得ず「光栄ある孤立」を捨て1902（明治35）年に日英同盟（軍事同盟）を結んでいた。[4]『春日』『日進』の素早い日本までの航海にあたっては、ロシア海軍からの防衛、スエズ運河通行や中継地での便宜など至れり尽くせりであった。[5]

　対するロシア・バルチック艦隊は、もともとバルト海域での戦闘に布陣さ

れたものだ。日本に向かった総隻数38隻で主力8戦艦のうち4戦艦（『スワロフ』、『アレクサンドル3世』、『ボロジノ』、『オリョール』ともに13,516トン）はスエズマックス（スエズ運河運行可能トン数）を超えてしまい、スエズ運河の通航が叶わなかった。そのため一部がスエズ運河を通り、他は石炭（燃料）を多く積んでアフリカ南端の喜望峰を経由する航海となり、両部隊はマダガスカル島のノシベ泊地で合流した。主力の戦艦・巡洋艦だけでも新（『スワロフ』1902年進水）旧（『ウラジール・モノマフ』1882年進水）20年の開きがあり、大きさ（排水量）も4戦艦（13,516トン）から巡洋艦『スウェトラナ』（3,727トン）まで大小さまざま、速力など能力もまちまちであった。結局航海では遅い艦に全体が合わせざるを得ず平均5〜7ノット（時速9〜13km）という低速での移動となった。

　この大船団の航海の大半はイギリスの勢力圏で、石炭など補給や修理もままならず、半年以上にも及んだわけである。多数の乗組員の死を含めて、艦船の痛み、砲・機械装備の不具合、そして人資源に甚大な実害を被るなか日本海までのこの困難な移動は航海史上「奇跡の航海」とさえいわれる。こうして、バルチック艦隊はイギリスによって戦力を削がれ続け、長期の航海でダメージを深くしながら這う這うの体で辛うじて辿り着いたところに休む間もなく日本海海戦に臨んだのである。

　迎え撃つ日本の六六艦隊の排水量は旗艦『三笠』（15,140トン）から巡洋艦『吾妻』（9,326トン）までの間にすべてあり、進水年も新『三笠』（1900年11月進水）から旧『八島』（1896年2月）まですべて5年内にある。速度も21.50ノットから18.00ノットの間だ。さまざまな意味で能力が揃っているわけだから、一斉の航路統制や呼吸を合わせた移動が可能となる。大船艦団を繰り出しての海戦においては何より需要なことだ。

　ダメ押しの話もある。グリエルコ・マルコーニがロンドンで無線特許を出願したのが1896年、翌1897年に無線の公開実験が広く新聞で報じられた。日本海軍は、この時戦艦『富士』、『八島』、巡洋艦『浅間』をイギリスに発注しており、そのため多くの海軍関係者がイギリスにいてこのニュースに触れ「敏感に反応」した。が、特許使用料の金を用意できずに、自前開発を目指し、1901（明治35）年「34式無線機」（到達距離150km）を開発した。その改良機が小説『坂の上の雲』に登場する「36無線機」である。日本海海戦の前に全船に無線機が設置されたのである。他方、バルチック艦隊もドイツ、テレ

フンケン社製無線機を装備していたとされるが、ドイツ人技師は航海途中マダガスカルで脱走して（苛烈な環境に耐えられなかったと思う）、開戦時には使用できなかったとされる。つまり、日本海海戦は、戦史上、初めて無線機の機能と役割が実証された戦いであったのである。[9]

　1905（明治38）年5月、日本艦隊がバルチック艦隊を撃滅し、欧州各国は日本を讃えた。ロシアの脅威が和らぎ、ドイツ、フランス、イタリアも自国製の戦艦の名声を高めたのである。

　その半年後10月、イギリスは、新型戦艦『ドレッドノート』を起工した。これまでの戦艦のことごとくを陳腐化し、出力、速度、砲撃力、防御力すべてを革新した。「弩級戦艦」時代のはじまりである。[10]

　すでにこれまで国家予算の半分にも及ぶ膨大な軍事費を投入し続け海軍力のキャッチアップに邁進してきた日本は、もう一度ゼロから海軍予算を積み増しすることはできなかった。雌伏して10年後の第一次大戦の「大戦景気」（大正バブル）の5年間を待つことになる。

特務艦艇と給糧艦

　日露戦争から2年後1907（明治40）年、「帝国国防方針」（方針、兵力、用兵）が定められた。「方針」で第一仮想敵国はロシア、以下アメリカ、ドイツ、フランスの順。「兵力」は、戦艦8隻、装甲巡洋艦8隻を主力に必要な補助艦艇（特務艦艇）を加える。「八八艦隊」という。

　「用兵」は敵海上勢力の撃滅を主眼とし、その作戦は臨機応変だとする。要するに模索状態だ。それであれば日露戦争の"教訓"頼みで、仮想敵のアメリカ進攻艦隊には日本近海で迎え撃てば勝機はあると強弁ができる。これでは「沿岸海軍」であるが、補給基地は国内（台湾、朝鮮含む）強化で事足りる。「海洋海軍」ならば、洋上での補給を担う多数の補助艦艇（特務艦艇）が戦艦とともに並行しなければ成立しないのだ。

　果たして8年後1915（大正4）年、第一次世界大戦勃発の翌年、「八八艦隊」の実行（建造）に着手することになるが、予算の都合で戦艦優先とならざるを得ない。それでも翌1916（大正5）年、特務艦艇の建造に着手した。まずは、給油艦で、『剣埼』（1,064トン）と『洲崎』（4,795トン）が起工され、1919（大正8）年『野間』（15,000トン、中型タンカー「ウォー・ワージャー」）

がイギリスより購入された。

　1924（大正13）年までの10年で特務艦艇の新造は計31隻となった。給油艦15隻（『野間』、アメリカ発注1隻含む）、給炭艦2隻、運送艦6隻、砕氷艦1隻、測量艦2隻、標的艦1隻、工作船1隻（ロシア『マリジューニア』鹵獲（敵より奪い取る））、そして給糧艦1隻（『間宮』）だ。

　特務艦艇の新造はここでストップした。いかにも遅かったが、いかにも少ない。こうして昭和になっても補助艦隊が僅少の「沿岸海軍」の佇まいのままだといわざるを得ない。

　初の糧食補給艦『間宮』（15,820トン）は、この10年の最後1924（大正13）年竣工である。数区画の冷蔵・冷凍庫を備え、「生糧品」（生鮮食品）を含む貯蔵食品量は970トン、1万8千人の3週間分を想定していた。ここには200人ほどの専門職人たちが軍属として雇用され、モヤシ、コンニャク、豆腐、油揚げ、うどん、漬け物、パン、菓子類（饅頭、最中、飴、アイスクリーム）、ラムネなども艦内製造し、製氷機による製氷も行われた。(11)

　『間宮』は、長らく海軍で1隻だけの給糧艦であり、1944（昭和19）年に撃沈されるまで大活躍した。周辺の軍艦に高い煙突の『間宮』近接が囁かれると、途端に皆の士気が上がった。わけても「間宮羊羹」は、艦隊全将校の垂涎の的だった。給糧艦は、1941（昭和16）年になってやっと『伊良湖』（11,100トン、1944（昭和19）年大破）が、1945（昭和20）年に『杵埼』（910トン、同年撃沈）が、追加されている。(12)

　アメリカを見る。日本が特務艦艇の建造に集中した同じ10年1915〜1924年で、給糧艦7隻をふくめ支援艦、特務艦の展開は、100隻を超えている。対日開戦を睨む直前の3年1939〜1941年では、給糧艦4隻を含む348隻を就役させている。広大な太平洋上を視野に入れた「海洋海軍」のシステムを展開している。そして、開戦後、アメリカのシナリオ通りに消耗戦の1年を経過した後、戦艦に陰に陽に随行した1,000隻を超える揚陸艦、支援艦、特務艦隊が渡洋して姿を現すのである。(13)

【注】
（1）「観光」は、「国の威光を見る」の意で漢籍『易経』にある語。今のような遊覧旅行の意で使われるようになったのは明治後期からである。
（2）ジョン・マーサ・ブルック海軍大尉（1826－1906）は、「ブルック砲」

の開発、大西洋横断ケーブルの敷設など、兵器や航海技術など多方面で多大な業績を残している。往路、勝麟太郎ら日本人の操舵未熟は、アメリカ上陸後の立場を慮って、緘口令を敷いた。武人の鏡だ。なお、帰路は日本人の操舵である。この点、勝や福沢など日本人側の記録はすべて"口裏合わせ"をしていて、往路も「アメリカ人に助けてもらうことは一進(ちょいと)でもなかった」(『福翁自伝』慶應義塾大学1996年版、109頁)としている。ブルックは、詳細な日記と記録を記していたが、死後50年の未公開を遺言としていたため、1960年代になって、このときの航海事情が明らかとなった。橋本進『咸臨丸、大海をゆく』(2010年、海文堂出版)参照。

なお、1853(嘉永6)年ペリー来航に続き、翌54年日米和親条約締結、翌々56年総領事タウンゼント・ハリスの下田駐在、翌57年日米約定(下田条約)、翌58年日米修好通商条約締結と、欧州列強に先駆けて力業で日本進攻を果たしてきたアメリカが、ここから肝心の幕末期に影が薄くなるのは、大規模内戦(南北戦争1861〜65年)となって、対外戦略の展開が休止することとなるからである。ただ、同戦争終結後には、同戦争中に発達した兵器産業の製品の行先として日本が有力な市場となり、図らずも幕末期内戦や新政府の富国強兵策に関与するところとなった。

(3) 六戦艦『三笠』(15,140トン、1900年進水)、『初瀬』(15,000トン、1899年)(機雷で沈没)、『朝日』(15,200トン、同年)、『敷島』(14,850トン、1898年)、『富士』(12,500トン、1896年)、『八島』(12,320トン、同年機雷で沈没)。六装甲巡洋艦『磐手』(9,750トン、1900年)、『出雲』(9,750トン、1898年)、『八雲』(ドイツ製9,695トン、1899年)、『吾妻』(フランス製9,326トン、同年)、『常盤』(9,700トン、1898年)、『浅間』(9,700トン、同年)。『春日』(イタリア製7,700トン、1903年)、『日清』(同7,700トン、1902年)。

(4) ベルリン会議(1884・85年)でヨーロッパ列強によるアフリカ分割がひとまず終了したが、イギリスは世界最大の金産出国トランスヴァール共和国の併合を企図して同国へ侵入し撃退された。この(第1次ボーア戦争)後もイギリスの露骨な干渉が続いて、1899年、同共和国とオレンジ自由国(ともにボーア人=オランダ系移民の子孫)が共同してイギリスに宣戦布告した。イギリス軍は劣勢を重ねて多大な損害を出しながらも、1902年フェリーニヒング条約に漕ぎ着け、両国を植民地化した。ここからドイツ領の南西アフリカと東アフリカの分断に進む。ボーア戦争でのイギリス側死者9万人とされる。のちイギリス自治植民地南アフリカ連邦(1910年ケープ植民地、ナタールを加え南アフリカ共和国)となる。岡倉登志『ボーア戦争』(山川出版社、2003年)参照。

(5) 同時にチリがイギリス・アームストロング社に発注していた軍艦にも売

却話があったが、日本は財政面から購入が叶わず、ロシアが購入の意向を示したところで、イギリスがこれを阻止して購入した。
(6) バルト海域は、流入河川が多く、海水循環が少ないため、塩分濃度が相当に低い。艦（鉄）は外海洋に長期に晒されると相当なダメージがあり、定期的な艦の清掃、付着物の除去、機器の点検掃除が必要である。バルチック艦隊は、こうしたダメージに深刻に晒されることなくきたこともあり、かつまた艦の損傷に気付いても、航海途中は大部分がイギリスの勢力下で一時寄港すらままならなかったため、ダメージの回復措置ができないまま航海を続けるしかなかった。
なお通例「絶対塩分」区分では、「海水」は3.5～5.0％、「汽水」0.5～3.5％であり、0.5％以下は「淡水」である。バルト海では表面で0.7％であり、北海に繋がるカテガット海峡でも2.1％以下、ボスニア湾、フィンランド湾では3.7％以下とされ、融雪期に河川からの流入量が増すとさらに下がる。『新版 地学事典』（平凡社、1996年）1046頁。
(7) バルチック艦隊の主力は、戦艦8隻、巡洋艦5隻であるが、最小の巡洋艦1隻だけがフランス（ラ・ハブレ社）製で、他はすべてロシア製（バルチック造船所、アドミラル造船所、ガレルニイ島造船所）である。
(8) ロシア側の資料（『露日海戦史』『露艦隊来航秘史』『露艦隊幕僚戦記』『露艦隊幕最後実記』）をベースにこのバルチック艦隊の過酷な大航海の様子を丹念に描いた作品に吉村昭『海の史劇』（1972年、新潮社）がある。
(9) 板谷敏彦『日本人のための第一次世界大戦』（2017年、毎日新聞社）105～109頁、無線百話出版員会『無線百話』（1997年、クリエイト・クルーズ）120頁、司馬遼太郎『坂の上の雲』第6巻（1978年、文藝春秋）、259頁（新装版、1999年、289頁）。
(10) 「弩級」を凌ぐ艦を「超ド級」という。この言い方は、特別に優れたものという意味で、映画界など各方面にも使われる。
(11) 民間から雇用する「軍属」には、「雇員」（通訳など）と「傭員」があり、「傭員」には、炊事に従事する「割烹」のほか「洗濯夫」「従僕」「剃夫」（理髪）があった。人数は都度加減がある。なお「割烹」は将校の食事調理、要人の軍艦招待の際の会食料理も担う。
(12) 燃料代を安くするため石炭と石油の混合缶を採用した。石油とは比較にならないほどの煤煙が出て、煤煙から食糧を守るために煙突が高くなった。『伊良湖』も同じ。松代守弘、三木原慧、田村尚也「給糧艦 間宮」長谷川晋編『歴史群像シリーズ37　帝国陸海軍補助艦艇』（2002年、学習研究社）28頁。
(13) 佐藤俊之「米海軍の戦争計画と支援艦隊」、上掲書、47～49頁。

49節　給糧艦『間宮』と特務艦『はまな』

海軍の戦いと陸軍の戦い

　近代は軍艦の連続的な革新の時代である。船体が木造から装甲艦（木造船体を鉄板で装甲）となり、鉄製となった。大砲が前装式から後装式となり榴弾砲へと進化し長身化大型化重砲化した。推進装置は帆船から蒸気船（外輪）となり、スクリューとなった。エネルギー源は風力から石炭になり石油となった。鉄鋼や火薬など数多の技術革新が連動している。そして船体も大型化した。

　日露戦争（1904・05（明治37・38）年）で「連合艦隊」の旗艦『三笠』（14,150トン、イギリス・ヴィッカース社、1902（明治35）年竣工）は、全長131.7メートル、全幅23.2メートル。主砲30.5センチ砲4門、副砲15.2センチ砲14門、対水雷艇7.6センチ砲20門、47ミリ単装砲16基、魚雷発射45センチ管4門である。そして乗員は860名。

　戦艦の戦いとは、1人の指揮官の下で、これに乗船している数百人が兵器や操舵操縦や機械室や計器測定など割り当てられたそれぞれの持ち場で淀みなく目の前の機器・機械類を操作し、あらかじめ練られ反復訓練してきた演習に基づき連係プレーを繰り返すということに尽きる。乗員すなわち海兵は、機械操作の熟練工にも例えられよう。

　この点で、戦場における兵の戦闘方法は、陸軍と海軍とではまったく異なる。陸戦では、兵は十数名のチームごとに縦横に移動したり停止したりしながら、携行している銃器を自己操作して戦う（大砲は運搬・据え付け・操作の点で制約がある）。他方、海戦では、兵は基本的にあらかじめ定められた自分の持ち場を離れることはなく、敵艦の観測と重兵器の操作と自艦の操舵移動に従事する。

　こうしたことから、兵の食事システムも自ずと異なる。

陸軍「兵食」と海軍「兵食」

　陸軍について、かなり単純化して述べると、兵営（平時）では、陸軍は各部隊から「炊事当番」を輪番制で出し隊の兵士皆の食事を作成し別の当番が「食事分配」する。

　野外演習（戦時）では、「戦用炊具」（野外用炊出機材）が配備される。「戦用炊具」1組で1千人分の主食・汁・副食の炊事が可能であった。食器は各自が携行する「飯盒」であるが、地面に炊飯壕を築き「飯盒炊爨」をすることもある。野戦部隊用には、「炊事車」（荷車、馬2頭で牽引）、「清涼飲料製造車」（同）、「沸水車」（同、飲料水の煮沸消毒と提供）、「屠獣器」「屠槌」（食用動物の屠畜）、「豆腐製造機豆挽機」なども開発され実用した。なお、総重量2.5トンと移動が難しく後方兵站となるが「製氷装置」（1日500kg、エンジン動力とアンモニアガス）もあった。

　確認するが、日本軍では馬と人の力が頼みである。自動車の活用は甚だ遅れる。日中戦争開始の翌年、「国家総動員法」公布の1938（昭和13）年で、日本の自動車総生産台数は1万6千台未満でしかなかった。そのうえ、品質・技術も劣って故障も多かったので、戦地に送るととにかく国産車は嫌われ、「中古車でもフォード、シボレーがよい」と嘆かれていた。[1] 同じ年、アメリカでは乗用車だけで200万台生産しており、トラック、軍用車の生産にも拍車がかかっていた。それにもまして、運転経験の有無がそのまま人的資源（軍事力）の相異となった。日常生活で自動車を乗り回していたアメリカ兵とは違って、日本兵は運転未経験者がほとんどで、運転、修理、事故対応に手を焼いた。ちなみに、この差は、飛行機の操縦場面でも作用した。農村から駆り出された年端もいかない俄か兵士がいきなり飛行機の操縦を強いられても酷な話だ。

　さて、陸軍「兵食」では、戦場に「分隊」ないし「班」単位で分散する多数の兵がその場で自己調達できるように仕組まれている。

　これに対して海軍では艦内での食事が基本となる。各艦には、食品倉庫と炊事専用の「烹炊所」が設けられており、軍属として雇用されている民間人「割烹」（料人）と専門の炊事教育を受けた海兵「主計科員」（主計兵）とが調理に従事する。陸軍の兵の輪番制に対して、海軍は炊事専門兵の制度であ

る。繰り返すと、軍艦内のスタッフは全員が各部署の専門家でなければならないのである。なお、「烹炊所」は、「士官」専用（将校用）と「下士官」用（兵）と別個に設けられ、「割烹」もそれぞれに配置される。「士官烹炊所」は戦艦クラスだと士官室ごとに設けられ、ここでは「陸軍でも羨むような食事だった」[2]。

軍艦の食の実施には、いくつかの制約条件がある。

一つは空間的な制約である。なにしろすべては艦内である。「烹炊所」はコンパクトかつ機能的に機器などが配置されている。

二つはエネルギー供給上の制約である。艦では、運行そのものはいうまでもなく艦内および附属装備もすべて限りあるエネルギーを各部所で効率的に使い回していかなくてはならない。「機関兵」との交渉力も必要だ[3]。

三つは相当の期間にわたり艦外からの補給が無いものとして艦内備蓄品で対応しなくてはならない[4]。

これらの事情は、習熟した専門職でなければ務まるものではない。

さらには旗艦ともなれば、要人の歓送会などさまざまな式典や碇留の際には碇留地の名士や役人などとの接遇行事の宴席を艦内で主催することも多い。これらの饗応の料理では「和食」「洋食」「中華」の三種があり、「晩餐」ともなれば、フルコースの料理提供となる。そのための「接待用特殊洋食器」などは、「士官烹炊所」隣接の「食器室」に常備されている。「主計兵」とチームを組む「割烹」には一流ホテルの料理次長クラスが（特別処遇で）請われることもある。

給糧艦『間宮』

日露戦争の「連合艦隊」旗艦『三笠』が、1903（明治36）年に発注先のイギリスから「横須賀に回航されたとき冷蔵庫が付いているので驚いた」という話がある[5]。

というのも遡ること10年前の日清戦争（1894（明治27）年、黄海海戦）では、連合艦隊旗艦『松島』（4,278トン、フランス、ラ・セイネ社）には、食用のため「生きた牛」を甲板で飼っていたからだ。『松島』が清国戦艦『鎮遠』（7,220トン、ドイツ、フルカン・シュテッティン社）の砲撃で被弾したときには、戦死1名負傷16名のほかに、「生牛」2頭も"戦死"した。この頃は兵食用に

「大きな軍艦では牛小屋をつくって、生きた牛を飼っていた」のである。

　初の給糧艦『間宮』(15,820トン、神戸川崎造船所)の起工は、1922(大正11)年である。同年ワシントン条約(海軍軍縮会議、海軍軍縮条約)の締結で、戦艦の建設が放棄となり、代替策として急遽の建設が決まった。川崎造船所の設計だが、「給糧艦」なるものの仕様が判然とせず、設計図では「後部上甲板のいい場所に立派な牛小屋」が確保された。当時の周辺関係者では「給糧艦」には食用「生牛」乗船が共通認識であったと思われる。

　『間宮』は、翌1923(大正12)年10月に進水したが、竣工は1924(大正13)年7月とさらに9カ月かかっている。「大容量の保冷機、数区画に分ける冷蔵・冷凍庫のレイアウトなどたびたびの仕様変更」をしたからだ。「保冷装備は燃料を大量に消費する」ので、「航続距離」とバーターとなる。規模は世界最大を求めたものの、「兵食」(兵力)と船の移動力という戦力の交換についての経験値がなかったのである。

　『間宮』は、将兵に日本食を供給するうえで必要な多種類の食品(コンニャク、豆腐、油揚げ、うどん、漬け物など)や菓子(甘味)を製造する食品工場、洋上を動く食品工場となった。図面上の「立派な牛小屋」は最終的には食品製造室となった。[6]

　なお、艦船では、大正中期ごろから、「食糧庫」の改造が行われて「冷蔵庫」が設置されるように進みつつあった。ただ規模は『間宮』が抜きんでている。

　『間宮』進水の同じ年1923(大正12)年に「海軍経理局」から「糧食購入手続」が通達された。各艦の糧食品の調達は、各軍港基地の①「軍需部在庫品」、②「軍需部製造品」からの調達を基本とし、③一部に「直接購買」(外地など軍指定の「請負人」がいない場合で)を認めるという3つとされた。①「軍需部在庫品」は、民間の事業者(御用商人)から納品されたたものである。業者は「随時契約」または「指名競争(入札)」で定められた。そして、『間宮』からの調達はこの「手続」の例外とした。

『はまな』の「糧食洋上補給の研究」

　1945(昭和20)年9月2日、東京湾の『ミズーリ号』艦上で日本は降伏文書に署名した。同年11月30日、帝国陸海軍は消滅(陸軍省・海軍省解体)した。

それから9年後、1954（昭和29）年6月9日、陸海空3軍の自衛隊が発足した。
　海上自衛隊は、1959（昭和34）年度には「護衛艦」3種40隻の陣容となり、洋上給油が必要だとして1961（昭和36）年に特務艦給油艦『はまな』（2,990トン、浦賀船渠）が起工され、翌年竣工した。『はまな』は、"糧食補給艦"を兼ねることとなって、あらためて「糧食洋上補給の研究」が開始された。(7)
　研究は多方面でなされたが、大きく括ると次の3分野である。
　①食品品質（とくに生鮮食品の鮮度）の劣化問題で、積み下ろし荷作業途上での品質変化、温度、季節条件による変化など多岐にわたる。
　②容器問題。海軍時代の糧食納入容器は「木箱、リンゴ箱、ザル、竹カゴ、トロ箱、木桶」など定型のパッケージがなく不統一のため搭載や格納に格段の苦労があったと総括している。
　③食品の物理的ダメージ問題。上空から投下した際の耐衝撃実験である。
　それぞれに有意義で丁寧な研究成果を得ている。が、翻って海軍時代ではこうした観点を持ち合わせていなかったことを浮き彫りにした。
　これらの成果は、自衛艦隊司令部配布資料として取り纏められているが、海上自衛隊でのこの手の研究は、この1960年代後半（昭和40年代前半）に取り組まれただけで、一過性のもので終わっている。
　同じ時期に、日本各地でスーパーマーケットという流通機構がアメリカを手本に導入されて急成長していた。これと並行して、コールドチェーンの構想・構築が進みつつあり、生鮮食料品の鮮度品質問題、食品包装・包材の開発研究、在庫・陳列や運送の効率化の取り組みなどが食品業界全体で取り組まれていた。食のイノベーションの担い手が軍需から民へと転換していたのである。

【注】
（1）加藤誠一（豊田自動織機自動車部）の言。NHK"ドキュメント昭和"取材班編『アメリカ車上陸を阻止せよ』（1986年、角川書店）183頁。林譲治『太平洋戦争のロジスティクス』（2013年、学研）参照。末期になるがインパール作戦（1944年）では、輜重（軍事物資輸送）は動物中心で、師団で駄馬3千頭、駄牛5千頭、象10頭を随伴させたとあり、牛は途中途中で食糧となるとの司令官構想であったが、動物は並べて人のように器用に動けるはずもなく、結局兵士が40キロの物資を背負って進軍した。馬と人頼みが染みついていたといわざるを得ない。林、上掲書、

267・268頁。
(2) 高森直史『戦艦大和の台所』(2010年、光人社)、119頁。
(3) 「機関兵」は、缶を焚いて蒸気を起こす、タービンへ蒸気を送る、発電機、電動機の操作、補機(揚錨機、舵取機械、製氷機、送風機)の運転などを仕切る。
(4) 「貯蔵品」は通常3ヵ月分、「生糧品」(生鮮食品)は冷蔵設備を考慮して「所要数量」となる。
(5) 高森直史『日本海軍ロジスティクスの戦い』(2019年、潮書房光人新社)、47頁。
(6) 上掲書、46頁。
(7) 「艦艇糧食補給用資料について」(自衛隊後方部第110号)1970年4月、自衛艦隊司令部配布。高森、上掲書、305頁〜の解説による。

50節　日本初のスーパーマーケット「紀ノ国屋」

増井徳雄の上海体験

　日露戦争終結の年1910（明治43）年、和歌山県九度山から単身上京した増井浅次郎（24歳）が、東京・青山で果物店「増井浅次郎商店」を開業した。「毎日、大八車を１日10銭で借りて、市場から果物や野菜を仕入れ曳き売りを始めた。泥芋の皮をむいて洗ったものを出し、野菜の葉を剝がし常に一枚目から食べられる状態にしておくなど、お客様目線での商売により、得意客が増えていった」。(1)
　1915（大正３）年、近くに移転して屋号を故郷の英雄に肖(あやか)って「紀伊國屋文左ヱ衛門総本店」（通り名は「紀文」）とした。画期的だったのは、翌年、アメリカの「フリック」社製冷却機を導入し、地下に８畳ほどもある広い電気冷蔵室を設けたことである。「紀文式低温貯蔵庫」と名付けた。冷やした果物は、それまで人々が経験したことがなかった新しい味覚口腔体験で、威力は絶大であった。注文も見学者（同業者、料理店など）も殺到した。盛夏の冷やしスイカは極楽の境地、人気は凄まじかった。自転車の荷台に乗せて配達していたが、それでは届けるまでの間に温んでしまうので、1931（昭和６）年オートバイ「イワサキ号」（イギリス製エンジン）を、翌年には自動車「ダッチ」（アメリカ）を購入して、配達の迅速化につとめた。
　宮内省御用達許可書制度の発足は1891（明治24）年であるが、「紀文」も、この冷蔵果物のお陰で1930（昭和５）年に宮内省御用達の果物商として「門鑑」（門の出入りの許可証）を受けた。
　が、翌年は満州事変（柳条湖爆破事件）。軍靴の響きが少しずつ大きくなっていき、やがて統制経済へと突き進んだ。1941（昭和16）年４月に、「生活必需物資統制令」が公布された。野菜と果物も統制の対象で、自分の裁量で良質な青果を仕入することができなくなった。同年11月、「紀文」は宮内省への納品ができなくなったことを申告し、青山の店を閉鎖した。
　増井の次男徳雄は、肋膜炎で病歴が長く兵役を免れていて、1937（昭和12

年から「紀文」の第一線に立っていた。店舗閉鎖となると直ちに、配達先で目をかけてもらっていた軍人の世話で、上海へ渡った。そこは「外国租界」が蝟集(いしゅう)するエキゾチックな空間で、「物資は豊富に流通していた。…亜熱帯の土地にある上海にふさわしく、全館冷房も完備した喫茶店やレストランが方々にあるのには驚いた」。アメリカ系、フランス系、イタリア系など世界中の食品と料理を見聞きすることができた。

　戻って3年後1945（昭和20）年の夏、日本は敗戦を迎えた。「紀文」の店は、3月の東京大空襲で灰塵と化しており、青山通りの先に続く渋谷の町も建物一つ残っておらず、近くに一望できた。(2)

リンゴのGHQ納品規格

　1945（昭和20）年9月2日、東京湾に浮かぶアメリカ戦艦『ミズーリ号』上で、降伏文書の調印式が行われた。

　これに先立って、8月26日、先遣隊であるアメリカ第三艦隊が相模湾に姿を現した。直ちに日本側に30日上陸に備えてDDT空中散布を行ううえでの諸注意事項を伝えた。そのうえで29日、飛行機からDDT（殺虫剤、1971（昭和46）年使用禁止）空中散布を行った。日本人にとってはDDTとの初めての遭遇であり、飛行機から白い煙が大量に噴き出している様子に、"毒ガス"散布だと不安がる人が多かったという。30日、最高司令官ダグラス・マッカーサーが厚木に降り立った。

　日本を占領し駐留するアメリカ軍にとって、最大の課題は、衛生状態の極めて劣悪な当地の環境下で、いかにして安全を確保し安心できる食料を調達するのかという問題である。DDT散布はその第一歩である。GHQは、翌年3月から本格的なDDT散布計画に着手し、日本全国で実行していく。外地からの引揚者や、一般の児童の頭髪に直接に粉状の薬剤を浴びせる様子は、風物となった。その効果はてきめんで、その翌年には発疹チフスの罹患は30分の1に、天然痘は50分の1に激減した。

　進駐軍で使用する食材は、基本的にはアメリカから運んできた。フルーツもそうである。この事態に日本が猛反発した。アメリカ産のリンゴに付着して「ミバエ」（フルーツ・フライ、害虫）も日本に入ってきてしまうのではないかと恐れたのだ。日本中のリンゴが全滅しかねないとする剣幕にアメリカ

は折れて、リンゴは国内調達でよいということとなった。1946（昭和21）年秋に「特別調達庁」から、リンゴ調達指令が、農林省・青森県・長野県へ出された。(3)

　明治からこの方、日本最大のリンゴ産地であった青森のリンゴ農家は、1941（昭和16）年の農業生産統制令で米作に労働をシフトさせ、リンゴ栽培が禁じられたのであるが、戦争が終わって1946（昭和21）年9月、リンゴ生産の復活と東京への販路開拓を目的として「青森県りんご協会」を設立した。そして、東京出張所を設けて、それまで良質なリンゴの集出荷を通じて信頼が厚かった増井徳雄の助力を仰ぐこととし、増井を所長と頼んだ。

　まもなく11月24日、GHQに納めるリンゴの指示が協会に伝えられた。だが、その指示にあったGHQの納品規格、品質検査は、日本人の誰もが経験したことのない新しい世界で、想像すら及ばぬ難問だった。

　"籾殻（もみがら）"が「不衛生」だとして使用禁止、一粒の付着も許されず、納入拒否となった。これまでは、米を脱穀した"籾殻"をパッキング（荷造り用の詰め物）としていれ木箱に詰めて送っていた。はじめは、米食民族でないので"籾殻"に馴染みがないのだろうくらいに思っていた。が続いて、輸送する貨車も必ず洗浄し、有蓋でなければならないと指示された。ここで気付いた。農家にあった"籾殻"では、家畜に触れなかったという保証はないと。(4)

　リンゴは一つずつ"薄葉紙"で包み、パッキングは"木毛（もくもう）"（ウッドウール）（丸太を裁断して糸状に細かくしたもの）との指定であった。だが、今度は"木毛"では、通気性がよいため、冬場に出荷したリンゴが輸送途中で凍結温度まで冷やされ、到着時には解けて萎（しな）びてしまっていて、不合格となる場合もあった。等級・重量規格は無論のこと、生産地コンディション、出荷荷姿、包装資材、輸送条件、など、日本産をGHQ規格に引き上げるべく増井が当事者として手掛けたこれらの経験は、その人脈も含め彼の財産となった。

「清浄野菜販売店」第一号

　1949（昭和24）年2月、「紀ノ国屋」は創業の地で、果物と「清浄野菜」を扱う小売店として店舗を再建した。東京都指定の「清浄野菜販売店」第一号であった。(5)

　進駐軍は、日本での食材調達をきわめて危険なこととして、しばらくは

「Cレーション」（戦闘用兵食キット）で凌ぎ、その後はアメリカから冷凍船で牛肉や野菜を運んできた。しかし、レタスは萎びて、サラダには難があった。コストも嵩（かさ）んだ。GHQは、日本国内から生鮮野菜を調達することとし、「清浄野菜」を指定した。日本の畑作では、"下肥"（人糞を腐熟させてこれを肥料とする）を畑に撒くという生育法がもっぱらであった。GHQは、これが日本で蔓延（まんえん）する伝染病や回虫などの源と断じた。"下肥"散布は、広く知れ渡っていて、日本の野菜はおぞましかった。

　「進駐軍は野菜を現地調達するにあたって、厳格な衛生管理の体制をつくっていた。清浄野菜を生産したいという農家から、畑の土のサンプルを提出させ、軍内部の衛生管理官が回虫やバクテリアを検査して安全と判定しなければ認めなかった」。こうして許可を得た農家だけが「清浄野菜」を栽培できたのである。

　「大がかりな計画を必要とした」。「化学肥料を確保し、汚染されていない水と清潔な農機具を使用し、複数の農家による集団事業化、出荷の体制を作る」のである。(6)

　増井は、神田の青果市場（現大田市場）の野菜のプロたち、各地農業試験場研究員たちと協力しながら、化学肥料で「清浄野菜」栽培に取り組んでくれる農家を探し、説得して歩いた。馴染みのある「いちご」農家（静岡）を手始めに近県を駆けずり回った。農村復興という使命感が彼らを支えたのである。

　とはいえ、難航したことは想像に難くない。平時の今においても、先祖伝来のやり方を捨て、まったくの新法に変えるという提案は直ちには受け入れがたい。たしかに、一面では、GHQといういわば絶対君主様のご意向がある。が、他方では、昨日まで殺し合ってきた鬼畜の軍門に下れと焚きつけに来た人たちと見做（みな）されたのだから。

　そして、「清浄野菜」が一般市場でも知られてくると、これまでの慣れ親しんだ野菜類とは違って、「味気ない」というレッテル張りが絶えなかった。が、「清浄野菜」の種類が増えるにしたがって、食卓にサラダをという料理研究家たちが躍動しはじめた。「味気ない」とクサす派も、サラダ推奨派も、ともに「清浄野菜」の向こうにアメリカを見ていた。(7)(8)

　ともかく「紀ノ国屋」は「清浄野菜販売店」を掲げることで、生野菜を直接に食べるサラダの時代の到来を宣言したといえる。

PXと「オープンケース」の魔法

　東京に進駐したアメリカ軍は、軍の事務所や宿舎、そしてPX用に焼け残っていた約600の建物を接収した。PX（カミサリーとも呼ばれた）とは、アメリカ軍基地内の商店（免税店）のことで、軍人とその家族とが使用できる。銀座では、「服部時計店」、「松屋」、「黒澤商店」（現「クロサワ」、タイプライター・文具）がPXとされた。増井徳雄も、PXに卵（魚粉を使わずに育てた鶏が産んだ卵）と青果物を納品していた。PXでは、多数の種類の食料品が「大量に山のようにしかも美しく」陳列されていた。セルフサービス方式でありショッピングカートがあり、そして「オープンケース」（蓋・扉のない冷蔵ショーケース）であった。「オープンケース」は、冷気のエアーカーテンをつることで、扉がないのに中のものが冷やされるという魔法を現世で見せつけた。

　一方、再開した青山「紀ノ国屋」も、アメリカ軍とその家族が住む「代々木ワシントン・ハイツ」の徒歩圏内で、車なら数分の距離である。これまでの日本の青果店の店構えは、低い商品台の上に青果物を並べ前面を開けっ放しにするというスタイルであり、誰が見ても蠅などに無防備だ。徳井は、アメリカ軍衛生検査官の検査に合格する店を目指して舵を切った。店の前面をガラスで締め切り、ウインドーはガラス、扉は網戸とした。日本人にはたいそう入り難く、入店を躊躇われても止むを得ないとした。

　再建翌年、1950（昭和25）年に、米軍放出品を扱う古物商から「オープンケース」を２台みつけて確保することができた。三段型（冷蔵室部と棚二段）で、PXで見ていたものと同じ「ワーレン」社製であった。ただ稼働方法がわからず、高輪の屋敷町の電気機械店の助けを求めた。戦前の超名門名家の邸宅があつまるエリアでアメリカ製冷蔵庫の保守と修理を専門としていた店だ。コンプレッサー（圧縮機）を使って難なく稼働した。

　後日談がある。「帝国ホテル」に投宿していたアメリカのビジネスマンが二人、青山に評判の食料品店があると教えられ、「紀ノ国屋」の前に来て、大騒ぎを始めた。「ワーレン」社ハリス社長とその輸出会社レベル社長だ。はるか昔に売った冷蔵庫が遠く離れた異国の地で、手入れが行き届いてしっかり稼働していることに感激したのだ。後に同社と「富士電機冷機」が技術提携する際に、増井は両社から請われて立会人の役を務めている。

翌1951（昭和26）年9月、サンフランシスコ講和条約および日米安全保障条約の締結成る。事態は慌ただしく進んでいく。この翌年には、各地の波止場、850カ所の旧軍需工場、「第一生命相互ビル」（GHQ）、「銀座松屋」（東京PX）などの返還が相次いだ。増井は、これまでの軍（PX）への納品頼みのところを縮小して、民間需要にいっそう応えるべく店舗の増築を目論んだ。アメリカのスーパーマーケットをモデルとしたので、セルフサービス方式でなくてはならない。徳井があれこれ構想して気を揉んでいるさなかに、アメリカ・オハイオ州デイトンに本社のある「日本ナショナル金銭登録機」（社長ジョージ・ヘインズ）から、アプローチがあった。

日本初のスーパーマーケット

セルフサービスの店といっても、多くの要素が組み合わさる必要がある。商品の陳列棚（ゴンドラ）、棚に付ける価格の表示、商品に付ける価格のシール、商品をパックする包装材、ショッピングカート、買った品物を入れる袋、そして何よりメカニカル・キャッシュ・レジスター。PXではどこでも見かけたが、日本には無いものばかりだ。

スーパーマーケットが主流のアメリカからみると、日本の小売業は、まったく遅れていて非近代的な存在だった。アメリカの流通業関係者においては、日本が戦後復興を果たし経済発展が進んでいけば、いずれ流通業・小売業においても、近代的で合理的なビジネス手法が求められていくに違いないと理解されていた。そして、その先陣を切る役割を担うのが、メカニカル・キャッシュ・レジスターであると。

「日本ナショナル金銭登録機」（以下、ナ社）は、とにもかくにもメカニカル・キャッシュ・レジスターを設置してくれる店舗が欲しかった。1店舗だけでもありさえすれば、セルフサービスとはどのようなものなのかを見てもらって説明することができる。こうして、「ナ社」幹部たちと、増井徳雄と「紀ノ国屋」幹部らとで、連夜勉強会がはじまった。念のために言い添えるが、当時は増井ら一般人のアメリカ行きは論外であった。「ナ社」側から提示される写真・図面・資料が唯一の手掛かりであった。

勉強会は10ヵ月におよび、実物の調達と試行が並行して行われた。ゴンドラ（陳列棚）は大工棟梁の手作りであったが、寸法は日本人サイズで調整し

たり、実際に缶や瓶の商品を置いては並べ直し、ゴンドラそのものを作り直したりした。13台が用意できた。

ショッピングカートは、日本橋のOSS（連合国人向けの物資販売店）の閉店情報を聞きつけて、他の閉店のものなどもあわせ購入できた。中古で5台、安くはなかった。台数が足りず、後日にアメリカから輸入している。(9)

クラフト紙を使ったショッピングバッグは、PXに納めていた「福田商会」（現「スーパーバッグ」社）がPXに代わる販路を探索していたところに「紀ノ国屋」と出会うこととなり、調達することができた。

なにからなにまで本邦初の取り組みであった。

最大最後の難関が店舗だ。売り場6坪のこれまでの店舗では狭すぎる。倉庫とバックルーム（作業室）を売り場に取り込み40坪の売り場とし、その裏側にバックルームを設けた。売場は商品を美しく陳列する場だ。売り場に出す商品の前準備はすべてバックルームでする。

1953（昭和28）年11月28日開店。「ナ社」レジスターは3台が稼働していた。「紀ノ国屋」新型店は大評判となり、日本初のスーパーマーケットと騒がれた。(10)

キャッシュ・レジスターの普及

「紀ノ国屋」の大成功は、「ナ社」の日本における成功のビジネスモデルとして直ちに定式化された。

「ナ社」は1954（昭和29）年10月20日から、銀座三丁目のビルの4階で、第一回セルフサービス研究会を開催した。朝から夕刻までの4日間にわたる講義に参加したのは23人。セルフサービス店＝メカニカル・キャッシュ・レジスター導入店の成功事例は、青山に見に行けばよい。この講義に参加していた「島田商店」（東京・千歳船橋）は、翌年5月に酒屋からの転身第1号として名乗りを上げた。これを皮切りに、同年「ハトヤ」（のちニチイ）、「マルイ」（津山市）など40店が、翌1956（昭和31）年139店、翌々1957（昭和32）年283店とセルフサービス店は急増した。

そして、1958（昭和33）年、銀座・交詢社ホールで、（任意団体）「日本セルフサービス協会」（現全国スーパーマーケット協会）の設立総会が開かれ、増井徳雄が初代会長に選任された。この年、セルフサービス店は595店とな

った。翌年から念願の"アメリカ視察団"の派遣が始まった。

1960（昭和35）年10月には、同会全国大会開催に合わせて、アメリカ・スーパーマーケット協会の創設者M・M・ジンマーマンを招聘して講演会を開催した。ジンマーマンは、東京、大阪で講演し、「紀ノ国屋」を訪問した。ジンマーマンは、今日でも色褪せることにない名著『スーパーマーケット』（1955年）の著者であり、この日本版（1962年）刊行の際には8頁の前書きを追加して、この時の日本体験を紹介し、増井徳雄と「紀ノ国屋」を「スーパーマーケットの見本」を示すものだと絶賛している。平松由美（ジャーナリスト）は、ジンマーマンが「紀ノ国屋」を訪れたときに、売り場のリンゴをひょいと掴み、やにわに食べ始め、そのうえで増井に「紀ノ国屋の株をぜひ買わせてほしい」と囁いたというエピソードを紹介している。そして、このジンマーマンの売り場のリンゴを口に入れるという不意な行動に対して、周囲にいた人たちはアメリカ人の茶目っ気と受け取ったが、実は商品の品質チェックではなかったかと推測している。

このジンマーマン来訪の年、「紀ノ国屋」は、精肉部門を新設し、肉のプリパック販売を始めるとともに、アメリカから冷凍ショーケースを輸入し、冷凍食品の販売を開始する。なお、鮮魚部門新設（青山店）は1970（昭和45）年となった。

「紀ノ国屋」は数次の増改築と拡充を図り、軽井沢（1958・昭和33年季節営業、1969・昭和44年移転してフル営業）、国立（1970・昭和45年）、等々力（1976・昭和51年）、吉祥寺（1980・昭和55年）、鎌倉（1982・昭和57年）、と店舗数を増やしていく。

とはいえ、「紀ノ国屋」は、輸入食料品を中軸に、グロッサリー食品を魅力的にそろえてはいるが、日本の平均的な家庭の食卓のニーズに対応したスーパーマーケットだとは規定しにくい。むしろ、セレクトショップ、専門店としての位置づけの方がしっくりくる。

アメリカ食の展示場

別の歴史を見てみる。

1959（昭和34）年4月10日、皇太子・美智子妃の結婚祝賀パレードが、皇居から青山通りを通って東宮仮御所まで行われた。都電（路面電車）の線路、

石畳は、砂を敷き詰めて平らにならされた。翌月5月26日、IOC総会（ドイツ、ミュンヘン）で、第18回1964年オリンピック開催都市が東京に決定した。東京の大改造が始まる。

　青山通りは16メートルから40メートル道路となった。道路拡張により、これまで2階建て建物中心から、鉄筋3・4階建て建物中心へと街並みが変化した。オリンピック開催前年1963（昭和38）年3月、「紀ノ国屋」は、駐車場付きで鉄筋コンクリート地下1階、地上3階の新店舗を開店した（2階・3階はパン工場）。専用駐車場付き「スーパーマーケット」とは本邦初である。自動車による買い物の時代の産声だともいえなくもないが、郊外ではなく都市の内であった。

　本稿では、二つの新機軸に着目する。催事の企画開催とプライベートブランド（PB）の導入という二つだ。

　一つ目。開店早々5月に初の催事「ハワイアンウィーク」を開催した。日本にはなかった「パイナップル」や「トロピカルフルーツ」の缶詰を輸入し、飾りつけやスタッフの衣装などハワイムードを盛り上げた。まだ海外渡航の自由化前で普通の人は海外に行くことができなかった。「ハワイ」は、日本人が最も憧れる外国であった。1961（昭和36）年からはじまる「サントリー」の「トリスを飲んでハワイに行こう！」の大人気キャンペーンは、当選者は海外渡航の自由化の暁には「ハワイ」に行くというものであった。エルビス・プレスリー映画『ブルー・ハワイ』（1961年、日本公開1962年）も情緒を掻き立てた。映画でも有名な「常磐ハワイアンセンター」（1966（昭和41）年）もハワイ人気にあやかったものである。ちなみにハワイは当時、アメリカの代表的フルーツ企業「ドール」、「デルモンテ」の拠点である。「紀ノ国屋」は、「ハワイアンウィーク」の成功に続いて、米欧の食をテーマに各国フェアを定例化していく。

　「紀ノ国屋」は、当時の日本人にとって、青山通りに立って覗いて見ることのできるアメリカであった。店内に入るとアメリカの食品・食材があった。雑誌などで見聞きした豊かなアメリカの食卓は、「紀ノ国屋」に行けば実物を手にすることができる。アメリカの食の啓蒙装置なのである。

　アメリカ側からみれば、日本人の口にアメリカの食品を運ぶ入口に他ならない。日本に売り込みたいなら、その入り口は「紀ノ国屋」だ。

　少し後になるがアメリカのリチャード・リング農務長官も「紀ノ国屋」を

表敬訪問している。

　「ハワイアンウィーク」を企画し提案したのは増井の腹心で同社社員の橋本絵美（1952（昭和27）年入社）。アメリカ第八軍（通訳）からの転職である。抜群の英語力で、アメリカ軍、アメリカ大使館、商社などと通訳以上の交渉力で渡り合ったといわれる。

　二つ目、プライベートブランド（PB）。ジュースなどの飲料類。オレンジ、アップル、グレープフルーツ、グレープ、トマト、野菜ジュースがある。

　きっかけは、愛媛県青果農業協同組合連合会（のち、「えひめ飲料」）。同会理事長桐野忠兵衛が1951（昭和26）年アメリカの視察に赴き、ジュース工場を見学して、かんきつ類がジュースに向くことを知り、同地で果汁の商品化を手掛けたことからはじまる。アメリカから圧搾機を購入して手を付けたが、問題が2点あった。1点は、日本の市場では果汁100％ジュースは受け入れられないとして、水で割って密柑水としたこと、もう1点は、搾汁の際の皮の扱いが不明で美味しい味にならなかったこと。聞きつけて増井が愛媛に飛んだ。2点とも解決して、「紀ノ国屋オレンジジュース」の缶詰が新店に並んだ。ちなみに、1952（昭和27）年に発売されていた「ポンジュース」の果汁100％版が出るのは1969（昭和44）年で、翌年開催の大阪万博会場内で販売した。

　同様に並んだ他のPB商品も大手食品企業（ナショナルブランド＝NB）へのOEM発注が多い。この場合、品質基準は「紀ノ国屋」が示し、紀ノ国屋PBは、NBのものよりはクオリティを高く設定した。NBの商品価格よりも高い価格設定ができるということが根拠となっている。

　少し後の話になるが、筆者は信州大学在任中に、地域の食品企業と交流があり、「アルプス」（ワイン、塩尻市）矢ケ崎敬一郎会長から、同社が1975（昭和50）年にグレープジュースのアメリカ最大手「ウエルチ社」のOEMを請け負うことになった経緯を聞いている。接触から提携までは丸3年におよぶ徹底的な調査と技術指導があったという。このジュースが「紀ノ国屋」の棚に並んでいたかまでは当時に聞き及んではいないが、当然「ウエルチ」ブランドとして常備されていたであろう。参考までに、塩尻市のある桔梗が原一帯のぶどうの主力「コンコード」「ナイアガラ」は、ともにアメリカ原産種で明治初期の殖産興業策の一環で導入されたものである。[13][14]

　「紀ノ国屋」の棚には多くのアメリカブランド食品が並べられていた。輸

入自由化前のものはOEMで日本でつくられたものも多い。これらは、アメリカの衛生水準で、アメリカの機械で、アメリカの仕様で、そしてアメリカの品種でつくられてアメリカブランドとしてあるものだ。すなわち、日本の農業の土台を在来のものからあらためて、新品種と化学肥料と機械とでつくり変えていくことの成果の具体を展示してみせていたのである。

「紀ノ国屋」はその建物や外観風景がアメリカ風であっただけではない。催事とPBとを中心にして、そのなかに品揃えされている食料品の数々こそが日本人が憧れてやまないアメリカの豊かな食生活の再現場、展示場に他ならなかったのである。なお、わが国でリンゴ・ブドウ・パイナップル果汁の輸入が解禁（自由化）されたのは1990（平成2）年、オレンジ果汁は1992（平成4）年。その意味ではこの展示期間は30年以上もの長きにわたったといえる。逆の言い方をすれば、"自由化"によってこの展示の意味が薄れれば、「紀ノ国屋」の業態も変わることを余儀なくされるのである。[15]

【注】

（1）平松由美『青山紀ノ国屋物語』（1989年、駸々堂）14頁。本文引用を含め、「紀ノ国屋」に関する叙述は、主に同書による。

（2）残骸だが「鉄筋作りであった安田銀行（のちみずほ銀行）、三洋堂書店の建物だけは焼け残った」。東京不動産鑑定士協会『東京今昔物語』（2015年、実業之日本社）224頁。なお、アメリカ軍は占領後を見越して都心ではいくつかの建物を空爆対象から意図的に外している。「宮城と向き合う"高層"ビル」群（農林中金ビル、明治生命ビル、第一生命ビルなど）は、GHQの本部として使用された。

（3）「特別調達庁」は1947（昭和22）年9月設立。連合軍の必要とする物品、工事・施設、労務などのすべての調達を受け持った。5年後に改称、その後には防衛施設庁に吸収された。

（4）納品不可のリンゴは街で売ることができたので、「紀ノ国屋」の「営業再開の好スタート」に寄与した。なお、都度の貨車洗浄は、交渉で免除された。

（5）上掲『東京今昔物語』には、東京都指定の「清浄野菜販売店」の「2号店はないと聞く」（227頁）とある。

（6）上掲書、228頁。

（7）野坂昭如『とむらい師たち』（1973年、講談社）は、「清浄野菜」を味気ないものの代名詞として使っている。19頁。他方、アメリカ生活体験もある料理家の大御所、飯田深雪は、『サラダ』（1957年、雄鶏社）で「清

浄野菜が出回って、サラダの人気が高くなりました」と、書いている。また飯田は、サラダには「氷水」で野菜を締める都合上、冷蔵庫の普及前の昭和20年代では時期尚早であったとも振り返っている。飯田深雪『食卓の昭和史』(1985年、講談社)109頁。平松、上掲書、61頁。
（8）日本に「清浄野菜」産地が形成できたことで、ベトナム戦争では、アメリカ軍へこれを供給することができた。茂木信太郎『食の社会史』(2019年、創成社)79頁。
（9）小菅桂子『近代日本食文化年表』(1997年、雄山閣)は、「紀ノ国屋」開店の翌年に「アメリカからショッピングカートを輸入」(200頁)としているが、上記のように開店時に中古5台を用意している。
（10）講談社『日本全史』(1991年、講談社)1104頁。
（11）M・M・ジンマーマン（長戸毅訳）『スーパーマーケット』(1962年、商業界)「日本語版出版に際して」10〜17頁。
（12）平松、上掲書、120・121頁。
（13）「アルプス」は、アメリカ・ワシントン州の有機認定を得ている契約農家から原料ブドウを輸入し、あわせて2000（平成12）年に同州の有機認定工場としての認証を得ている。すなわち有機認定の仕組みごと有機ジュース、有機ワインの原料をアメリカから輸入していることになる。日本にも有機JASがあるが、これは翌2001（平成13）年の改定有機JAS法に基づく事業者としての認証を取得している。茂木信太郎『食の企業伝説』(2007年、一草社)参照。
（14）1874（明治7）年に殖産興業を担当する内務省勧業寮（のち農林水産省と経済産業省）が発足すると、アメリカなどから、ぶどう、りんご、オレンジ、梨、オリーブ、レモン、桜桃（さくらんぼ）、いちご、甜菜（砂糖大根）、キャベツ、落花生、水蜜桃などの種苗を精力的に輸入し、これらを各県に配布した。1875（明治8）年にりんごの苗木3本が青森県庁に提供され、県庁構内に植えられ、旧弘前藩士らに分与して栽培させた。同県特産品となったりんごのルーツである。また、りんご、トマト、キャベツなどの種子と苗木を輸入して、栽培を指導したアメリカ人宣教師ジョン・イングも貢献者とされる。
（15）「紀ノ国屋」は、2010年、「JR東日本」の完全子会社となって駅構内外に増店しつつ今日に至っている。

51節　「ダイエー」と冷凍食品売場

「主婦の店ダイエー薬局」

　中内㓛は、1957（昭和32）年9月大阪・千林で26坪の「主婦の店ダイエー薬局」を開業した。「安売り」が身上の店だ。中内がここまで来るには、濃密な前史がある。
　青年中内は、戦地満州ソ連国境、フィリピンで栄養不足と戦闘で死地をさまよい、大岡正平が描く『野火』の世界を体験し、1945（昭和20）年11月、神戸に復員し、総入れ歯となった。中内は家業「サカエ薬局」を手伝い、有り体に言えば"闇屋"として跋扈し、「麻薬と女以外はなんでもやった」（本人）。正規品（統制品）は入手難なので、それ以外のルートで仕入れ、大胆な廉価販売に徹し、飛ぶように売れた。が、メーカーの生産流通体制が整ってくると、仕入れ先が先細りとなり、中内は転生の策を練った。
　この頃、娯楽は映画であった。中内もよくアメリカ映画をみていた。『汚れた顔の天使』を挙げ、そこに出てくる「ドラッグストア」に憧れ、「そのチェーンをつくろう」と思ったという。
　「ダイエー薬局」は開店セールの3日間が過ぎると売り上げ不振となり、窮余の策で菓子など食品を置き始めた。当時の一般家庭はちゃぶ台で食事をし、食事が終わると菓子を置いて団欒となる。テレビはまだない。菓子は、量り売りだったが、効率が悪いので前もっての袋詰めにし、これまた安く売って、目玉になった。
　翌年12月、神戸・三宮に2号店を出した。40坪の半分を薬品と化粧品、残り半分を食料品とした。繁盛して、すぐそばの170坪の物件を手当てして移転した。安さ自慢の「牛肉」「リンゴ」「バナナ」「レモン」を扱った。
　中内は「単品大量計画販売方式」と称した。特定品目に絞って現金で大量に扱うことで低価格で仕入れ、低価格で販売するのだ。産地での直接買い付けも探求した。「リンゴ」は青森まで、「バナナ」は台湾に買い付けに行った。事件は「牛肉」だ。一般小売価格100グラム60円ほどのものを39円で売り出

した。枝肉商からの仕入れルートが断たれると一頭買いを試み、西日本各地から調達した。数年後になるが、遂にはオーストラリア産の子牛を沖縄に運び、ここで肥育したものを屠畜解体して、本土に運ぶという離れ技を敢行した。牛肉輸入は解禁前、沖縄はアメリカ軍政下で琉球政府の時代、本土への輸入には特例措置があった(5)。"闇屋"魂の面目躍如。「牛肉」は安売りダイエーのシンボルとなって輝きを放った。

中内の渡米体験

　1948（昭和23）年に創刊された専門誌『商業界』は、全国の開明的な小売事業者に広く定期購読され、これら読者の勉強会と情報交流の場として1951（昭和26）年から合宿形式の「商業界ゼミナール」が毎年開催されていく。そのなかに1959（昭和34）年に「スーパーマーケット研究会」が設けられ、翌1960（昭和35）年同ゼミナール2千人の参加者を前に日本スーパーマーケット協会が発足した（120社、会長長谷川義雄・「今治センター」）(6)。

　2年後1962（昭和37）年5月には、アメリカ・スーパーマーケット協会の創立25周年記念式典（シカゴ）に、日本スーパーマーケット協会会長（2代目）中内㓛らが参加した。スイス、フランス、イングランドからも含め総勢3千人におよぶ盛大な会だ。中内はM・M・ジンマーマン会長と握手を交わし、持参した日本の"兜"を贈った。ジンマーマン会長からは「会員証」が渡された。中内は、この初の渡米で「完全にアメリカの虜となった」(7)。

　式典に、大統領J・F・ケネディからのメッセージが届いた。ケネディは、スーパーマーケットの有無がソ連との違いだと述べ、スーパーマーケットの大量商品調達方式（マス・マーチャンダイジング・メソッド）こそがアメリカの豊かな社会を支えるものであり、全国民の願いとしてスーパーマーケットの将来を祝福するというものであった。中内はこの出会いを「運命の日」と語り、「メッセージの一語一語で目の前が開けていき」「自分の進むべき道」を悟って「涙が出る」ような時間だったと述懐している(8)。

　3日間の会期中、アメリカのスーパーマーケット経営者たちと語り合った。「あなたは何店舗ですか」とのあいさつ代わりでは、みな数十、数百店舗と告げられたのに対し、中内は6店舗であった。「到底大量販売の効果はない、チェーン化のスピードアップを痛感」させられた。

大会後、デトロイトの「フォード」自動車工場を見学し、「鉄の塊からベルトコンベアに乗って自動車が出てくる」様に度肝を抜かれた。都合３週間にわたりアメリカ各都市（サンフランシスコ、シカゴ、ニューヨーク、ワシントン、ロサンゼルス、ホノルル）を回り「シアーズ」、「Ｊ・Ｃ・ペニー」などの店舗見学に勤しんだ。視界を遮るほどの商品の豊富さに感動し、どの店もセルフサービスの売り場に、顧客が喜ぶ仕掛、創意工夫があり、効果的な照明や色彩重視の陳列など、顧客志向の具体が隅々にまで溢れ、目を奪われた。帰路ハワイ（ホノルル）では、懇切丁寧に本部と物流センターの機能を教えられた。目から鱗が落ちた。
　中内は、スーパーマーケットの社会的使命、チェーン（多店舗）化の緊急の必要性、顧客志向の徹底、本部機能の役割を学んで、帰国した。

アメリカの冷食売場を輸入する

　翌1963（昭和38）年１月、「ダイエー」は兵庫・西宮に鉄筋４階建て1,300百坪の西宮本部兼配送センターを設立した。年商120億円であったが、全国展開１千億円のビジョンを示した。全速力だ。
　同年３月福岡・天神店、４月兵庫・灘店、７月神戸・野寄店、同月神戸・三宮第１店、12月兵庫・宝塚店、疾風怒濤の展開である。
　「ダイエービル」と呼ばれた三宮店は、地階〔食肉・生鮮食品・軽飲食スタンド〕、１階〔舶来食品・一般食品〕、２階〔婦人衣料・雑貨〕、３階〔貴金属・高級雑貨〕、４階〔ご進物売場・雑貨〕、５階〔催場・婦人服地〕。
　開店前日の「神戸新聞」には「暮らしに役立ち、暮らしに夢を、たのしくスマートな、暮らしのデパート、明日開店」の広告が躍った。(9)
　「安売り」"押し"ではなく、アメリカの消費生活への誘いである。「SSDDS」（セルフサービス・ディスカウント・デパートメントストア）と自称した。大量に売るので安いというニュアンスで、その後「量販店」とか「総合スーパー」と呼ばれるところとなった。これに対して、生鮮食料品を中心に品揃えするチェーンストアは、引き続き「スーパーマーケット」または「食品スーパー」として区別する。
　三宮店には、わが国で初めて冷凍食品売り場が登場した。それまでは、百貨店売場などで、冷凍食品市販がないわけではなかったが、一過性もしくは

イベント販売的なものに限られていた。一般家庭に冷蔵庫の普及率は2割程度、2ドアタイプ（冷凍庫付き）が本格普及するのは1969（昭和44）年からで、いかなダイエーといえども、売れる由もない。が、アメリカを見ていた中内は「しんぼうした」。

それまでは一般小売店用のフローズンボックスがなかったため、渡米して、8尺3台・24尺両面型、延べ48尺のオープンケースを導入した。日本は6尺（182cm）で売り場をつくるので、8尺（242cm）24尺（727cm）は、大胆極まりない。ケースに入れる商品の方が貧弱で、埋まらない。こうなると冷食メーカーもケースを埋めるべく商品開発に必死となる。「日水」（ニッスイ）、「日冷」（ニチレイ）、「加ト吉」（テーブルマーク）などが呉越同舟の開発現場と化し、コロッケ、茶碗蒸し、凍菜、のちギョウザ、シューマイの売れ筋をつくっていく。冷凍物流の効率化も必要で、「中村博一商店」（ナックス）は「かなり無理をして」冷凍車をまとめて買った。本部担当バイヤー入社3年目の川一男の要求に「将来にかけましょう」と返した。(10)

社内外にアメリカの生活が「必ず日本にもやって来るんだ」と檄を飛ばし、「ダイエー」はビッグストアの時代を疾走していく。9年後1972（昭和47）年8月、売上3千億円を超え、「三越」を抜いて小売業売上1位となり、その8年後1980（昭和55）年2月、年度売上高1兆円を超えた。(11)

【注】
（1）中内と「ダイエー」については 夥 しい文献がある。佐野眞一『カリスマ』（1998年、日経PB社）661〜672頁の文献案内が詳しい。中内没（2005年9月）後の佐野編著『戦後戦記』（2006年、平凡社）も参照。
（2）フィリピンへの往路で船団は半減した。日本の同地への投入軍隊は63万人、戦死者は47万人とされる。中内は敵手榴弾に被弾した"お陰"で生き延びたが、オーストラリア陣営に切り込みした中内ら600人の部隊は20人となった。
（3）鳥羽欽一郎監修、林薫『流通革命20年の証明』（1977年、国際商業出版）29頁。
（4）『汚れた顔の天使』（Angels with Dirty Faces）1938年公開、ワーナーブラザース配給。同作は『ホームアローン』（1990年）の劇中のパロディ映画としても使われており、米日で人気の作品である。
（5）本稿は、佐野、上掲書（1998年）215・216頁にしたがったが、石井淳蔵『中内㓛』（2017年、PHP研究所）では、この手法は農林省の横やりで認

められなかったとしている。
（6）「商業界ゼミナール」は69年間88回開催された。「商業界」は2020（令和2）年に倒産。日本スーパーマーケット協会は、1964（昭和39）年5月で活動停止。
（7）佐野、上掲書（1998年）、262頁。なお、M・M・ジンマーマンは名著『スーパーマーケット』（1955年、邦訳1962年、商業界）の著者であり、同書は業界のバイブルとも位置付けられ版を重ねた。中内もボロボロになるまで読み込んだとされる。
（8）1961年1月20日43歳で大統領に就任したジョン・F・ケネディは、1963年11月22日に凶弾に倒れ、在位2年10カ月である。多くの実績とエピソードを残すが、公民権運動の高まりと併せ、消費者の権利を謳って（1962年「消費者の権利保護に関する大統領特別教書」）世界各国の消費者運動史、政策に大きな足跡を残している。ケネディの掲げた消費者の権利4項目は、①安全である権利、②知らされる権利、③選ぶ権利、④意見が反映される権利で、これらはわが国はじめ世界各国の消費者行政の基本柱となっている。
　高度経済成長のインフレ経済下では、物価高騰問題への対応が消費者運動の掲げる柱の一つであった。「ダイエー」が大手メーカーの流通価格支配（高価格維持）に真っ向挑んで渡り合った際には、消費者団体は挙って「ダイエー」の側に立って"共闘"した。両者にはケネディの「消費者の権利」で繋がれた同志的観があったと思われる。消費者運動史に著名なところとして、1958（昭和33）年「サカエ薬品」が武田薬品、塩野義製薬、三共製薬などの有力商品の仕入から徹底的に締め出されたときには、関西主婦連合会（比嘉正子会長）が世論喚起して救ったこと、1970（昭和45）年販売価格で確執が続いていた松下電器に対して、主婦連（奥むめお会長）など日本の消費者5団体がカラーテレビの不買運動などを起こして中内を応援したこと（松下電器との取引再開は1994（平成6）年）などがある。
　そして、中内がのち「バブル経済」の余波冷めやらぬ1991（平成3）年に「経済団体連合会」（経団連）副会長に就任するや「日本の物価を半減する」といってインフレ（バブル）退治の大見えを切ったのは「消費者大衆」に寄り添う心情の再確認であった。
（9）岩堀安三『ダイエー強さの秘密』（1973年、評言社）121頁。
（10）川一男「スーパーに売り場を作る」『冷食事始』（1989年、冷凍食品新聞社）239〜245頁。川は、前年（入社2年目）に中内とともに渡米している。のち「ダイエー」副社長。
（11）2004年10月13日、「ダイエー」の産業再生機構入りが決まり、47年の歴史が終焉した。現在一部が「イオングループ」にある。

52節 「ダイエー」と中内功の栄枯盛衰

「ダイエー」の50年史

　それにしても、「ダイエー」の栄枯盛衰は「平家物語」を凌ぐほど激しい。
　「主婦の店・ダイエー」（1957（昭和32）年）開店からわずか15年で小売ビジネスの頂点に立ち、その後も多方面に貪欲な拡大膨張を続けた。1995（平成7）年1月17日早朝5時46分に阪神淡路大震災が発生するや、中内功はこれを5時49分にニュースで知って、7時には東京浜松町オフィスビルに「災害対策本部」を設置し、陣頭指揮を執った。グループ全社に檄を飛ばし、ヘリコプター、フェリー、タンクローリー、大型トラックを総動員して、逸早く救助と支援を実行した。第二次大戦時に国から見捨てられた記憶が覚醒したに違いない。時代と場所を変えて全力で取り組んだ中内の"戦時"補給作戦であった。政府のもたつきを尻目に疾風怒濤の対応で世の喝采を浴びた。
　が、ここからの衰退も早かった。10年後2005（平成17）年には「産業活力再生特別措置法」に絡めとられて「ダイエーグループ」は解体し、中内は家屋敷・財産をすべて失い身一つで放逐されるところとなった。創業からたった半世紀でのドラマである。同時代を生きた国民のほとんどは狐に撮まれたかのようであった。
　以下に、少しだけこのあたりの事情と筆者の注目点を述べてみたい。
　まず、中内ダイエーの止まることを知らない"膨張"主義とその後について。次に、政府の流通政策の変遷についてである。

膨張主義と「土地神話」

　売上の極大化、「ダイエー」帝国の膨張路線についての具体相の"ほんの一部"を見てみよう。[1]
　得意のディスカウントストアを開発して展開した（1979（昭和54）年「ビッグエー」、1980（昭和55）年「トポス」、1982（昭和57）年「Ｄマート」）。

百貨店へ進出した（1976（昭和51）年「十字屋」株式取得、1981（昭和56）年「プランタン」三宮、1983（昭和58）年同銀座、1984（昭和59）年「丸越」全面提携）。

1982（昭和57）年、全米（世界）トップクラスのハワイ「アラモアナショッピングセンター」を買収して、世間を驚かせた（2億ドル＝為替レート1ドル249円＝508億円）。

1986（昭和61）年「新神戸オリエンタルシティ」着工、1988（昭和63）年完成。ホテル・ショッピングモール（「オリエンタルパークアベニュー」）・劇場を集約した地上37階建てで、関西一の高層建築物。

1987（昭和62）年、ミシンの名門「リッカー（会社更生法）」の再建を引き受けた（通産省要請を受容）。

1988（昭和63）年、「日本ドリーム観光」の経営に参画した（「横浜ドリームランド」、20万㎡、「奈良ドリームランド」、「新歌舞伎座」）。

同年、プロ野球球団「南海ホークス」を買収した（ダイエーホークス）。翌1989（平成1）年「福岡ツインドーム」用敷地17万㎡を福岡市より払下げを受けた（300億円）。

1990（平成2）年、「秀和」（不動産会社）へ融資した（計1,100億円）。

1992（平成4）年、「リクルート」株を取得した（460億円）。同年、「ヤオハン・ジャパン」（会社更生法、16店舗）を買収した。

1994（平成6）年、「忠実屋」「ユニードダイエー」「ダイハナ」を吸収合併した。同年、「ハイパーマート」（倉庫型店舗）を積極展開した。

株式取得とM＆Aを駆使しての買い漁りの数々はとても書き出しきれない。当たるを幸とばかりに買い捲った。原資は、金融機関からの借り入れである。担保は、買い捲った資産、特にその不動産担保であった。20世紀のあいだ続いた「土地神話」（土地の価格は上がり続ける、その上昇度合は物価や金利を大きく凌ぐ）の賜物である。気付けば、1993（平成5）年2月期の「ダイエー」有利子負債残高4,850億円（連結9,200億円）、借入金依存度48％（58％）となっていた。

こうして、1990年代に入って「土地神話」が崩壊するなかで阪神淡路大震災に見舞われた。本拠地神戸および周辺店舗で深刻なダメージを受けた。打つ手に窮して極端な大規模リストラ（社員解雇）に走ったが、「ダイエー」の体力を根本から奪うことになった。

1998（平成10）年、鳥羽薫（元味の素社長）を招聘し（副社長）、1999（平

成11)年1月（社長）から再建を託すが、このときのグループ有利子負債2兆8,000億円であった。

　事業資産売却が慌ただしく進められた。1998（平成10）年3月「ディックファイナンス」(1,300億円)、1999（平成11）年4月「ほっかほっか亭」(83億円)、同年5月「アラモアナナショナルショッピングセンター」(972億円)、2000（平成12）年1月「ローソン」株一部(1,700億円)、同年2月「リクルート」株一部(1,000億円)、同年9月「銀座OMCビル」（旧「リッカー」）(100億円)など。

　資産売却を急ぐ鳥羽と、これまで資産膨張一辺倒できた中内との確執は想像がつく。鳥羽は2000（平成12）年10月退任した。[(2)]

　「土地神話」を拠り所として駆け上がったスピードも凄まじかったが、「土地神話」の神通力が失せた後の凋落スピードも甚だしかった。とはいえ、そのように紋切型に言ってしまうと、「ダイエー」と中内に酷である。

振興から規制へ

　「ダイエー」が出発して売上高で「三越」を追い抜くまでの間、流通業界を規制する法律に「百貨店法」があった。

　「百貨店法」は、大正期から昭和期（1920年代から1930年代）にかけて百貨店の新規参入と大型化・多店舗化が進行して、中小小売商の反対運動が大きくなり、百貨店の活動を全面的に規制する法律として1937（昭和12）年に制定されたものだ。戦後になるとGHQは欧米にはない競争制限法だとして撤廃したが、GHQがいなくなると直ちに1956（昭和31）年に復活した。「ダイエー」の出発はこの翌年である。

　「ダイエー」は、従来の大型の多数部門を擁した百貨店が身動きできない「百貨店法」下で、同法の適用を受けずに急速店舗拡大を果たしたのである。「ダイエー」は、消費者からみたときには百貨店の廉価版、大衆版そのものであった。

　政府（通産省）もこの事態を歓迎した。「ダイエー」をはじめセルフサービス方式を掲げる他のスーパーマーケット（総合スーパー）も、戦後の近代化を目指すなかで流通部門の近代化というテーマを担わせる存在だと認識したのである。事業のモデルがアメリカだということに説得力があった。

しかしながら、1960年代を通してスーパーマーケット（総合スーパー）が大膨張していくと、今度は百貨店も新興のスーパーマーケットも並べて「大規模小売店舗」として一様に規制する「大規模小売店舗における事業活動の調整に関する法律」（いわゆる「大店法」）が1973（昭和48）年に成立し翌年施行した。大型店の出店ならびに営業条件は、その地元の商業者との調整（「商業調整協議会」（商調協））が要るとされ、事実上の「商調協」の許可制に他ならなかった。

ところが、この「大店法」でもまだ足りないとして、①1978（昭和53）年「大店法」の改正、翌年施行、②1980（昭和55）年秋、自民党「小売商業問題小委員会」が設立され、さらなる大型店規制強化策が取り纏められ、③それに沿って翌年通産省は「大規模小売店舗の届出に係わる当面の措置」として、事実上の出店凍結となった。

同「措置」では、大型店舗面積の日本における供給の「総量規制」となり、さらには「ダイエー」など個別企業を指名して新規出店に厳しく足枷をするものであった。個別企業を名指しして営業活動を規制するなど前代未聞の強策だ。名指された企業は表4－1にしたが、売上高トップの「ダイエー」は、相対的によりダメージが大きかった。(3)

以上のように、「大店法」、「（改正）大店法」、通産省「措置」下では、「ダイエー」の駆け足上昇は急ブレーキを掛けざるを得なかったのである。チェーンの使命である多店舗化を変えて、スーパーマーケット（総合スーパー）以外の分野でM&Aを進めるなどして「売上拡大至上主義」を満たすしかなかったのである。(4)

表4－1　通産省の出店規制の対象企業（個別指導対象企業）

スーパー	ダイエー（11,340）、イトーヨーカ堂（6,880）、西友ストアー（5,594）、ジャスコ（5,537）、ニチイ（4,554）、ユニー（3,325）、長崎屋（2,476）、ユニード（1,303）、寿屋（1,832）、忠実屋（1,783）／イズミヤ（2,114）、マルエツ（1,224）、東急ストア（1,601）
百貨店	三越（5,457）、大丸（4,214）、高島屋（4,146）、西武百貨店（3,748）、松坂屋（2,370）、東急百貨店（2,448）、丸井（2,413）、阪急百貨店（2,411）、伊勢丹（2,124）、そごう（1,815）／近鉄百貨店（1,482）

（　）は、1980年度年間売上高実績（億円）、／以下は要注意企業
資料：日経流通新聞（編）『大型店新規制時代の小売業』（1982年、日本経済新聞社）23頁。

「日米構造協議」

　ところが、1985（昭和60）年になるとまた風向きが変わった。「大店法」が大幅に規制緩和されることとなったのである。出店申請の凍結は解除され、「総量規制」も解かれた。その後も各方面で毎年のように緩和が続いた。1989（平成１）年、通産省「90年代の流通ビジョン」で「大店法」の運用緩和策の具体を示し、その後も幾度かにわたっていっそうの緩和を進めた。あたかも出店を促進するかのように転じたのである。

　1985（昭和60）年に開催された先進５カ国蔵相（財務大臣）・中央銀行総裁会議での「プラザ合意」（"円"が安すぎる）を合図に国際相場における「円高」が急進し、突如として日本（円）の購買力が急騰するとともに、日本企業の海外進出が次々とはじまっていく。日本が「バブル経済」へと突き進んだのもここが起点だ。

　日米貿易摩擦（アメリカの対日赤字の膨張）が激しくなり、その解消に向けて1989（平成１）年から翌年にかけて「日米構造協議」が開催された。その最終報告では、①公共事業の拡大、②土地税制の見直し、そして③「大店法」の見直しが明記された。

　いわゆる「非関税障壁」と呼ばれたもので、日本の社会構造そのものが撤廃されるべき「障壁」だとされたのである。アメリカ側のアンフェアだとの決めつけに抗弁できなかった（しなかった）のである。上記通産省「90年代の流通ビジョン」は、そのさなかの先取り政策に他ならなかった。

　また、先んじての日米交渉で（1988年合意）1991（平成３）年には"牛肉・オレンジ"の輸入自由化が決まっており、さらに多国間では1993（平成５）年の「GATT」ウルグアイラウンド妥結で最後の聖域とされた「コメ」も自由化の道を歩むこととなった。昭和の戦後経済体制の大転換で、「バブル経済」の崩壊と軌を一にした。

　ちなみにこの期に同時進行していた「バブル経済」のインパクトは絶大であった。なにしろ「円高・ドル安」も梃子に加わり、アメリカのシンボルともいえる不動産（ビル・ゴルフ場）、エンターティメント企業、ホテルチェーンなどを日本企業（ジャパンマネー）が買い漁ったのだ。

　ニューヨークの「ロックフェラー・センター」（1990年、三菱地所）、「ティ

ファニー(本社ビル)」(第一不動産(エフ・アール・イー))、「エンパイアステートビル」(1991年、横井英樹他)。ハリウッドのメジャー「コロンビア・ピクチャーズ・エンターテイメント」(1989年、ソニー)、「ユニバーサル(MCA)」(1990年、松下電器産業(パナソニック))。世界的ホテルチェーン「ウエスティン・ホテルズ」(1987年、青木建設)、「インターコンチネンタルホテル」(1988年、セゾン・西友)。タイヤの「ファイアストン」(1988年、ブリヂストン)。野球球団「シアトルマリナーズ」(1992年、任天堂・NOA)など。数えきれない。

アメリカ人の琴線に触れる自慢のものがジャパンマネーによって次々に蹂躙されていくかのようだ。アメリカサイドから"黄禍論"が燃え上がっても当然であろう。ただ、実際には呆気ない幕切れとなった。バブルの崩壊で持ちきれなくなり、ほとんどは高値で買って底値で売ることになり、結果的には日本からアメリカに膨大な資金が行ったままとなっての始末となった(ソニーと任天堂は現地に根付いた)。地域に馴染むためといわれ強いられた交際交流費や環境維持費、寄付金も日本ではとても想像もできないほどの多額の請求が次々と舞い込んだが、唯々諾々と従って献金を重ねた。やや先走って皮肉を言えば、バブルの勃発と崩壊は、日本からのアメリカへの大金の献上と支出の絡繰りとして"うまく"機能したのである。

全国の新郊外化

「日米構造協議」に戻る。上記したが①公共事業の拡大、②土地税制の見直し、③「大店法」の見直しだ。それまでの補助金投入などで転換が難しかった農地の道路開発、宅地開発、そして商業施設開発への転換が容易となった。都市の郊外はその外延に幅広で整備された道路が出現し、戸建て住宅やアパートが立ち並び、都市とその近郊のみならず全国にわたって生活の郊外化現象で埋め尽くされていく。こうした日本社会の変貌を睨みながら、三浦展(『「家族と郊外」の社会学』1995年)、小田光雄(『〈郊外〉の誕生と死』1997年)といった気鋭の「郊外論」=新日本人論が発表されていく(5)。

さて、「日米構造協議」のシンボルとしてマスコミで喧伝されたのは、1992(平成4)年1月7日「トイザらス」(玩具販売、2号店奈良県橿原市)の開店であった。「日本マクドナルド」の総帥藤田田がアメリカとのFC(フランチャイズ)契約(1989年)をものにして、同店開店にあたって飛びきりの演出

を仕掛けた。アメリカ大統領ジョージ・H・W・ブッシュがヘリコプターで舞い降り開店のテープカットをした（正式開店は警備の都合で翌日）。同ブランドは8年後2000（平成12）年11月に100店舗目（東京・豊島園店）を数えた。

また「トイザらス」はカテゴリーキラーという新語を流行らせた。同種の品揃え店の顧客を奪って閉店に追い込むという意味だ。

「日米構造協議」を挟んで、政治的規制、社会的規制のタガが外れていくに連れて、外資流通業が一斉に上陸した。著名なブランドとしては、1999年「コストコ」（米）、2000年「カルフール」（仏）、2002年「ウォルマート」（米）、「メトロ」（独）、2003年「テスコ」（英）、2006年「イケア」（スウェーデン）など。

三田村蕗子（流通ジャーナリスト）の整理によれば、1990年代では"主だったもの"だけで57ブランド（通販を含む）を数えた（表4－2）。そのなかにはアウトドア衣料〈1992年「L・L・ビーン」（米）、1993年「エディ・バウアー」（米）〉、スポーツ用品〈1993年「ナイキ」（米）、1996年「スポーツオーソリティ」（米）〉、カジュアル衣料〈1995年「GAP」（米）、1998年「ZARA」（スペイン）〉、AVソフト〈1990年「ヴァージンメガストア」（英）、同「HMV」（英）〉、レンタルビデオ〈1991年「ブロックバスター」（米）〉、キャラクター雑貨〈1992年「ディズニーストア」（米）、1996年「ワーナー・ブラザース・スタジオストア」（米）〉、映画館〈1993年「タイム・ワーナー」（米）、1996年「AMCエンターティメント」支社（米）〉などなど多岐にわたる。[6]

躍動したのは外資だけではない。「新郊外」では規制のタガが外れることで相対的に低い投資コストとなり出店が促迫された。「バブル経済」の崩壊で土地・家賃価格が大幅に低下したこともそれまでにはなかった追い風だ。紳士服（アオキ、青山、はるやま）、カジュアル衣料（ユニクロ、サンキ、しまむら）、メガネ（メガネストア、メガネスーパー、パリミキ、JINS）、ドラッグストア・化粧品、DIY（カインズ、コメリ）、靴、雑貨、100円ショップ（ダイソー、セリア、キャンドゥ）、乳幼児用品（西松屋、赤ちゃん本舗）、家具（ニトリ）、書店・古書店（蔦屋、ブックオフ）、カー用品（オートバックス、イエローハット）、作業服（ワークマン）、コンビニ、家電量販店など、およそあらゆる生活消費財が出揃っている。食生活のインフラである「スーパーマーケット」も全国津々浦々に布陣した。先行していた外食チェーンも「新郊外」を好立地と踏んで、店舗増設に励んだ。「マクドナルド」も「スターバックス」も回転寿司も「すかいらーく（ガスト、バーミヤン、夢庵）」も「新郊外」

の風景となった。21世紀に入ると同様に巨大なショッピングセンター、アウトレットモールも増加した。

　これら郊外立地の専門店は、ロードサイドビジネスと総称される。わが国のロードサードビジネスは1970（昭和45）年「すかいらーく」1号店開店を嚆矢(こうし)として、1970年代にファミリーレストランとパチンコ店が郊外で急成長し、1980年代に入ると「ありとあらゆる業種がビジネスの郊外化を図って」急拡大した。小田光雄は、この様子をとらえて「ロードサイドビジネスがデパートやスーパーに郊外から「攻勢をかけた」時代だ」と総括した。そしてこのロードサイドビジネスの成長の軌跡はあきらかに「大店法」が要因だと喝破(かっぱ)する。すなわち「大店法」で大型店の出店は規制されていたが、500㎡を下回る店舗でありさえすれば速やかに出店できたからだ。500㎡（152坪）(7)あれば、このサイズだけでも大型店・百貨店の1部門の特定コーナーのスペースを遥かに凌ぐ大きな面積だ。品ぞろえの幅も奥行も、格段に広く深い。そして、この面積規制をはじめ数多(あまた)の出店規制がどんどん緩和されていく。

　衣料品出自の大型店（総合スーパー）は次々とシェアを簒奪(さんだつ)され、「ダイエー」のみならずこれまでの有力ブランドはことごとく業績不振に陥り、店舗の撤退・縮小が常態となり、市場（日本社会）から次々と退場していった。地方百貨店もそうだ。やっぱりカテゴリーキラーは伊達ではなかった。

　要するに、「日米構造協議」あるいは「バブル経済の崩壊」を経て、消費市場で演じられる小売流通の主役交代劇は、独り「ダイエー」だけの出来事ではないのである。ロードサイドには途切れることなく旗がたなびいて夜には煌々(こうこう)と輝く専門店の列、眼前に見えるこの景色は昭和時代にはなかった風景である。

　ついには2000（平成12）年「大店法」が撤廃された。かわって「まちづくり三法」といわれる「大店立地法」「中心市街地活性化法」「改正都市計画法」が制定されたが、時計の針は進むばかりだ。郊外の舞台は「焼き畑商業」といわれるほどに開発に明け暮れるようになった。「ダイエー」の居る場所、入り込む場所は見つけることができなくなってしまっていた。

　2004（平成16）年、産業再生機構が「ダイエー」支援を発表し、翌年、「福岡ダイエーホークス」は「ソフトバンク」に譲渡された。同年5月、産業活力再生特別措置法認定となり、一斉に閉鎖、売却がはじまった。12月にオワフ島（ハワイ）の4店舗は「ドン・キホーテ」に売却された。この年9月19日に中内㓛が永眠した。葬儀は流通科学大学（1998年開学、神戸市、理事

長中内潤)の学園葬であった。機構入りの身であるとはいえ新生ダイエー(会長林文子、のち横浜市長)が社葬としなかったことに、長年ダイエーを取材し中内の暗部をも容赦なく抉ってきたノンフィクション作家佐野眞一は、この仕置に憤慨した。稀代のカリスマ経営者は死んでからも国家(機構)から棄民とされたと義憤の念を募らせた。佐野の心情に共感・共鳴する関係者は実に多いと思われる。[8]

表4−2　主な流通外資の進出年(〜1998年)

設立年	企業名(国、業種、提携日本企業)
1980年	タワーレコード(米、AVソフト、100%出資)
1985年	ローラ・アシュレイ(英、婦人衣料・ファブリック、ジャスコ)
1988年	タルボット(米、婦人衣料、ジャスコ)
1990年	ヴァージンメガストア(英、AVソフト、丸井)、HMV(英、AVソフト、100%出資)、ザ・ボディショップ(英、化粧品、ジャスコ)
1991年	ブロックバスター(米、レンタルビデオ、藤田商店)、トイザらス(米、玩具、日本マクドナルド)
1992年	キンコーズ(米、ビジネスコンビニ、住友金属鉱山)、ディズニーストア(米、キャラクター雑貨、100%出資)、L.L.ビーン(米、アウトドア衣料、西友・松下電器)
1993年	タイム・ワーナー(米、映画館、マイカル)、ナイキ(米、スポーツ用品、100%出資)、トビー(香港、婦人衣料、100%出資)、エディ・バウアー(米、アウトドア衣料、住友オットー)
1994年	ランズエンド(米、アウトドア衣料、100%出資)、エスプリ(香港、婦人衣料、100%出資)、キャンディ・エクスプレス(米、キャンディ、ミニストップ(ジャスコ))、クレアーズ・ストアーズ(米、アクセサリー、ジャスコ)、ポール・フレドリック(米、紳士衣料通販、受注窓口開設)、シリリュス(仏、総合衣料通販、受注窓口開設)
1995年	タイラック(米、ネクタイ、藤田商店)、ハナ・アンダーソン(米、子供衣料通販、受注窓口開設)、ギャップ(米、カジュアル衣料、100%出資)、ニューマン・マーカス・ダイレクト(米、総合通販、受注窓口開設)、ティンバーランド(米、アウトドア衣料、インチケープ)、シーム(香港、婦人衣料、アクロス(パルコ))、スヌーピータウン(米、キャラクター雑貨、三井不動産)、トラメル・クロウ・グループ(米、SCデベロッパー、100%出資)

1996年	AMCエンターティメント（米、映画館、日本支店開設）、コジイ（香港、婦人衣料、メルス（ジャスコ））、デイリーファーム（香港、スーパーマーケット、西友）、ピア・ワン・インスポーツ（米、雑貨、暁印刷）、スポーツオーソリティ（米、スポーツ用品、ジャスコ）、wpi・コール（米、SCデベロッパー、船井総研等）、AMIアメリカンモールズインターナショナル（米、SCデベロッパー、100％出資）、バス・プロショップ（米、釣り用品、受注窓口開設）、ブルーミングデールズ（米、総合通販、受注窓口開設）、サックス・フィフス・アベニュー（米、総合通販、受注窓口開設）、ザ・カシミア・ストアーズ（英、衣料品通販、受注窓口開設）、ワーナー・ブラザース・スタジオストア（米、キャラクター雑貨、ダイエー）、JCペニー・フームコレクションズ（米、生活雑貨通販、デオデオ）、マンゴ（スペイン、婦人衣料、ルシーダ）、スパゲッティ（スペイン、婦人衣料、フォークナー、アイマリオ）、ネクスト（英、婦人衣料、ゼビオ）
1997年	コールドウォーター・クリーク（米、衣料品通販、受注窓口開設）、フランソワーズ・サジェ・エス・アー（仏、リネン類通販、受注窓口開設）、フルクラム・ダイレクト（米、子供衣料通販、受注窓口開設）、ザ・アスリート・フット・グループ（米、スポーツシューズ、丸紅）、フットロッカー（米、スポーツシューズ、100％出資）、コロンビア・スポーツウェア（米、アウトドア衣料、100％出資）、オフィス・マックス（米、オフィスサプライ、ジャスコ）、オフィス・デポ（米、オフィスサプライ、デオデオ）、ミスケイ（香港、婦人衣料、バーテックスインターナショナル）、ルームーズ・ツー・ゴー（米、家具、ジャスコ）
1998年	ビクトリアズ・シークレット（米、婦人インナー通販、受注窓口開設）、オアシスストアズ（英、婦人衣料、ブルーグラス（ジャスコ））、ザラ（西、総合衣料、ビギグループ）、トライゼックハーン（米、SCデベロッパー、東京オフィス開設）
（1998年）これから進出が予想される流通外資	バイキング・オフィス・プロダクツ（米、オフィスサプライ）、マークス＆スペンサー（英、量販店）、ホームデポ（米、ホームセンター）、グレートバレル（米、ホームファッション）、カルフール（仏、ハイパーマーケット）、ベッドバス＆ビヨンド（米、ホームファニシング）、リネン＆シングス（米、ホームファニシング）、ポルティコ（米、ホームファニシング）、ウエストポイント・スティーブンス（米、ホームファニシング）、ロウズ（米、ホームセンター）、ペッツマート（米、ペット用品）、IKEA（スウェーデン、組立家具専門店）、ベストバイ（米、家電品）、サーキットシティ（米、家電品）、コンプUSA（米、パソコン）、バーンズ＆ノーブル（米、書店）、オートゾーン（米、カー用品）

出所）三田村蕗子『外資が流通業界を変える』（1998年、二期出版）、206～209頁。

【注】

（1）森田克徳『争覇の流通イノベーション』（2004年、慶應義塾大学出版会）など参照。

（2）鳥羽は、味の素がイタリアを撤退する時に陣頭指揮を執り、本社に戻って財務部長を担当した。1989（平成元）〜1995（平成7）年の社長時には本社屋の建て替えがあり手際よく対応した。本社入り口エントランスホールには加山又造の大きな陶版画が掲げられていて、鳥羽のセンスを物語っている。内外ともに多くの多角化とM&A案件を手掛けグループ戦略を進めた（資料が手元になく、筆者の記憶による）。ダイエー再建を託すのに打って付けの人材であったと思う。

（3）日経流通新聞（編）『大型店新規制時代の小売業』（1982年、日本経済新聞社）参照。

（4）ダイエーは1975（昭和50）年と1981（昭和56）年に、アメリカのもっとも著名なコンサルタント会社に依頼をしている。前者の依頼先は「ブース・アレン＆ハミルトン社」で、その結果、これまでの製品・素材別に構成されていた売場が、消費者の生活スタイルに添うように転換され、同年開店の東京目黒・碑文谷店で採用された。経済誌紙の評価は高かったが、後から振り返るとダイエーの「大量単品計画販売」という命題に沿った売り場が生活提案型売場へと置き換わっていく画期であった。後者は「マッキンゼー社」で、「戦略と組織の枠組」が練られ「全面的な機構改革」となって多分野への多角化の体制をつくり、1982（昭和57）年に中内は「ものを売るだけのスーパーの時代はおわった」と宣言した。その後のダイエーの軌跡はこの両社の提案と見事に符牒が合う。石井淳蔵『中内㓛』（2017年、PHP研究所）148〜159頁参照。

（5）三浦展『「家族と郊外」の社会学』（1995年、PHP研究所）、小田光雄『〈郊外〉の誕生と死』（1997年、青弓社）、三浦展『下流社会』（2005年、光文社新書）。「家族論」として先駆けとなったのは米沢慧『事件としての住居』（1990年、大和書房）である。

（6）三田村蕗子『外資が流通業界を変える』（1998年、二期出版）。

（7）小田、上掲書、68〜79頁。井本省吾「規制緩和で再び激動の時代へ」日経流通新聞編『流通戦国史』（1993年、日本経済新聞社）353〜359頁。

（8）佐野眞一編著『戦後戦記』（2006年、平凡社）は、「中内が瞑目したとき、今はソフトバンクホークス（オーナー孫正義）にかわった元ダイエーホークスの選手たちが、王貞治監督以下、黙禱をささげ、ユニホームに喪章をつけて試合にのぞんだ」ことを引き合いに出し、創業者を社葬としなかった新生ダイエーの経営トップとダイエーの自主再建案を潰した竹中平蔵（小泉政権金融担当大臣）を痛烈に批判した（78〜86頁）。佐野には中内の暗部を抉った700頁に近い大著『カリスマ』（1998年、日経BP

社）がある。同書は当の中内から2億円の名誉棄損裁判を起こされている。その佐野が悲憤痛憤するのだ。

53節　卸売市場と日本型「スーパーマーケット」

中央卸売市場の整備

　東京オリンピック開催の前年1963（昭和38）年、農林省野菜計画課は、「安定供給についての聴聞会」を開催した。都市人口の急膨張、食料品などの物価高騰に見舞われ、生鮮食料品を都市部に安定的に供給しなければならないという切迫した政策課題に直面していた。

　同会の席上で、実務家としての発言を求められた北野祐次（「関西スーパーマーケット」創業者）の話に、出席者皆が衝撃を受けた。「産地からのレタス10kgが一般の店で2 kg」しか売られず、「実に8 kgがロスとなっている」と。こうも言った。「鮮度の良い朝のうちは高く売られ、鮮度が落ちるにしたがって原価を割り、ついには捨てられる。しかし、私のところでは捨てません。独自に開発した冷蔵庫で常に鮮度が保たれているからだ」。つまりロスがない分は安くなり、朝から夕方まで同じ値段で売っているのだと。[1]

　政府の政策に明確な方向性と具体策とが得られた一瞬であった。二つの柱が立った。

　一つは、「コールドチェーン」の実現である。1965（昭和40）年1月に科学技術庁「資源調査会」から「コールドチェーン勧告書」が公表され、これを準拠として、生鮮野菜の予冷出荷が普及していったことについては本書第1部7節（44〜48頁）で論じた。

　いま一つの柱は、卸売市場の整備である。「卸売市場法」改正は1970（昭和45）年と少し遅れたが、これによって、主要都市に中央卸売市場が、地方都市に地方卸売市場が整備され、法律によって手数料率が定められ、セリや公開の原則など、公明な取引が担保された。農家から持ち込まれた荷は必ず当日中にセリで販売されなければならず、また代金も速やかに支払われるという機構である。農産物の集荷の範囲も拡大し、情報伝達も円滑に行われることで、消費地（スーパー、小売店）の意向（ニーズ）も反映されやすくなった。卸売市場という流通の大動脈が整備されることで、農産物の流通範囲が

広がり、価格も相対的に下がり、集荷の範囲も拡大したのである。

　卸売市場の流通に関して注解する。卸売市場の機構は明らかに円滑な生鮮食料品流通、地域格差の解消、公正な価格形成に貢献している。卸売市場の卸業者は、自分で商品を買うことができない。したがって買い占めもできない。集荷に努めて集まった荷をセリにかけるだけで、荷を買う（セリ落とす）のはその市場で買参権を持っている仲卸業者、大口需要者（スーパーマーケット、加工業者〔漬物業者など〕、大手業務用需要者〔給食、外食〕）である。一般の小売店は、仲卸業者から"相対"で荷を購入する。大量の荷を短時間に円滑に取引するうえで"セリ"（オークション）は有効な手法で、いまのところセリに替わる手法はない。セリを仕切るセリ人は卸業者の所属で、出荷者（生産者）と購買者（仲卸）の出会いの場を担当するが、セリ人が売買の当事者ではない。セリ取引の結果は、速やかに情報公開され、何がいくらで売れたかは白日の下に晒される。言い添えれば、セリに参加する仲卸業者は、日々入荷する商品にいくらの価格を提示すれば競り落とすころができるかという成算と、仕入れた商品が小売事業者に首尾よく販売できるという見通しとを持っていなければならない。日々変動する供給（生産出荷事情、商品品質）と需要（消費動向）と相場に神経を尖らせるプロフェッショナルなのである。[2]

　しばしば、産地直送（産直）がマスコミを賑わすことがある。が、比較的規模が大きなものは、専門知が要るので仲卸業者（人）が仲介したり助言したりするケースが普通である。これは「市場産直」（要するに卸売市場を経由する産直、ただし物流は経由しないことがある）と呼ばれる。また、消費者と生産者との「契約栽培」が話題となることも多い。が、これは特定品目の特定時期、特定量に限定されたものである。国民の生活としては、それ以外の日々の食料品が卸売市場で流通していることをベースにして、局所的に成り立つものである。実際、生鮮食料品（農産物）ゆえに天候事情で「契約量」以上に出来過ぎてしまったときの荷は卸売市場に持ち込むことで無駄にならず、反対に足りない場合は卸売市場からスカウトすることで契約当事者は難を逃れられるのである。「産直」そのものは生鮮食料品流通の少数派、微小派に留まるのである。[3] ちなみにわが国の卸売市場の仕組みは発展途上国など海外からの視察とシステム輸入の相談も絶えない。

「関西スーパーマーケット」

　北野祐次は、1950（昭和25）年3月に全統制品（配給制）が撤廃されて大阪中央卸売市場（本場）が再開されたときに、「水産物仲卸人」の認可を得て、削り節の製造販売業「北野商店」を開店した。同地は、当時の主要調味料「削り節・昆布・煮干し」の流通の中心であり、「北野商店」の取引先も広域にわたった。

　6年後1956（昭和31）年3月、北野が売掛金の回収に小倉市（現北九州市）の取引先に出向いた時、開店直後の「丸和フードセンター」に出くわした。120坪の総合食品店。「セルフサービス」と書かれた横断幕が掲げられ、「肉、魚、野菜、果物、卵、砂糖、味噌、ジャムやバター、瓶缶詰、マヨネーズ、ミルク、ソーセージ、和洋酒、菓子などのほかに、ちり紙、石けんなども置かれ、5台のレジスター」が稼働していた(4)。

　北野は殺到する客の様子に衝撃を受け、同店をモデルにして、3年後1959（昭和34）年12月に生鮮食料品を中心に品ぞろえする「関西スーパーマーケット」兵庫・伊丹店（現中央店）を開店した(5)(6)。

　同店の主力商品の調達先は、西日本の全域から集荷される大阪中央卸売市場である。街場の商店街の八百屋や魚屋、肉屋（業種店という）と同じである。この点では両者に仕入価格に格別の相違があるわけではない。

　ただ、北野も幹部たちも早朝から卸売市場に顔を出し、産地に出向き、良品の集荷と仕入れに腐心した。「関西スーパーマーケット」の目指したところは、生鮮食料品の鮮度であり食べごろの美味しさである。その問題意識の追求さ加減が徹底していた。向井克憲（大阪府立大学）に講義を依頼して農芸化学の学習会を行ったり、アメリカの最新植物生理学の訳書を取り寄せたり、原色図鑑をなん冊も買ったりして、「植物の生理」を必死で学んだ(7)。そうして、生鮮食料品には旬があり産地による相異があり、気候や気象条件により、入荷する品々の様子が日々異なることを截然（せつぜん）と理解して学び取った。北野らは、卸売市場で的確に目利きし、適切な値で仕入れ、店舗に見やすく陳列して消費者に提案することをミッションとした。

　「関西スーパーマーケット」は、生鮮食料品をいかに鮮度よく消費者に届けられるかということを突き詰めて経営技術の開発に励んだ。核心の技術は

二つだ。一つは売場の冷蔵（庫）化である。冷蔵ケース専門メーカーとなる「日進工業」（辛島仁）の尽力も大きかった。今一つは、店舗バックヤードでの食材加工能力の開発獲得である。この結果、「スーパーマーケット」は食品加工所を従えた小売店舗という姿となった。業態でいえば、小売業ではなく、製造小売業だ。

日本型「スーパーマーケット」

「関西スーパーマーケット」が仕入れる生鮮食料品は「原料」だ。これを店舗のバックヤードで加工し"パック"し価格表を張って商品と成し、売り場に陳列する。かくして生鮮食料品は食品メーカー商品と同様にセルフサービスで提供される商品となる。また同時に、売り場で商品が売れれば、直ちにバックヤードで商品がつくられ、売り場に補充される。生鮮食料品の高回転と売り場での鮮度訴求が実現する。

別の言い方で解説しよう。卸売市場から仕入れた生鮮商品は、家庭料理に供せられる原料食材であるが、そのままでは不定形で不揃いであるので、これを家庭での使い勝手の良いように泥を落とし形を整え、家庭で使用する単位にまで小分けし、そのまま家庭のまな板の上に供せられるように下拵えを施して、家庭の使用単位ごとにパックするのである。この一連の作業工程では、対象物の"鮮度"管理、すなわち作業上の室温管理と作業スピードが肝要となる。この工程が担保されれば、売り場での商品の売れ方に相応して、直ちにバックヤードで商品が追増されて、常に"鮮度"高い食品が売り場に補充され、生鮮食料品の高回転と売り場での鮮度訴求が実現する。

住友商事から転じて1970（昭和45）年に「サミットストア（サミット）」に着任した荒井信也（ペンネーム安土敏）は、この一連の工程を「インストアパッケージ」と名付け、そしてこれを店舗外のどこかで一括して集中処理して各店舗に運んだ方が断然経営効率的に優位だとして「セントラルパッケージ」方式を断行した。同じころ、「ロイヤル」（万博）や次に続く「すかいらーく」の「セントラルキッチン方式」が大評判となっていた。住友商事はアメリカのスーパーマーケットチェーン「セイフウェイ」との合弁で食料品スーパーを東京世田谷区に1963（昭和38）年に開店していて、「セイフウェイ」との合弁解消後の後継ブランドが「サミットストア」である。アメリカ仕込みの

というと語弊があるが、この「セントラルパッケージ」方式は業界でも大いに注目された。しかしながら数年で荒井信也は完全に「インストアパッケージ」に宗旨替えした。たしかに当初は相対的に高い利益率を得ることができたが、競合店が出てくると敗北することが明示されたからである。生鮮食料品の品質がつくれなかったこと、売り場の即時補充ができなかったことが致命的だとして、北野祐次の「関西スーパーマーケット」に兜を脱いだのである。[8]

「関西スーパーマーケット」に戻る。画期となったのは、1968（昭和43）年12月開店の鴻池店（兵庫・伊丹市）。入荷用のプラットホームがつくられ、開発された店内作業用装備（ミニキャリア、補充カート、カット台、カートラック、トレイカートなど）が導入され、世界初の鮮魚のセルフ売り場が出現した。「刺し身」や「切り身」が、その状態でショーケースに並んだ。「スーパーマーケット」に取り組んでいたあらゆる事業者が見学にきたが、北野は胸襟を開いて応じた。「ロイヤル」の江頭匡一を髣髴とさせる（16節93頁）。日本のフードビジネスの前進を切望する矜持だ。

1960年代、1970年代（昭和30年代後半から50年代前半）は、街場の商店街と青果、魚、肉などの業種店が急拡大した時代である。

「スーパーマーケット」は、バックヤード併設のため広い店舗面積を必要とし、商店街内に立地を得るのは難しかった。そして、冷蔵ケースなど資本装備率が高く、投資金額が嵩むが、まだ金融機関からのフードビジネスへの評価も極めて低かった。ゆえにその増店スピードは、軽装備で開店できる業種店には及ばなかった。また、商品の販売価格も業種店より高かったのである。

ところが、家庭内に電気冷蔵庫が据えられるようになると、家庭の食材は冷蔵庫という置き場を得ることとなった。途端に鮮度、品質、保存の面で、「スーパーマーケット」の販売商品の優位性が歴然とした。1980年代（昭和50年代後半）に至ると、それまで「零細にして過多」そして「決して店数を減らすことのない」といわれていた業種店が急減しはじめた。

鮮魚売り場の王者マグロについて補足する。1960年代後半（昭和40年代前半）にそれまでのアンモニア冷凍機から「フロンＲ22」冷媒の冷凍機へと進んで、「超低温」のマグロ船が普及して、経験的に「マイナス40℃で凍結し、マイナス35℃で保存」して半年から１年以上たってもマグロの品質劣化がないとうことが知れ渡ってきた。1975（昭和50）年に尾藤方通（水産庁東海区水

産試験場）がこのことを学術的に実証して、マグロ船は競って「マイナス55
℃」の超低温冷凍装置に換装し、喜望峰沖漁場など世界中の海洋に進出した。
日本の「スーパーマーケット」が生鮮マグロと遜色ない「冷凍刺身マグロ」
（「刺身盛り合わせ」）を店内加工して売り物とすることで、漁獲量と消費量は
手を携えて増大した。山間部でも海無し県でも日本中どこでも「魚食民族」
化したのは「スーパーマーケット」のお陰である(9)。

　「日本型食生活」とは"米食"中心の食卓をいう。"米"はすでに電気炊
飯器で、家庭内で自動で炊けるようになっている。したがって日々の食卓は、
"白米"に相伴する料理の食材調達によって満たされる。魚介類と肉類と青
果類とで過半だ。「スーパーマーケット」とは、この内食ニーズに特化し進化
した小売店である。消費者の立場からは経済的にも時間的にも、近隣で"日
々"ワンストップショッピングできなければならない。

　なお、多くの商品部門を擁するビッグストア「総合スーパー」も、その一
部門として食料品売場「スーパーマーケット」がある。ここの商品の主な仕
入れ先も卸売市場である。蛇足ながら、卸売市場はセリ取引で、需給の均衡
点が取引価格である。大量の買い注文は、需要側を大きくし、価格は高騰す
る。この点は、工業量産品が、大量注文することで、生産コストを下げ、価
格が低廉となるというメカニズムとは逆である。

　日本の「スーパーマーケット」は、生鮮食料品の品ぞろえが中心で、消費
者は毎日または隔日で買い物に行く。これに対して、アメリカの「スーパー
マーケット」は、大規模広域流通のグロッサリー商品で、消費者は週に１回
１週間分の纏め買いをルーティンとする。両者は、似て非なるものである。
消費者の食生活の相異が、ビジネスモデルの相異に反映しているのである。

【注】
（１）奥住正道『証言・戦後商業史』（1983年、日本経済新聞社）137〜139頁。
（２）わが国の「流通革命」論が、「問屋無用論」と短絡理解されることが長
　　　く、中央卸売市場も「卸し」「仲卸」と流通段階が複数設けられている
　　　ため、小売価格が高くなるかのように曲解されることが頻りであるが、
　　　誤りである。小野雅之・菊地哲夫・藤田武弘「青果物の生産・消費と流
　　　通」瀧澤昭義他編『食料・農産物の流通と市場』（2003年、筑波書房）97
　　　頁、田村馨『日本型流通革新の経済分析』（1998年、九州大学出版会）98
　　　頁など参照。

（3）21世紀に入って、統計上は「野菜」に位置付けられている「きのこ」（しいたけ、しめじ、えのきたけ）は、人工栽培の大規模工場生産方式が一般化したため、他の加工食品と同様に直接に大口ユーザー（スーパーマーケット）と取引されることが多い。実際スーパーマーケットでは通年ほぼ同一価格で売られている（「きのこ」は、生産統計では林産物である）。
（4）瀬岡和子「昭和30年代におけるスーパーマーケットの誕生と「主婦の店」運動」『社会科学』第44巻第1号（2014年、同志社大学人文科学研究所）8頁。
（5）主に西山進『関西スーパー北野祐次の完全主義経営』（1983年、商業界）、同『スーパーマーケットに夢をかける男』（1997年、商業界）参照。なお、同社は2021年12月より「エイチ・ツー・オー リテイリング」の連結子会社。
（6）食肉部門の直営化は、1973（昭和48）年4月の兵庫店（神戸市）から。
（7）北野が取り寄せた訳書には以下がある。ウイリアム・D・マッケルロイ（太田行人訳）『細胞の生理化学』（1961年、訳1962年、岩波書店）、アーサ・W・ゴールストン（村上悟訳）『緑色植物の生理』（1961年、訳1962年、岩波書店）。正直、筆者（茂木）が今紐解いても読書欲が起こらない専門書だ。
（8）安土敏『日本スーパーマーケット原論』（1987年、ぱるす出版）、同『「安売り」礼賛に異議あり』（1995年、東洋経済新報社）、同『日本スーパーマーケット総論』（2006年、商業界）参照。また、同『小説 流通産業』（1981年、日本経済新聞社）は、サミットストア旧堀之内店を舞台に撮影された映画『スーパーの女』（1996年公開、伊丹十三脚本・監督、宮本信子主演）の原作である。同映画は、各方面で社員教育・研修用にも利用された。同映画の特別サンクスに「北野祐次」がクレジットされている。映画は大ヒットしたが、内容には賛否両論がある。
（9）尾藤方通「冷凍マグロ肉の肉色保持に関する研究」『東海区水産研究所研究報告』1976年84号、51～113頁。マグロ業界については、NHK産業科学部編『証言・日本漁業戦後史』（1985年、日本放送出版協会）、軍司貞則『マグロ戦争』（2007年、アスコム）など参照。

54節 「セブン-イレブン」1号店とリーチイン・クーラー

「百貨店」と「疑似百貨店」

　都市の1等地に立地していた百貨店の建物が、戦後しばらくは占領軍（GHQ）に接収されていたため、日本人の立ち入りは許されず百貨店の営業活動はままならなかった。1952年（昭和27年）4月28日のサンフランシスコ講和条約発効とともにGHQは活動を終了した。

　戦前には「百貨店法」（1937（昭和12）年）により百貨店の新増設は制限されていたが、GHQのもとに同法は1948（昭和23）年12月に廃止されていたので、言ってみれば自由営業の時代となっていた。GHQ（解散）撤収後の百貨店業界の復活は早かった。店舗の復旧、増床、改築改良、新築にひた走った。加えて電鉄資本のターミナル駅立地を活用した進出も素早かった。新たに「名鉄百貨店」（1954（昭和29）年）、「阪神百貨店」（1957（昭和32）年）、「東武百貨店」（1960（昭和35）年）、「小田急百貨店」（1961（昭和36）年）、「京王百貨店」（同）などが誕生した。関西からの東京進出も相次いだ。「大丸」（東京駅八重洲、1954（昭和29）年）、「十合」（そごう、有楽町、1957（昭和32）年）。また「高島屋」（横浜、1959（昭和34）年）も新規出店した。全国各地の主要都市にも百貨店が次々と登場した。

　各地で中小小売事業者の百貨店規正法の制定を求める運動が燃え盛って、1955年（昭和30）年総選挙では各党が「百貨店法の制定」を選挙公約に掲げ、翌1956年（昭和31）年には「百貨店業の事業活動を調整」し「中小商業の事業活動の機会を確保する」ための新「百貨店法」が施行された。百貨店の新増設はいうに及ばず、営業日や営業時間、定休日など手枷足枷の許可制となった。

　これに対して新興のスーパーマーケット（総合スーパー）は、社会の流通分野の合理化の動きであり、小売業の近代化に貢献する存在として"公的認知"を受けていた。この新興の総合スーパーは、高度経済成長下で膨張に膨張を重ねる消費需要に全速力で店舗を大型化させながら増設に励んだが、まもなく得意とする「低価格販売」路線が、出店予定先の小売事業者の反発を

大きくして、各地で出店反対運動が過激化していく様相となった。
　しばらくすると政府当局もこれら総合スーパーを「疑似百貨店」と位置づけて、「百貨店」と同格扱いするようになった。総合スーパーは、「百貨店法」が企業主義であることを捉えて、大規模小売店をつくる際に部門ごとに別会社を設置して逃れていたのである。(2)
　おりしも小売業の「資本の自由化」(1969 (昭和44) 年第二次自由化、1970 (昭和45) 年流通完全自由化) の脅威が声高に叫ばれていた。海外資本の小売ビジネス参入で日本の流通業は席巻されてしまうのではないかという脅威論、黒船論も大きく高まっていた。中小小売業が蹂躙(じゅうりん)されないためには、「百貨店」も「疑似百貨店」も予測される外資大型店も、一網打尽に網をかける「大店法」の成立 (1973 (昭和48) 年) に行き着いたのである。

前史としての「ボランタリーチェーン」

　政府は、1960年代半ば (昭和40年前後) になると、流通近代化と中小小売業の「育成」(「保護」から転換) 政策として「チェーン化」の促進に踏み出した。(3) 1966 (昭和41) 年にはこれに基づく「ボランタリーチェーン (VC) 助成」の予算措置と併せて、日本ボランタリーチェーン協会が発足した。発足時43チェーン、1万1千店舗、すでにそれなりの勢力である。
　VCとは、独立した経営体である中小小売事業者が、それぞれの経営の自主性を維持しながら、複数者が共同して仕入れや宣伝などを継続して行おうとする有志連合のことである。小売事業者主宰のケース (コーペラティブチェーンと呼ばれることもある) と卸売事業者主宰のケースがあり、情報交流や相互研鑽(けんさん)の場としてもよく機能したが、ともに共同仕入れ事業への取り組みの成否がそのVC発展の大小・強弱を分けた。同協会発足時は、卸売業主宰が32チェーンと多く、うち13チェーンは食品問屋であった。急伸する総合スーパーへの対抗策であったことは明らかである。
　そのなかで著名なのは食品 (菓子) 問屋の「橘高(きったか)」が主宰した「Kマート」である。1964 (昭和39) 年に発足し、1979 (昭和54) 年に「セブン-イレブン」に抜かれるまでコンビニエンスストア (コンビニ) チェーンの最大店舗数を有した。(4) ただ、VCそのものは、皮肉なことに上記振興策が"仇(あだ)"となり、助成狙いの俄かVCが乱造されて数の上では増えたものの、短期に行き詰ま

るものが多く、全体としては弱体化した。

　一般にVCは、加盟店の同志的結合が主旨とされ主宰本部の加盟店に対する経営面での権限が強力ではないとされる。これに対して、本部機構と店舗の機能とが峻別され、本部の強い統制力の下に多数の店舗が統一的に運営されるというフランチャイズ・チェーン（FC）が紹介されるのは、1966（昭和41）年ハリー・カーシュ（コンサルタント）『フランチャイズ・チェーン』の刊行が契機とされる。この頃から業界の内外で、FC論議も、そしてFCチェーンとしてアメリカで勢力を急拡大している「セブン-イレブン」「ローソン」などのコンビニチェーンにも、関心が強まっていった。

　FCには、しばしばメーカー商品の販路を担う伝統的なFC（カーディーラー、ガソリンスタンド、飲料ボトラーなど）と、本部側（企業）と店舗側（企業・人）とでの商標やノウハウの継続的売買とするビジネス・フォーマットFC（外食産業など）の二つの形態があるとされるが、後者FCの強烈な本部・店舗の関係性を見せつけたのが「セブン-イレブン」であった。

「デニーズ」1号店

　「イトーヨーカ堂」は、1970（昭和45）年度末で22店舗を展開していた。このころすでに「全国各地でスーパーマーケット（総合スーパー）などの大型店舗の出店が急激に増えて、商店街を中心に中小小売店による出店反対運動が激しさを増すようになっており」、「大店法」の制定が囁かれていて、「ダイエー、西友、イトーヨーカ堂、ジャスコ、ユニー、長崎屋などは、大型店の出店戦略を描き無くなっていた」。

　「イトーヨーカ堂」で新規事業の開拓を託されていた鈴木敏文（取締役）は、アメリカ詣でを繰り返し、2つの事業案件を持ち帰った。コーヒーショップチェーンの「デニーズ」とコンビニチェーンの「セブン-イレブン」である。

　「デニーズ」は、1974（昭和49）年、神奈川県上大岡の1号店を皮切りに出店を重ね、先行していた「すかいらーく」、「ロイヤルホスト」を追走してまもなくこれら3ブランドは「ファミリーレストラン御三家」と呼ばれるようになる。外食産業急成長の立役者の一つだ。「デニーズ」はじめ御三家は直営店（同一企業が本部と店舗を一括運営する）（レギュラーチェーンRCという）が基本である。

「デニーズ」も「セブン‐イレブン」も単純にアメリカからノウハウを日本へ導入移植すればよいというものではない。「現地化」（日本の実情に合わせた修正）が必須だ。

アメリカは"チップ"制だが、日本では"チップ"の習慣がない。そのため想定するウエイトレスの配置数は極端に違う。アメリカでは会社側の労務費負担が少なくて済むのでとにかく大勢を配置できる。"チップ"制であれば、その時々のサービスの善し悪しは、間髪を置かずにチップの多寡で"評価"されるのだから、顧客サービスに対するモチベーションも上がろうというものだ。もっと良いサービスを目指して、すなわち自己収入の向上を目指して、自己研鑽を惜しまない。ちなみに、ファストフードとは、"チップ"不要のレストランという意味である。ファストフードでサービスマニュアルの整備とかスタッフ教育の重要性とかが殊更強調されるのは、"チップ"収入のない現場でスタッフをサービス業務に就かせなければならないからだ。

また、そもそも顧客も従業者も、ともに日米での体格差が大きい。合理的であるべき厨房の配置動線は勿論であるが、肝心の客席部のテーブルのサイズからして合わない。アメリカそのままのサイズでは広すぎるのである。実際のところ日本の「デニーズ」の客席サイズは本家アメリカよりも２割ほど小さく狭くなっていた。試行錯誤と修正（現地化）の連続であった。(9)

肝心のメニューも然りである。なにしろ食習慣そのものが違うのであるから。ランチに添えるスープにみそ汁を出してよいものか、出す場合には"汁"ではなく"ミソスープ"というべきでないかなどなど、大事も小事も一事が万事、社内では口角泡を飛ばしての激論の日々であったと想像される。(10)

ちなみに、これら新興の外食チェーンが提供するメニューは当時としては斬新な料理であり、新規出店する先々で出店反対運動が起こるなどということはほとんどなかった。そもそも競合店がなかったのであるから。むしろそのうちに始まるのは同質のメニューで競い合った大手外食チェーン同士の熾烈な競合問題である。

直営店か、フランチャイズ店か

さて「セブン‐イレブン」だ。まずは直営店で日本流のノウハウの溜め込みが求められた。そのために神奈川・相模原で１号店出店を目論み、データ

収集のために他所でも数カ所の直営店を準備していたところ、責任者鈴木の一喝で、開店準備中の直営店の開店を遅らせて、1号店はフランチャイズ店とした。

「イトーヨーカ堂」のコンビニ進出を新聞ニュースで知って応募してきていた東京・江東区豊洲の酒屋「山本茂商店」（山本憲司店主）からの転換店を1号店として、「セブン-イレブン」は1974（昭和49）年5月に華々しくデビューした。(11) 直営店での実績や参考指標が無いなか、山本との契約においては、酒屋時代の粗利益額保証、ダメだった場合の本部負担での原状回復など、「敬意」を払った契約書内容（暫定版）であったという。

鈴木の慧眼という表現が適切かどうかは迷うが、"直営"での1号店開店を断行していたならば、当然全国の商店街と中小小売業者から「イトーヨーカ堂」（子会社ヨークセブン）への猛反発が起こって、騒動になったに違いない。1号店は酒屋からの転身だということに注目が集まり、新婚の若い店主が専門紙誌などマスコミ取材に良く応じた。結果的に「イトーヨーカ堂」の印象が薄らいだ。(12)

実際、「ダイエー」が翌1975（昭和50）年6月に「ローソン」1号店を大阪・豊中に開店したときには、地元商店会からの猛反発に遭い、以後は同市内に店を出さないと約束させられている。アメリカとの提携ではなく、1年8カ月にわたり独自開発の試行を重ねていた「西友ストアー」の「ファミリーマート」がようやくコンビニの体裁を得て1975（昭和50）年5月に開店した埼玉県所沢の秋津店の場合はさらに深刻で、同社は翌年7月、コンビニの出店そのものを中止するとの声明まで出すこととなった（1977（昭和52）年8月撤回）。

翻って、「セブン-イレブン」の急速増店が際立った。1号店から3年半後、1977（昭和52）年10月300号店となった。後々の話になるが、その後に「コンビニ御三家」となる上記3ブランドでは、「セブン-イレブン」は常に先頭ランナーとして揺ぎ無い地位を保持し続けていて、後ろ2ブランドはこのスタート時の蹉跌から引き離されたままで今日まで推移している。

「セブン-イレブン」の店名は、開店時間が7時「セブン」、閉店時間が午後11時「イレブン」のことである。開店営業中の時間を店名として消費者に約束している。当時この16時間営業店は破格の長時間営業である。街場の小売店は、開店が10時・11時、閉店が夕方5時か6時がほとんどであった時代だ。したがって、この頃は長時間営業であることが、消費者の便益（コンビ

ニエンス）であると受け止められていた。実際1号店では、夕方以降の時間帯や夜遅く（当時は9時以降）にも銭湯帰りや（当時内風呂は少なかった）、野球のテレビ観戦のためのビールなどの実需が膨大であったことが実証された。2年後1976（昭和51）年11月に「セブン-イレブン」が初のTVCMを打ったときには、まさにこの点を強調して「開いててよかった！」をキャッチフレーズとしている。

キャバレーチェーンが手掛けたコンビニ

　「セブン-イレブン」の急速な増店スピードには関係する食品業界は無論のこと、社会の耳目も集まった。それまでのコンビニを標榜するチェーンも店舗増設を急ぎ、また「セブン-イレブン」をベンチマークしてコンビニに参入する企業も多く出現した。

　一つだけ例を挙げれば、1976（昭和51）年11月にスタートした「T・V・B（トライアル・ベンチャー・ビジネス、南洋観光から社名変更）」の「サンチェーン」がある。「T・V・B」は1960年代から1970年代前半にかけて隆盛を誇ったキャバレー「ハワイ」チェーンを展開する会社である。

　1976（昭和51）年11月、「サンチェーン」のスタートは、駒込店、町屋店、富士見台店の3店舗同時オープンで、キャバレー「ハワイ」の女子従業員が買い物できる立地に配慮したという。営業時間も同様であったと推測できる。営業時間は10時から26時（深夜2時）の16時間であった。「セブン-イレブン」と同じ16時間であるが、7時～夜11時を3時間後倒しにして、深夜帯にずらしているところがミソだ。ある意味、地域の商店でのコミュニケーション密な買い物よりも、セルフサービスによるそっけない買い物の方が心理的に楽だと感じる使い方があったかも知れない。営業時間だけではなく、資料がないので想像だが、品揃えについても彼女たちの利用に答えた商品に腐心していたことと思う。

　ちなみに「T・V・B」＝キャバレー「ハワイ」は、1975（昭和50）年「日本の飲食業ランキング調査」（「日経流通新聞」（現「日経MJ」、通称外食産業売上高ランキング調査）で第1位である。この調査は、前年の1974（昭和49）年度実績値から開始され、翌1975（昭和50）年版でランキング1位にいきなり「T・V・B（ハワイ）」（キャバレー）（730店舗）が登場した。同じキャバレー

分野では、25位に「三経本社（ロンドン）」（51店舗）、51位に「浦島本社（ウラシマ）」（18店舗）がランクインしている。キャバレー業界はこの時期隆盛を極め、上記以外でも「ハリウッド」（最盛期73店）など、多数のブランドが群雄割拠していた。同年10月、「T・V・B」ハワイグループは東京武道館で「ハワイ店1,500店舗達成記念大会」と銘打ち全国100社・5,000人を動員したとする催事でもマスコミの注目を集めていた。この業界に勤務する従業員スタッフの総数が膨大数にのぼり、彼女たちにとって、コンビニ「サンチェーン」は、買い物しやすかった店であったと思われる。

　しかしながら、同調査では、このキャバレーというカテゴリーが調査対象としてランクインしたのはこの年1回だけで、翌年・翌々年は別表の扱いとなり以降は調査の対象外とされている。キャバレー業界は、戦後の時代に戦争未亡人、戦災孤児、母子家庭の雇用の受け皿としてはおそらく日本最大規模の役割を有していた産業種で、母子寮や託児所の設置を経営"理念"とする職場が多かった。個人的な感想であるが、チェーンビジネスを研究する筆者の立場からは残念な扱いだとの思いがある。

　「サンチェーン」に戻る。1号店オープンから1年後、1977（昭和52）年11月には100店舗を達成した。そしてその5か月後、1978（昭和53）年4月に全店24時間営業とした。全店だ、あらゆる小売業ビジネス初である。創業3年目1979（昭和53）年100店舗となった。

　「サンチェーン」は、深夜12時を回ってもなお街には消費の実需があることを証明した。1970年代、1980年代は、都市が24時間生活に向かって"時間膨張"していく時代であった。コンビニの普及はこの社会現象とよく共鳴共振したのである。

「セブン-イレブン」1号店とリーチイン・クーラー

　「セブン-イレブン」1号店は、酒屋「山本商店」（16坪）からの転換である。酒類小売店は、流通規制下にあって、既存店の商圏は制度によって守られていた。酒類製造業者は需要な国税の徴収先であり、卸・小売りが過当競争などで業績不振になると、製造出荷者（納税者）に被害が及ぶことになり、税収にマイナスの影響が出るという理屈だ。「山本商店」も一定の商圏内での酒類独占販売者であった。「セブン-イレブン」に屋号が変わっても、酒販

免許は保持したままである。政府の管理物資では、他に、米、タバコ、塩があったが、「山本商店」はタバコ販売免許も持って販売していた（酒類とたばこは、「担税商品」という）。つまり、酒店、たばこ店は、当該店舗周辺では独占的販売店である。[17]

酒類とタバコを擁した1号店（改装して20坪）は、いきなり日商50万円を叩き出した。これに対して、2号店直営の相模原（相生）店は、50坪で40万円程度、次第に落ちていき、30～35万円と低迷した。広い駐車場もあったのだ。売り場面積当たりの販売効率で倍以上も違う。2号直営店にはタバコはあったが、酒がなかった。そして、親会社（イトーヨーカ堂）に倣って生鮮食料品3品はしっかり品揃えされていたが、1号店ではそれ用のスペースがなく、生鮮品の品揃えがなかった。売上差の要因は誰の目にも明らかだ。

アメリカ「セブン-イレブン」（サウスランド社）との提携FCであることが、ここで威力を発揮した。同社はもと「サウスランド・アイス社」といい、製氷工場と氷配送所を各地に配した氷産業であった。しばらくして冷えた牛乳、飲料、雑貨などを品揃えして、コンビニ業態を確立した。店舗にははじめから冷蔵設備が整えられており、冷やしてある飲食料品は売り場からピックアップするだけですぐに食べたり飲めたりできることが魅力である。[18]

1号店店主山本は、開店に向けての店舗改装時に混乱した苦労話として「当時日本にはなかったリーチイン・クーラーと呼ばれる冷蔵庫」がなかなか設置できなくて困ったことを"いの一番"に挙げている。「リーチイン」とは手を伸ばすという意味で、「リーチイン・クーラー」とは前面のガラス戸の取っ手を引いて開閉する冷蔵庫のことで、商品が棚に置かれて多段に並んでいる。山本はさらに、ようやく設置しても通路が狭いので扉を開けての商品補充が難しいと音を上げたこと、そして、このときに背面補充の仕様を提案して受け入れられたことも感慨深く語っている。したがって、いまどこのコンビニでも恰も当然のごとくに置かれ使われている「背面から商品を補充するリーチイン・クーラー」の仕様は、まったくもって山本の提案の結果である。アメリカ仕様にはない、狭い店内への「現地化」だった。

家庭の"冷蔵庫代わり"

1958（昭和33）年に「アサヒビール」から缶ビールがはじめて販売された

ときには、「びんより　ずっと早く冷えます　冷蔵庫に入れても楽に倍ははいります」と謳（うた）ったが、「缶臭いから」といって敬遠する客がけっこういたのと、なにより冷蔵庫のある家庭はごく少数派で、売上がぐんぐん伸びるとは言えない状態が続いていた。当時は瓶ビールが主流の時代である。家庭でも飲食店でもビールは瓶だ。

　1971（昭和46）年にアルミ缶（アサヒビール）が出た。山本はこれを「セブン-イレブン」１号店の目玉とした。「缶臭くない缶ビール。すぐに冷える缶ビール新発売」というポップを自前で作って「積極的に売り込んでいった。これがうまくいったのか、売上が伸びると同時に、店に勢いが出て来た」[19]。それまでのスチール缶も（瓶と比べて）「ずっと早く冷える」と謳っていたが、アルミの熱伝導率はスチール（鉄）の約３倍だ。「超早く冷える」[20]。

　筆者（茂木）の想像であるが、「アサヒビール」吾妻橋工場（墨田区吾妻橋、現本社）は同社東日本の拠点本丸だ。１号店（江東区豊洲）との距離は直線で７㎞ほど、お膝元であるから、周辺エリアでの飲食店や酒店への営業は絨毯爆撃（じゅうたんばくげき）の様であろう。しかも、当代最高の映画スター高倉健を初のCMに引っ張り出してのキャンペーン下である。陰に陽に「アサヒビール」の応援があったと想像する。

　この注目店で販売が好調で棚（リーチイン・ケース）の好位置を獲得できれば、同店をモデルに増店しようとしているチェーン店全店も同じ扱いになるはずだ。出荷拡大に足踏みが続いてきた「アサヒビール」のアルミ缶ビールにとっては、例えていえばここが"関ケ原"だ。のちに「アサヒビール」は「金脈」を当てていたとほくそ笑んでいたのかも知れない。

　同店は下町立地で後背が工業立地であったことも僥倖（ぎょうこう）だった。近くに銭湯と工場の独身寮があった。寮には冷蔵庫がなかった。なにより下町っ子にとっても工場勤務者にとっても高倉健主演『昭和残侠伝』『日本侠客伝』『網走番外地』シリーズは同時代の話題の中心であり、新作の人気は無論のこと、通常作品終了後に作品を５本並べたオールナイト興行で、満席保証の作品であった。観客はスクリーンの高倉健に向かって掛け声を飛ばし陶酔して朝までぶっ通しで見入っていた。

　風呂上がりにはビールとつまみ、ソフトドンクやアイスクリームの売上も増加の一途。「一人当たりの売り上げ単価も上がった」。プロ野球談議も高倉健談議も盛り上がったに違いない。かくして、１号店は家庭や寮の"冷蔵庫

代わり"という機能が存分に発揮された。ちなみにスーパーマーケット（食品スーパー）は、家庭の"台所代わり"という。

「セブン-イレブン」は、「金脈」を当てていたのだ。直ちに街の酒屋に照準を定めてFCの勧誘に全力を上げた。同チェーンの基礎をゆるぎないものとした300店舗達成の時点で、オーナー出自の内訳は、酒屋192店舗（64%）、食料品店41店舗（14%）、米屋14店舗（5%）、洋品雑貨店8店舗（3%）、その他、薬局、脱サラであった。コンビニ業界を長年にわたって取材してきた梅澤聡（流通ジャーナリスト）は、山本を欠いていたら、「本部は生鮮三品の売り方にこだわって、前に進めなかったかもしれない」と述べている。(21)

「セブン-イレブン」の成功と成長神話は、実は酒販免許を有した酒屋をFCの加盟店（フランチャイジー）に糾合したシステムであったことを核心とするのである。そして、他のコンビニチェーンも含めて「リーチイン・クーラー」による飲料などの商品陳列が業界の規範となった。酒類と飲料を冷やして、酒販免許がなければ飲料類を冷やして陳列するのだ。

コンビニ成長期に酒販免許が大きな役割を果たしたことは、「セブン-イレブン」が独り実証する話ではない。今日（本稿執筆時点で）最強のコンビニと名声の高い北海道拠点の「セイコーマート」もそうだ。同チェーンは、現存するコンビニチェーンで最古とされる。「セブン-イレブン」1号店開店（1974年7月）の3年前、1971（昭和46）年8月に「セイコーマートはぎなか店」（札幌）が開店した。酒類卸問屋「丸ヨ西尾」の赤尾昭彦（開発課長）が、同社取引先の食料品店に酒販免許取得の働きかけをしたうえでコンビニに業態転換した店である。赤尾は、ここから同社取引先すなわち酒類小売店を次々とコンビニに誘い、一大コンビニチェーンを構築していく。酒の卸事業者と小売事業者とがともにコンビニのチェーン本部と加盟店へと業態転換していくという事例である。(22)

なお、「セブン-イレブン」は1978（昭和53）年5月にはやくも北海道進出を果たすが、その1号店「札幌北33条店」は、「セイコーマートはぎなか店」と1km以内で同商圏であった。しかしながら、北海道の地においては、「セブン-イレブン」店舗数は、「セイコーマート」を上回ることなく推移している。2023（令和5）年時点での北海道での店舗数は、「セブン-イレブン」999店（国内21,389店）、「ファミリーマート」239店（16,517店）、「ローソン」678店（14,601店）に対して、「セイコーマート」1,085店（1,180店）である。

あらためて、コンビニとは冷えた飲食料品を販売する店舗である。家庭の"冷蔵庫代わり"というのが、コンビニたる所以である。これに対して、スーパーマーケット（食品スーパー）は家庭の"台所代わり"という。すなわち、スーパーマーケットは家庭の台所作業を引き受けるための作業所を店内に併設している。だが"冷蔵庫代わり"のコンビニには作業所も作業要員も要らない。出来合いのもの、すべて小ぶりの容器入りのものが並ぶだけだ。消費者は棚から商品を取り出してすぐに消費する。前者は「製造小売業」、後者は「小売業」、両者のビジネスモデルは本質的に別物である。

【注】
（1）『通商産業省年報』（昭和37年）、産業構造審議会流通部会（1964（昭和39）年12月第1回中間報告）。
（2）通商産業省企業局長通達「疑似百貨店にかんする指導方針」（1968（昭和43）年6月7日）。
（3）産業構造審議会流通部会「第3回中間報告」（1965（昭和40）年9月）。
（4）「Kマート」（アメリカ「Kマート」、「サークルK」とは無関係）は本部と店舗の役割分担が明瞭で、事実上のFCチェーンであった。橘高は1993（平成5）年に会社更生法。
（5）ハリー・カーシュ（川崎進一訳）『フランチャイズ・チェーン』（1966年、商業界）（増補新版『フランチャイズ・ビジネス』1970年）。
（6）梅澤聡『コンビニチェーン進化史』（2020年、イースト・プレス）39頁。
（7）アメリカ「デニーズ」の祖業はドーナツ店（1953年「ハニードーナツ」）で、のちにコーヒーショップ（「デニーズ」）に乗り出した。軽食主体のレストランで、コーヒーがお代わり自由（無料）なことからコーヒーショップと呼ばれるようになった。家庭のようにくつろげる雰囲気を特徴とし、わが国ではファミリーレストランと近似である。これらのタイプのレストランは、わが国でも1970年代末までアメリカ流に「コーヒーショップ」と呼ばれていたが、コーヒーおかわり自由は「デニーズ」だけであった。この呼称はまもなく「ファミリーレストラン」に置き換わった。アメリカには「ファミリーレストラン」の業態呼称はなかった。日本と違ってレストランは子供連れでは来店しないという社会風俗が普通だったからだ。なお21世紀ではアメリカでも「ファミリーレストラン」の語は普通に使われるようになっている。
日本では1977（昭和52）年に出版された日本経済新聞社編『外食産業』（日本経済新聞社）も翌1978（昭和53）年同『飛躍する外食産業』（同）でも、「ファミリーレストラン」の語はどこにもなく、すべて「コーヒー

ショップ」と記されている。これが、1980（昭和55）年の同『つぶし合い時代の外食産業』（同）では、「コーヒーショップ」の表記が消えて「ファミリーレストラン」となっている。用語の交替は1970年代末であったとみられる。
（8）子会社をつくって、子会社との間にエリア・フランチャイズ契約とすることもある（「ロイヤル」関西地域の「OGロイヤル」）。
（9）こうした例は、「デニーズ」だけのことではない。「マクドナルド」はじめ外資系（外国ブランド）レストランチェーンでは共通に遭遇した問題である。
（10）「スープ」は"食べ物"である。ゆえにスープ皿の下に皿を敷き、スプーンを添える。決して食器に口を接触させることはない。これに対して、日本の味噌汁は"飲み物"である。"飲み物"であるから、直接食器（碗）に口を付けて啜って構わないことになっている。独り「デニーズ」に帰せられる問題ではなく日本のファミリーレストラン業界全体の問題であろうが、ランチの提供とこれにスープを添えることで、わが国では「スープ」そのものが"食べ物"から"飲み物"に転位してしまった。筆者の観察では、最後までランチの"スープ"にもスプーンを添えていたのは「ロイヤルホスト」であったが、創業者江頭匡一が他界すると、ここでも"飲み物"となった。筆者はこの点を責任者に直接問い質したことがあったが、労務費の観点から譲れない（江頭時代には戻せない）という答えであった。
（11）同年3月の時点でコンビニを展開ないし計画している企業団体は48、うちすでに2桁の店舗数を展開している社は、「Kマート」（313店舗）はじめ10ブランドに及ぶ。日本経済新聞社『流通経済の手引き―1975年版』（1974年、日本経済新聞社）156〜159頁。
（12）本部にアプローチした24歳独身の山本は、「30歳以上既婚者」が加盟受付の条件といわれて、急遽友人を頼んで近隣在住の候補者をリストアップし、幼馴染みと結婚を決め、本部に再アプローチした。開店8カ月前だ。山本憲司『セブン-イレブン1号店繁盛する商い』（2017年、PHP研究所）28〜32頁。本稿の同店1号店の様子については、主に同書による。
（13）「日経流通新聞」1976年3月23日号。
（14）「日本たばこ産業」（JT）に長年勤務してきた人の言では、流通規制下にあるたばこ販売店の認可の際には、申請者が戦争未亡人である場合には優先考慮してきた経緯があったとのことである。大戦後には、さまざまなところでこうした"公助"が見られた。
（15）1994（平成6）年、「サンチェーン」は「ローソン」になった。
（16）深夜帯から早朝にかけておよび24時間ビジネスを網羅した日本能率協会編『ビジネスは眠らない』（1987年、日本能率協会）参照。筆者（茂木）も同書で「外食産業」の項を担当執筆している。

(17) 酒類の小売販売の免許取得（所轄税務署への届出と許可）は、1998（平成10）年から少しずつ要件が緩和されてきて2006（平成18）年9月からほぼ自由化された（許可は要る）。「たばこ」は、既小売業者との距離条件がある。（「樟脳」も専売品であったが人工品が開発されたことで1962（昭和37）年から除かれた。）また、「コメ」と「塩」は、国民の生命に係わる重要物資として政府統制品であった。コメの流通は、2004（平成16）年の「改正食糧法」でほぼ自由化された。塩は1997（平成9）年の「塩専売廃止法」でほぼ自由化された。（安定供給のための公的関与は残る。）

(18) 製氷所と家庭に氷を小売りする事業所が各所にあったが、1946年に店名を「セブン-イレブン」と統一し、店舗の仕様（面積、貯蔵容器、通路、駐車場など）を規格化し、店舗営業時間を朝7時から夜11時に固定した。買収による規模拡大もあり、1952年に100店舗を数え、1959年490店舗、1963年1,052店舗、1966年2,321店舗、1968年3,076店舗、1971年4,460店舗と成長を続けた。日本企業から提携話が持ち込まれるようになるのはこの頃からである。「イトーヨーカ堂」と1973（昭和48）年に「エリア・フランチャイズ」契約（ロイヤリティ売上の0.6％、8年間で1,200店の出店義務）が締結された。その際日本の実情に合わせた「現地化」が認められている。なお、ダイエーが提携した「ローソン」の「ローソン・ミルク社」は、オハイオ州を中心に約1千店舗を展開していた。祖業はJ・J・ローソンの牛乳販売店であるから、冷えたミルクすなわちリーチイン・クーラーは店舗の標準装備である。ちなみに、「ローソン」の看板ロゴマークはミルク缶のデザインである。

(19) 山本、上掲書、54～57頁。

(20) 金属缶が今日のように普及するのは、「DI法」と「EOE」という二つの技術革新（いずれもアメリカ）があったからである。「DI（ドロー・アンド・アイドニング）法」とは、缶の胴体と底部を一体成型する技術で、弾丸の薬莢の製造法からヒントを得たといわれる。「EOE（イージー・オープン・エンド）」とは、オープナーを使わずに手で缶が開けられるようにした缶蓋をいう。「EOE」の実用化は、やわらかく加工性に優れたアルミニウム材が適要である。1965年に「サッポロビール」がプルトップ（プルタブ）を用いた「EOE」缶ビールを販売したが、缶胴と缶底がスチール、蓋がアルミニウムであった。なおアルミニウムは、スチールよりも高額であったので、アルミ缶も高くなった。

(21) 梅澤、上掲書、47頁。梅澤は、専門誌『月刊 コンビニ』(1998年8月季刊で創刊、のち隔月刊、2002年8月より月刊、商業界)で長年編集長を努めた。

(22) 梅澤、上掲書、78～84頁、角井亮一『最先端の物流戦略』(2024年、PHP研究所) 123～138頁、参照。

55節 「中食」とコンビニエンスストア

「昼食難民」と「中食」

　1991（平成3）年4月、東京都庁舎がそれまでの有楽町（千代田区丸の内、現東京国際フォーラム）から新宿に移転した。地上48階、地下3階で高さ243.4m（軒高：241.9m）は、それまでの「サンシャインビル」（池袋）を抜いて日本一の高さだ。

　移転計画と建設（1988年4月着工）が「バブル経済」下であったことから、「バベルの塔」を捩って「バブルの塔」と俗称された。新庁舎には、職員食堂が2か所（第一本庁舎32階、第二本庁舎4階）設けられていた。

　移転先のこのエリアは「新宿副都心」と呼ばれ、淀橋浄水場の跡を再開発したところである。1971（昭和46）年6月わが国初の超高層ホテルを謳い文句とした「京王プラザホテル」開業を皮切りに、次々と超高層のオフィスビルが10棟以上も林立するエリアであった。大部分の入居はオフィスで、各棟とも数千人から万人を超える勤務者が通勤する。日中には来訪者も多い。これに対して、用意されている飲食施設は、職域食堂（複数社が共同で利用する社員食堂）、商業施設階の飲食店など限られる。昼食時間になると、これらの店の前には長蛇の列が絶えないどころか、昼食をあきらめざるを得ない人も続出した。都庁移転を機にこの現象をマスコミが挙って取り上げるところとなった。いわく「昼食難民」の大量発生だと。騒がれてみると、バブルによって、もとの街並みが「地上げ」にあい、オフィスビルなどの建築物に置き換わるという様が各所で生じ、「昼食難民」が都内全域で、そして地方都市部でも大量発生していたことが顕わになった。

外食産業の「中食」対応

　当時の外食産業の売上高ランキング表を眺めてみると興味深い。1990（平成2）年実績で1位から15位までを並べてみる。5社を除いて、10社はテイ

クアウトを事業モデルに組み込んでいる外食チェーンである。1位「マクドナルド」（当時テイクアウト比率45％）、2位「ケンタッキー・フライド・チキン」（70％）、4位〜6位「ほっかほっか亭総本部」・「本家かまどや」・「小僧寿し本部」（100％）、8位「ミスタードーナツ」（90％）、11位「モスバーガー」（55％）、12位「京樽」（不詳、一部にイートインあり）、13位「ロッテリア」（40％）、15位「吉野家」（18％）。なお、のこりはファミリーレストラン4社と居酒屋であった（3位「すかいらーく」、7位「ロイヤル（ロイヤルホスト）」、9位「西洋フードシステムズ」、10位「デニーズ」、14位「村さ来」[(1)]。

　4〜6位と12位、「弁当」と「すし」は「持ち帰り米飯」と呼ばれ、外食産業に括られているが、事業の業種分類では「"料理品"製造小売業」であって、客席サービスがないのでビジネスモデルとしては外食サービス業ではない。

　公的統計（店舗格付）では、店内飲食かテイクアウトのどちらが売上の過半を占めるかで、前者なら「飲食店」、後者なら「料理品製造小売業」となる。「ケンタッキー・フライド・チキン」も「モスバーガー」も「料理品製造小売業」主体のブランドである。

　「昼食難民」の大量発生に真っ先に対応しようとしてフード関係各社が開発に着手し市場に投入（出店）したのはこの「料理品製造小売業」専業店であった。有り体に言えば持ち帰りの「弁当店」だ。外食店舗としなかったのは、客席部スペースの賃料を払ったら不採算だからだ。一例だが、いずれも今はないので、念のために挙げておく。「　」内は店名、続く（　）内は開発した企業である。

　「オープンセサミ」(1987年、すかいらーく)、「味采美季」(1988年、ニチイ＋味の素)、「あすか」(1989年、ファミリーマート)、「あじ菜」(1990年、味の素＋木徳〔米問屋〕)、「アイランド」(1991年、ジョナサン) など。多店舗化を志向し2桁にのせたブランドもあったが、やがて撤退した。先行した「料理品製造小売業」は、個人ビジネスであるならばともかく、企業ビジネスとしては経営ノウハウの確立が果たせなかった。なお、先行した「持ち帰り米飯」は、基本的には個人オーナー店をネットワークするFCシステムであり、店舗の経営者は個人経営が多かったのである。

　この頃には、ケータリング・ピザという新業態が外食産業界を賑わしていた。1985（昭和60）年に「ドミノ・ピザ」がスタートし、1986（昭和61）年「シカゴピザファクトリー」、1987（昭和62）年「ピザーラ」といったブラン

ドがチェーン展開をしていった。これら宅配ビジネスも歴（れっき）とした「料理品製造小売業」である。

「昼食難民」の大量発生と食企業の矢継ぎ早の「弁当店」参入によって、消費者が、レストランなど外食店舗に入って食事を済ませる行為と並んで、食を買って済ませる行為が急拡大していることが明示された。そうしてそれまでの食生活論は、家庭食と外食との二項領域で論じられてきたが、家庭食でもない外食でもない第三の食の領域が措定されなければならなくなった。「家庭内食（内食）」「外食」に対抗する「中食」という語の誕生である。(2)

「内食」弁当と「中食」弁当、「出前」と「仕出し」

この「中食」という語の使用、すなわち人々の食生活を「内食（家庭食）」「外食」そして「中食」という３項で捉えようとする発想が広まっていくと、これまで食の領域でほとんど問題意識が広がらないできたいくつかの論点があらためて浮上した。

たとえば、これまで日本社会で一般的であった自宅から持ってくる「弁当」の類。これは、食する場所こそ"家庭外"だが、家事労働入力によって作成されたものであるから「内食」の延長線上にあるとされる。すでに死語だが、昭和のある時期まではサラリーマンのことを「腰弁」と別称していた。腰に「弁当箱」をぶら下げて通勤する様子を揶揄（やゆ）した表現だ。「腰弁」は、「内食」であって「中食」ではない。今の学童が学校に持参する弁当類も同じく「内食」品だ。「昼食難民」の時代では、すでに「腰弁」は長距離通勤に耐えられないこともあり、僅少派に転落していた。

これに対して、家事労働が入力されておらず、家庭の外部の調理機構で作成され、販売された「弁当」類を購入して１食とすることは、「中食」と位置づけられる。「弁当」を持ち帰って食した場所が家庭内でも「中食」である。

「中食」論議は、奥が深い。外食産業にいうテイクアウト、持ち帰りの商品は基本的に「中食」商品である。ゆえにテイクアウト主体の外食ブランドは、律儀に言えば「中食産業」なのである。ということは、ファストフードは、「中食産業」か、もしくは「中食産業」（テイクアウト）と「外食産業」（イートイン）の兼業種かのどちらかとなる。この論法で、江戸時代に流行した蕎麦、すし、天ぷらの路上の立ち食いや振り売りは、まぎれもなく「中食」

だとの考察も成立する。

　外食店舗の「出前」もそうだ。従前とくに外食産業の供給が過少であった昭和年代では、飲食店の「出前」はごく普通の街の風景であった。会社事務所への「出前」もあれば、一般家庭への「出前」も多かった。立派な「中食」だ。そしてこの「出前」をしている店の割合はとても多く、経営上も「出前」なくしては成り立たないという店も少なくないというのが実情であった。この「出前」も、概念としては「中食」に括られる。

　「仕出し」もそうだ。かつて町の魚屋さんは「仕出し」を兼ねる店が少なくなかった。「仕出し」専門業者もいた。冠婚葬祭がまだ家庭内行事として営まれていたころは、各家庭もしくは指定場所に注文された数の料理をとどけるというもので、酒類が相伴するハレの日の特別感のある料理「仕出し」が多かった。

「小僧寿し」と「ほっかほっか亭」

　論点としては、再度外食産業売上高ランキングで上位を占めていた持ち帰り米飯「小僧寿し」と「ほっかほっか亭」について確認しておくことが有益だと考える。

　「小僧寿し」は、「家庭で気軽に味わえるテイクアウトの寿し」だ。街場のすし店の"寿し"の味付けが男性の酒の摘みに即したものとなっているとして、家庭の主婦に好まれることを狙って"甘い"味に仕上げたという。外食産業売上高ランキング調査では、初回1974（昭和49）年実績値で「小僧寿し」は56位（250店舗）であったが5年後1979（昭和54）年（1,531店舗）で首位に立つという驚異の急成長であった。

　「ほっかほっか亭」の「ほっかほっか弁当」とは、弁当を製造して販売する際に「発泡スチロール容器」（PSP）に盛り付けたものだ。「弁当」といえば冷めたメシが当たり前の世界観をひっくり返した。なにより「弁当」の前に「ほっかほっか」という語を付すネーミングが絶妙であった。"炊き立て"、熱い飯の"盛り付け立て"というイメージをしっかり伝えた。思わず母親の温かさまで連想してしまうようだというと穿ち過ぎであろうか。いまでは温かい弁当はすべて「ほか弁」で通用する。PSPは、白い外観で、95％が空気であり軽くて丈夫、熱を伝えにくいという特徴がある。以前から生鮮食品の運搬には誂え向きの代物で多用されていたが、保冷にイメージが固着して

いたのかもしれない。「コロンブスの卵」だった。1976（昭和51）年、田淵道行が埼玉県草加市のバイパス沿いに構えた創業店は、街道筋のトラックドライバーを想定した立地であったが、開店してみると実際の購入者は周辺の主婦層が多く、ターゲット顧客を想定変えした。こちらもわずか数年でランキング上位に駆け上がり定位置を続けた（「本家かまどや」は「ほっかほっか亭」からの分岐である）。

地域の衛生環境と保健所

それにしても、温かい弁当の販売が田淵以前に誰も思いつかなかったのかというとそうではないであろう。ここからは、調査探索を欠いており筆者の推測になるが、温かい弁当を販売する店舗を思いつくことがあったにしてもおそらく保健所の営業許可が出なかったからではないかと思っている。いうまでもなく、飲食店にしろ弁当の持ち帰り店にしろ当該地域の保健所の実地検査を含む衛生検査に通らなければ営業することができない。

例えば、「すしざんまい」（本店、2001年）を創業した木村清は、1970年代半ばの「大洋漁業」（現マルハ）子会社「新洋商事」（冷凍食品の販売会社）在籍中、弁当売りを試みているうちに「温かい弁当」の販売を思いついたが、保健所の許可が下りずに折衝を繰り返したことを語っている。保健所の不許可理由は「温かい弁当は菌が発生しやすく、食中毒の恐れがある」というもので、木村は、「ご飯とおかずを分けて販売する」ことを提案し、その他食品衛生上の知識も蓄えて、やっと訪問10回目で許可が出たという。結果、「それまでの4倍1日6千食を売った」という。この弁当売りのその後は不明である。[5]

保健所は、GHQの指導でつくられた機関で、わが国の衛生環境改善に偉大な貢献をしている。日本の衛生状態は戦後復興とともに少しずつ改善されていくが、その度合いは一様ではなく地域によって大きな差があった。そのため保健所の指導も一律ではなくその地の実情に合わせたものであった。1970年代は、まだまだ地域によって格差が大きかった時代であり、「温かい弁当」の営業許可は当初は一律不許可であったが、地域ごとに少しずつ許可要件が緩和されつつあったころではないかと推測されるのである。木村「温かい弁当」販売の正確な年月は不詳だが、田淵「ほっかほっか弁当」創業期と同時期であり、田淵も一旦は保健所から衛生的に難ありといわれて、説得に努め

たことを吐露している。

　保健所とフードビジネスの関係については本書では論じる項がないが、わかりやすい例として「すかいらーく」の新業態「ガスト」（1992年）の開発例を挙げることができる。いまではファミリーレストランのどこでも採用されている「ドリンクバー」スタイルが、1980年代までは保健所から許可されなかったのである。飲食店の場合は、調理のスペースと客席が画然と区分けされなくてはならないが、客が自分でドリンクを作成する行為が"調理"とみなされたのである。これも筆者の個人的な体験であるが、都内で「ドリンクバー」採用の店を見つけて（「ストロベリーコーン」（益栄）、現在はない）、「すかいらーく」幹部に「ドリンクバー」採否の評価について尋ねたことがあった。そのときに彼は、個店でなら採用を検討するかもしれないが、各地に店舗がある「すかいらーく」では、その地で営業許可が取れる店と取れない店があり、現時点では採用の検討はできないと説明されたことがあった。それから数年たって「ドリンクバー」装備の「ガスト」が登場した（1992（平成4）年）ころには、顧客の服装や振る舞いも含めて日本の衛生民度はきわめて清潔度の高い段階にまで進んでいたという理解となろう。

コンビニ「中食」前夜

　「小僧寿し」と「ほっかほっか亭」に戻る。1984（昭和59）年に両ブランドの店舗が近接する地点2カ所、都合4店舗で同時に来店客調査を実施した興味深いデータがある。1980年代半ばというのが"絶妙"の調査時期であるということを頭の片隅に留めておきたい。

　①「利用客の属性」（誰が買っているか）、②「利用頻度」（初めて客か常連客か）、③「競合はどこか」の三項目を見る。

　まず①「利用客の属性」だ。男女比は、「ほっかほっか亭」男62.9％対女37.1％、「小僧寿し」男37.7％対女62.3％と丁度逆。年齢層は「ほっかほっか亭」29歳以下が54.1％、「小僧寿し」は30～49歳が49.4％と多い。つまり二種の米飯がうまく補い合っているように観察される。そして、女性客の既婚者割合では「ほっかほっか亭」69.7％、「小僧寿し」85.4％であった。さらに主婦のうち「専業主婦」割合は、「ほっかほっか亭」58.3％、「小僧寿し」66.7％であった。どちらも女性客では、主婦、専業主婦が圧倒的に多いのだ。

つぎに②「利用頻度」。興味深いのは、その店の"初"利用者は「ほっかほっか亭」7.9％、「小僧寿し」9.1％しかなく、3度目以上利用者が89.2％、89.6％で、しかも「週1回以上」利用者は「ほっかほっか亭」52.3％、「小僧寿し」36.2％。ヘビーユーザーが頗（すこぶ）る多いのだ。

"駄目押し"のようなデータもある。③「当該店が休業だったらどうするか」という問いだ。代替措置の1位〜3位は、「ほっかほっか亭」が、「同業他店利用」27.5％、「外食店利用」19.2％、「家庭で間に合わせる」18.3％、「小僧寿し」は、「家庭で間に合わせる」40.7％、「同業他店利用」24.2％、「外食店利用」12.1％だ。

つまり「同業他店」か「家庭食」が等価なのである。ゆえに、持ち帰り米飯は「家庭食」と等価だとしてこれを頻度高く利用しているのである。調査報告書は、この点について、"米飯"メニューに注目し、「和風ファストフード」の強みだと指摘している。

これに対して、同じ質問で「コンビニ弁当」、「パン」を挙げた人は少ない。「ほっかほっか亭」では、「コンビニ弁当利用」14.2％、「パン購入」13.8％、「欠食」5.0％で、「小僧寿し」では、「欠食」8.2％、「コンビニ利用」4.8％、「パン購入」4.3％であった。つまり、「コンビニ弁当」と「パン」は、"米飯"メニューの代替選択肢にはほとんどあがっていなかったのである。

外食産業は、あるいは外食ブランドの「中食」対応商品は、1980年代半ばでは揺ぎ無い存在感を消費者に示していたということができよう。

小括する。1970年代（昭和40年代後半）にチェーン外食ブランドの登場を機に、わが国の食生活は「家庭内食」中心であった時代から「外食」の領域が急激に拡大したと理解されている。事実である。が、「中食」という概念を入れてみると、「中食」領域も同じように急拡大していたということができよう。「家庭内食」が「外食」と「中食」に置き換わっていったという見方になろう。この様子を食生活研究家たちは「食の外部化」と呼んでいる。家庭の中にあった食の営みが家庭の外にある機能で置き換わっていくことを説明する言い方である。

念押しする。1980年代半ばの来店客調査では、「コンビニ弁当」は、外食「中食」商品と同じ土俵に上っていない。そして、この直後にフードビジネスの歴史が動いた。

コンビニの技術革新

　コンビニは、1970年代後半から1980年代にかけて急成長しており、その過程でどのチェーンもおにぎり、弁当、サンドイッチなどを戦略商品に構え、新商品開発に邁進していた。正直、当時のこれらコンビニ弁当類は、好まれて買われるというほどの品質ではなかった。店舗とは離れた他所にある弁当工場で作成し、それを店舗まで運び、店舗で（長時間）陳列して、販売するという「小売商品」だ。作り立ての美味しさは求めようもないことは当然としても、客が購入してある程度時間が経ってから食しても、万一にでも食中毒はあってはならない。使用できる食材や調理法は、著しく制約がある。どうかすると弁当のおかずは揚げ物一色だ。

　が、当初はやむをえない選択としてコンビニ弁当を購入してみると、実食の結果としてはそれなりの品質であることを体験することになる。実は、この時期にコンビニ弁当などの技術革新の成果がつぎつぎと実現採用されるようになっていく。しかも、メニュー開発、商品開発が休むことなく進行する。外食産業と違ってコンビニは、どのチェーンもビジネスモデルが同質である。したがって、あるブランドで開発された技術や商品はたちまちのうちに各チェーンに、すなわちコンビニ業界全体に普及する。

　1980年代の終わりごろから、「セブン-イレブン」を筆頭にしてコンビニ業界の技術革新が次々と成果を上げていく。「中食」商品に着目すると具体的には、1987（昭62）年の①米飯類の1日三便配送体制と、②米飯20℃管理体制の導入、そして翌1988（昭63）年の③耐熱弁当容器の導入、を挙げることができる。

　①「1日三便配送体制」について。「セブン-イレブン」創業時、店舗への商品の配送車台数は1日平均70台であった。営業時間1時間平均4台。間断なく到着する納品車対応で顧客対応もままならぬ状態だ。否応なく納品の集約化がはじまり、納品各社の共同配送が必然となり、やがてそれまで商品種類別、メーカー別だった配送システムがすべていったん白紙状態とされ、商品特性別に温度帯別共同配送が整っていく。1日1便の配送しか無ければ、店頭在庫時間は24時間を想定しなくてはならない。これが2便（1979（昭和54）年導入）なら12時間、3便なら8時間だ。使用できる食材と調理法の幅も格

段と広がった。

②炊いたお米は、低温にさらすと「β化」（でんぷん老化）してぼそぼそとなる、かとって温かい状態ではご飯隣接の惣菜類の菌の繁殖が激しい。実証実験を重ねて菌の繁殖を押さえてお米の味覚を保つギリギリの温度帯を確定した。製造出荷段階から配送車内も含め店頭まで20℃の温度帯とした。これを定温物流または恒温物流（温度帯を変動させないで一定に固定する）という。工場のクリーンルーム化など幾多の技術革新も連動して、米飯商品は以前より格段においしく進化したのである。

少し後になるが、1993（平成5）年には、サンドイッチ類のチルド物流が整った。チルドとは0℃～5℃の温度帯（使用者によって幅があり厳格な統一はない）のことである。チルド温度帯にパン類を置くと、それまでのパンならパサパサになってしまう。「セブン-イレブン」は専用のパンを開発し専用のパン工場を稼働させた。見た目はサンドイッチだが、技術革新がもたらした新開発商品だ。工場から店頭の陳列棚までチルド物流で繋いだ。挟む具材の品質と種類が拡充したことはいうまでもない。1997（平成9）年には、ローソンが「チルド寿司」（ホタテ、マグロ、ネギトロ、甘えび）を出す。冷蔵で硬くならないシャリの開発だ。

こうして、コンビニのおにぎり、弁当、サンドイッチなど（社内用語で「ファストフード」という）は、外食料理と比較して引けを取らないところにまで駆け上がったのである。

包装容器革命と「電子レンジ」対応弁当

ところで、食品包装用の成形容器としては、これまで主に5種類のプラスチックが使われている。先の「PSP」はポリスチレン容器の一つだ。別の種類でポリプロピレン容器に「PPF」（フィラー入りポリプロピレン容器）がある。PP（ポリプロピレン）を原料として無機物を配合したもので、熱に強く、油分を含んだ食品を温めても大丈夫だ。[7]

次に③の耐熱弁当容器の導入。1988（昭和53）年、「セブン-イレブン」が弁当にこの耐熱性食品容器を導入した。電子レンジ対応弁当だ。「電子レンジで温めますか？」がレジカウンターでの常套句となった。[8]

家庭での電子レンジの普及率はなかなか進まず1980（昭和55）年時点で28

％、1987（昭和62）年でやっと50％を超えたところで、まだまだ弁当を電子レンジで「チンする」行為は国民習慣にはなっていなかった。これが3年後1990（平成2）年では70％と急伸した。コンビニの「チン」が家庭での電子レンジ利用頻度拡大に大いに貢献したことは間違いのないところと思われる。「ほっかほっか」は、コンビニ弁当に擬態したのだ。[9]

「コンビニエンス」とは、長時間（24時間）営業で消費者が必要と思った時に「開いててよかった」という「便益」を提供してきたが、欲しいものが欲しい状態で、すなわち冷たい飲み物は冷たく、温かい弁当は温かく提供されるという「便益」が提供される存在だとする国民合意が完結した。

コンビニは「料理品小売業」であって、外食店舗や「料理品製造小売業」と異なり、製造工程、製造場を持たない。その分のスペースと設備や工事の負担がなく、かつ従業する調理労働力を必要としない。経営的には相対的に追加供給がしやすいフォーマットなのである。

1990年代に入るころから「昼食難民」のみならず「中食」すなわち1食を購入して済ます食の市場が急拡大したことに対応して、コンビニ店舗の追加供給は素早くかつ大規模であった。

個人的な感想を述べる。コンビニの「中食」商品は、2013（平成25）年1月"淹れたて"コーヒー「セブンカフェ」の登場で、一つの完成形を成したと思われる。初年度販売実績4億5千万杯と公表されている。「マクドナルド」の100円コーヒーの販売杯数を抜いてナンバーワンだ。思えば、「マクドナルド」がコーヒー1杯無料キャンペーンを打ったのが2009（平成21）年であった。これによってコーヒー市場そのものが一挙に拡大した。「セブン-イレブン」が、自販機メーカー最大手の富士電機に声を掛けて（AGF、三井物産、小久保製氷冷蔵にも）、都内10店舗によるテスト販売に漕ぎ着けたのが2011（平成23）年秋だというから、外食産業の独壇場であった"淹れたて"コーヒー市場に割って入るにはこれ以上のグッドタイミングはなかったであろう。料理だけではない、コンビニ「中食」の進化の1ページに他ならない。もちろん、「セブンカフェ」は、デザート類商品の売り上げ増に貢献している。デザート開発もスイーツ開発も力が入ろうというものだ。気を良くした「セブン-イレブン」（筆者の主観的な表現だが）は、翌2014年10月「セブンカフェドーナツ」の販売を開始した。この事態に、"「マクドナルド」の次の標的は「ミスタードーナツ」だ！"と気色ばんだ人は多かった。[10]

遅れたスーパーマーケット

　外食産業（ファストフード、持ち帰り業態）およびコンビニチェーンと比較するとき、スーパーマーケット（食品スーパー）の「中食」対応は遅れたといわざるを得ない。想定顧客は、一般家庭の主婦だ。食品スーパーの業態形成期は、戦後に核家族化が進行し、"専業主婦"が大量生産された時期である。家庭の家事一切が"専業主婦"に委ねられることを良しとする社会意識下であった。食品スーパーは、この主婦層の食領域の家事負担の軽減を事業ミッションとした。ゆえに主婦に成り代わって家庭の台所仕事を軽減すべく、食材の下処理工程を店舗内作業所に引き受けてきた。

　生鮮食料品3品が品揃えの核であった。これに若干の「惣菜」コーナーが付帯したが、あくまで生鮮3品を調理して用意した食卓に、足りないものを1品追加するというコンセプトだ。やがて「惣菜」売り場が拡大していくと生鮮3品に続く「第4の生鮮売り場」と自称するようになった。生鮮品の鮮度へのこだわりが優先して、「惣菜」類を「中食」商品として再措定しようという方針転換が遅れた、というと酷な言い方になろうか。

　1985（昭和60）年、男女雇用機会均等法が制定され、女性の社会参加が声高に叫ばれる時代に移行しつつあった。家庭での家事負担軽減追求が時代の相だ。平成年代（1990年代）に入ると、家庭料理を解説する料理書の世界に、「時短」「手抜き」「ズボラ」などの語がタイトルに踊る書が次々にベストセラーとなった。食を買って済ます「中食」行為は家庭の食として同質化していたのである。[11]

　食品スーパーが改めて「中食」売り場の構築に向かったのは21世紀になってからであったが、「中食」市場ではすでにコンビニ業界が圧倒的なシュアを確立してからの展開であった。

【注】
（1）「日経流通新聞」（「日経MJ」）「日本の飲食業売上高ランキング」調査による。
（2）「中食」という言葉の由来（国語辞典にある「ちゅうじき」との違い）は、茂木信太郎『外食産業の時代』（2005年、農林統計協会）「第3章 中食の

進化史」に詳しい。
（3）上掲書、参照。
（4）1986（昭和61）年時点で、神奈川県藤沢市の全飲食店1,781店を対象に調査した結果がある（開店1年未満と無効票を除き有効票数725店）。これによると、「出前」を実施している飲食店は殊の外多い。実施店舗割合は「すし屋」90.0％（売上割合50.4％）、「そば・うどん店」62.7％（32.4％）、「中華・東洋料理店」45.8％、「日本料理店」36.1％、「一般食堂」31.2％であった。住宅地の飲食店のヒアリングでも、「出前」は経営の必須条件だと確認されている。外食産業総合調査研究センター『大都市郊外の外食産業』（1987年、外食産業総合調査研究センター）。
（5）松崎隆司『どん底から這い上がった起業家列伝』（2013年、光文社）、27・28頁。
（6）調査店舗所在地は東京都目黒区目黒本町、練馬区石神井の2店、調査日時は11月の日曜日と月曜日各1日調査、10時30分～19時までの来店者。時間帯別動向、メニュー別分析もされている。外食産業総合調査研究センター『外食産業急成長分野等動態調査報告書』（1985年、外食産業総合調査研究センター）。
（7）ポリエチレンテレフタレート（PET）容器にも「C-PET」（結晶性ポリエチレンテレフタレート）といった耐熱性の高いものもある。これは調理済み食品の再加熱用容器として使われている。
（8）とはいえ、なにもかも電子レンジで「チン」すればよいというものでもない。素材の状態や複数種類の組み合わせ、配置場所などによっては斑は避けられない。電子レンジ自体の能力の問題もある。おそらく、弁当などの商品化の前には、電子レンジで「チン」したときの仕上がり状態を入念にテストして、修正を繰り返していることと推察される。電子レンジそのものの開発も同様であろう。
（9）今日、われわれが目にする食品世界が限りなく豊穣であるのは、原料や流通や最終製品のありとあらゆるところに包材資材、包装容器の限りない開発が日々倦むことなく行われているが故である。
（10）「セブンカフェ」については、主に吉岡秀子『セブン‐イレブン 金の法則』（2018年、朝日新書）、同『コンビニ おいしい進化史』（2019年、平凡社）による。
（11）膨大な家庭料理レシピを作成し残した料理研究家の小林カツ代は、家庭料理をして、フレンチやイタリアン、日本料理、中華料理などと同等の専門料理ジャンルだと主張した。彼女のレシピは、食材は近所のスーパーマーケットで購入できる食材、調理器具は一般家庭の標準装備を想定したものであった。彼女は、NHKの長寿番組「きょうの料理」の「20分で晩ごはん」シリーズ初回（1996年）に起用されている。今日のSNS

時代なら20分は長すぎると思われるかもしれないが、家庭料理に「手間暇を惜しまない」主婦業の時代ではなくなっていることは確かだ。世代を下がると奥薗壽子を筆頭に頭に「ずぼら」「手抜き」「時短」「手軽」「ラクして」「楽ハヤ」「超かんたん」などの語がついた料理本（レシピ集）が書店料理書コーナーを席巻している。

56節　コロナ禍で変わった食市場

「松下電器」の社会実験

　東京オリンピック（1964年）の翌年1965（昭和40）年、2ドア冷凍冷蔵庫と電子レンジが売り出された。3年後1968（昭和43）年は「松下電器」（現パナソニック）の創業50周年で大規模な記念式典などが挙行され、業績も絶好調であった。同年夏、同社は破格の実証実験を行った。一般募集の100組家族を軽井沢の貸別荘に住まわせ、大型の冷凍冷蔵庫、電子レンジと1週間分の冷凍食品を用意して、自由に暮らしてもらうというものである。冷凍冷蔵庫は、幅93.5cm、高さ1.27m、奥行56.6cmで、両開き、右は136リットルの冷蔵庫、左側83リットルの冷凍庫。今日の標準（幅60cm）よりもかなり大きい。

　応募家族が軽井沢に着いた翌日は、機器や冷食の講習会、専門講師の実演などが開かれた。

　この壮大な実験の結果の詳細は、企業内部にあり不詳だが、現地取材を丹念に行った吉沢久子（エッセイスト）の雑誌記事がある。それを読むと、みな一様に新家電と冷凍食品生活の便利さには感激したが、これらは遠い将来の夢だとしてリアルな生活実感は抱かなかったようだ。その理由は、三つ。

　一つは、冷凍食品にまだ馴染んでおらず、試行して使ってみただけで終わってしまったという家庭がほとんどであった。吉沢は、「南極」生活ならともかく、"今"の「日本人のくらし方」とはまだ距離が大きいと書いた。

　二つは、価格問題。冷凍冷蔵庫は、目玉が飛び出るほど高かった。さらに電気代が心配だとする意見もあった。

　三つは、致命的な問題で、「どう考えても、これ（冷凍冷蔵庫）はうちの台所には入らないから、単体の冷蔵庫がほしい」との意見が代表する。すなわち日本人の「住宅のせまさ」では"物理的"に無理なのだと。

「HMR」（ホームミール・リプレイスメント）

　1996年5月、アメリカのスーパーマーケット業界団体FMIの年次総会で「MS」（ミール・ソリューション、直訳すれば消費者の食事問題解決）と「HMR」（ホームミール・リプレイスメント、家庭の食事代行）の提唱が大きな反響を呼んだ。このころ、スーパーマーケット業界は、外食産業の攻勢の前に、食マーケットのシェアをどんどん侵食されているという危機感で溢れていた。そこで、食市場を外食産業から奪い返すための戦略的なテーマが、「MS」「HMR」だと訴えたのである。

　具体的には、スーパーマーケットの店内で、①すぐに食べられる食事にまで仕上げられた「料理」（RTE、フレッシュ）を提供するとともに、②レンジなどで加温ないし加熱すれば食べられるもの（RTH、冷凍料理）、③すぐに料理に取り掛かることのできる食材キット（RTC）、④用意された食材（RTP）の4カテゴリーごとに、商品を並べて消費者に提案するというものである。

　同時に、同年1月にダラスにオープンした「イーチーズ」が大評判となっていた。同店は、シェフ35人を含む総勢160人態勢で作りたての料理を提供する店で、テイクアウト比率が9割。1日平均来店客数1,800人、同売上高4万ドル弱（500万円）の超大ヒット店で、レストランと小売業のハイブリッド（新業態）と囃し立てられた。「MS」と「HMR」のお手本とされ、全米のみならず日本からも視察が殺到し絶えなかった。

　日本でもこうした動きが波及した。百貨店の食品売り場では、リニューアルのたびに、店内調理の出来立て料理の販売に力を入れるようになった。「デパ地下」（百貨店の地階にある食品売り場の意）の語を広めて、高品質のグルメ料理というニュアンスを纏わせた。ホテルでは宿泊客以外の客を当て込み1階に自前ブランドの食品売り場を設けて「ホテイチ」（ホテル1階の意）の語で倣った。マスコミが繰り返し囃し立てた。

　日常食を担う「スーパーマーケット」では、二つのことが起こっていた。

　一つは、総菜コーナーの充実と拡大である。もう一つは、生鮮食品売り場を含む店内の大胆な編成替えである。

　「スーパーマーケット」の惣菜は、ながらく「第4の生鮮品」と呼ばれてきた。生鮮3品（魚介、食肉、青果）が主力で、惣菜はこれを補足するもの

という位置づけである。生鮮3品で作成されるべき食卓に、もう1品付け足しいたいとするときに用意される間に合わせのものということだ。こうした惣菜が、「中食」商品の品ぞろえに進化した。

「中食」とは、一食丸ごと購入品で済ませようという消費者の行為で、家族労働に依拠する「家庭内食」（内食）、レストランなどでの「外食」と区別される概念である。「スーパーマーケット」は、元来「内食」対応の店であるが、米飯弁当、寿司、うどんなど、そのままで食事となる「中食商品」の充実に勤しんだ。消費者は日ごろの家庭内で調理する機会、頻度、時間を減らしていたのである。

こうして、進化した総菜コーナーは店内専有面積が拡大し、店の入り口の見やすい"一等地"に引っ越しをした。「中食」対応商品もあるパン売り場とで、入り口の左右に陣取ったのだ。かつて主役の生鮮3品は、店舗の側面と奥の壁面が定位置となった。いま現在、われわれが全国の「スーパーマーケット」で普通に目にしている「中食」商品類は、売り場が引っ越をした後の光景である。[7]

蛇足の感はあるが、2021（令和3）年になって、業績低迷が続く関西の名門「関西スーパーマーケット」（関西スーパー）が、関東地盤の「ライフコーポレーション」（ライフ）からの「TOB」（株式公開買い付け）による買収劇がずいぶんと経済誌紙を賑わした。これについて、本稿が指摘できることは、売上高に占める「惣菜」の割合だ。「関西スーパー」は約8％（2019年3月期）で、「ライフ」の約10％（同年2月期）に見劣りする。事の経緯を詳細に分析しレポートした日本経済新聞『関西スーパー争奪』（2022年）は、当事者関係者の言として繰り返し「惣菜の強化に遅れた」という共通認識を紹介している。すなわち「中食商品」化への展開と開発に遅れたからだと。創業の原点たる「生鮮食品」（調理素材）への強い拘りがそうさせたのだと。[8]

コロナ禍で変わった食市場

2020（令和2）年1月より2年間強、日本と世界はコロナ禍のパンデミックに翻弄された。この間に、食市場に大きな変化が起こった。冷凍食品市場の俄かな急増大である。それまでのような食材、素材の冷凍品および調理冷凍食品のみならず、料理キット、幕の内弁当、ラーメンや料理1食そのもの

の冷凍品が、一斉に市場投入された。

冷凍自販機が全国で急増した。店舗脇、道路縁はいうに及ばず、鉄道ホーム上、地下鉄乗り換え場、カルチャー教室の中、ボーリング場内など、至る所だ。コロナ禍で人通りが絶えた商店街にも救世主のごとく登場した。冷凍自動販売機をいくつも集めた店舗もできた。

「デパ地下」でも、店内でつくる名店の料理をその場で冷凍食品化して売るコーナーが登場した。

冷凍食品の専門店「ピカール」は少し前からあるが、「TŌMIN FROZEN」はコロナ禍中だ。

冷静に観察すると全国に１千店舗余展開する「業務スーパー」は、「冷凍食品販売店舗」（売上の過半が冷凍食品）に位置付けられる店が多い。「コストコ」は規模が大きいので、売上の過半に届かなくてもそれなりに大規模な「冷凍食品」販売店舗だと見做せなくはない。

そして、「中食」を担うコンビニの売り場もアフターコロナで一斉に冷食売り場拡充と冷食開発投入をはじめた。冷食シフトだ。

ところで、「スーパーマーケット」の売り場で冷凍食品のシューケースを大きく取る動きは、実はコロナ禍前の2010年代後半からからはじまっていたのだが、コロナ禍で拍車がかかった。冷凍食品の品揃え点数、陳列の種類と数がとてつもなくスケールアップした。店の半分ないしそれ以上が冷凍食品ケースで占められる店も出はじめた。

そしてイオンの「＠FROZEN」（アットフローズン）。冷凍食品のみで品揃えした「スーパーマーケット」チェーンが出現した。ここでは冷食を「EAT」（すぐ食べる）、「HEAT」（温めて食べる）、「COOK」（簡単調理）の３カテゴリーに分けた。４半世紀前のアメリカFMIの４カテゴリーで提唱した「HMR」「MS」が、「冷食スーパー」として「現地化」「現代化」して蘇った。

もちろん、コロナ禍という前提で急増した商店街に置かれた冷凍自販機は、コロナ禍後に以前の商店街機能が復活して、撤去されたりするものもあるとは思われる。しかしながら、この間に冷凍食品をめぐる製造技術、パッケージ、物流などのインフラストラクチャーが進んだことは否定できない。食品メーカーや飲食店などからの直接配達便ルートも、これらを束ねるTV・雑誌通販やネット通販も、生協宅配も、一人前パックの冷凍食品はすっかり定着した。

消費者側の変化も然りである。

コロナ禍でセカンド冷凍庫が売れた。以前では年間18万台のところ、2020（令和2）年、2021（令和3）年と30万台超が続いている。価格も手ごろで、寝室にも置けるという静けさがうたい文句だが、このサイズなら日本人の「住宅」にも置ける。またアメリカのように1週間分を纏め買いする必要もない。「スーパーマーケット」も専門店もコンビニも自動販売機もすぐそこにある。街が冷凍庫化しているではないか。

半世紀ほど前の軽井沢実験の際に危ぶまれた問題は日本流に解決されていたのである。かくして、世紀は変わって、世代も変わっていた。新しい世代によって冷凍食品生活の時代が本格化した。そして、歴史は常に不可逆的である。

【注】
（1）2ドア冷凍冷蔵庫の販売は1969（昭和44）年とする書もある。都市と電化研究会『にっぽん電化史』（2005年、日本電気協会新聞部）424頁。
（2）吉沢久子「冷凍食品で1週間暮す」『暮らしの設計』1968年11月号、水牛くらぶ編『モノ誕生「いまの生活」』（1990年、晶文社）85〜90頁に採録。
（3）「FOOD MARKETING INTTITUTE」の略称。1937年にM・M・ジンマーマンの主唱で設立されたスーパーマーケット協会の後継団体。
（4）「RTE」Ready to Eat、「RTH」Ready to Heat、「RTC」Ready to Cook、「RTP」Ready to Prepare.
（5）茂木信太郎「ミール・ソリューションとホームミール・リプレイスメントの日本への移入を巡って」『食品工業』1998年4月号（光琳）。
（6）筆者の認識では、百貨店の食品売り場の改装で社会的に大きな話題となったのは、1982（昭和57）年売り場改装なった西武百貨店（池袋）で、このときに採用されたキャッチコピー「おいしい生活」が大評判となって同店売場の魅力を増幅した。このフレーズは、考案命名した糸井重里のコピーライターとしての人気と地位を不動のものとし、コピーという表現法とコピーライターという職種に脚光を当てた。ただこの時にはまだ「デパ地下」という言い方はされていない。
梅咲恵司『百貨店・デパート興亡史』（2020年、イースト・プレス）によれば、2000（平成12）年に渋谷駅直結の東急百貨店東横店が街の人気店を誘致し、イートインコーナーを設けたりした「東横フードショー」を開催した際にマスメディアが「デパ地下」の名称を報道したことが

「その後のブームの火付け役になった」としている。66頁。
　なお、「ホテイチ」はその後にマスメディアでの使用がなくなり、いまではほとんど死語状態である。
（7）茂木、上掲稿では、2例を紹介している。①1997（平成9）年11月開店のジャスコ小牧店（愛知県小牧市）（食料品売り場の部門別レイアウト図添え）、②1998（平成10）年1月開店「諏訪ステーションパーク」（長野県諏訪市）の「グルメシティ」（ダイエーの新タイプ1号店）。
（8）日本経済新聞『関西スーパー争奪』（2022年、日本経済新聞社）参照。
（9）冷凍自動販売機「ど冷えもん」（サンデンリテールシステム）は2021年1月発売。
（10）銀座「松屋」2022年8月5日リニューアルオープンで「GINZA FROZEN GOURMET（ギンザ フローズン グルメ）」「銀ぶらグルメ」導入。
（11）冷凍食品専門店「ピカール」は2016年東京・青山1号店、「TŌMIN FROZEN（トーミン・フローズン）」（テクニカン、伊藤忠食品）2021年2月横浜1号店。
（12）「業務スーパー」（神戸物産）は2000年3月1号店、FC中心に2022年1千店舗超え。「コストコ」（本社アメリカ・ワシントン州）は会員制のためホールセールクラブと呼ばれる。日本では1999年1号店（福岡県）、2023年13店舗。
（13）縦型ケース、平型ケースをズラーと20メートル以上も繋いで、壁一面、通路全面の迫力ある売り場が登場するようになった。「イトーヨーカドー赤池店」（愛知県日進市、2017年11月）、「無印良品港南台バーズ店」（神奈川県横浜市、2021年5月）、「イオンスタイル横浜瀬谷」（神奈川県横浜市、2021年9月）（全長24メートル冷凍食品の壁！）、「ヤオコー和光南店」（埼玉県和光市、2022年2月）、「ツルヤ穂高店」（長野県安曇野市、2022年6月）など、いくらでも出てくる。
（14）「総合スーパー」の食品売り場の形式となる。1号店は、2022年8月「イオンスタイル新浦安MONA」（千葉県浦安市）内にオープン、約1,500品目（国内最大級）を揃えた。以下「イオンスタイル横浜瀬谷」（2023年7月）、「イオンスタイルレイクタウン」（埼玉県越谷市、同年8月）、「イオン与野店」（埼玉県与野市、同年11月）、「イオンスタイル品川シーサイド」（東京・品川、同）、「イオンスタイル新百合ヶ丘」（神奈川県川崎市、2024年2月）と続く。

あとがき

　私は、2019（平成31）年に『食の社会史』（創成社）を上梓した。日本の近代国家の形成と食の形成を重ね合わせた試みで、国の政策が食（食生活）の変化をもたらすことを指摘した。

　そのなかに、1964（昭和39）年東京オリンピック選手村食堂が日本の食に大きな影響を与えたと論じた項がある。上梓年は、ちょうど第2回目の東京オリンピック開催を翌年に控えていたこともあり、同書は多くの方々に読まれたようだ。読者の中に冷凍食品業界関係の方がいた。

　その方から、第1回と第2回の東京オリンピックを繋ぐ議論ができないものかと、同業界団体誌『月刊冷凍食品情報』への連載話を持ち掛けられた。こうして同誌への連載を2019年7月号から始めたところ、オリンピック開催が延期となり、連載も延長となった。連載は、結局2023年一杯まで4年半にわたり都合51回（編集上の都合で3回休載）続けることとなった。これが本書のもととなった稿である。

　連載稿は、一話読み切りで見開き2頁。テーマを深掘りするにはかなり窮屈だが、読者の立場に立てば手頃な字数で、読みやすいことは確かである。本書収録にあたっても、こうした長所は踏襲し、稿の調整は僅少に留めた。新しく書き加えたのは2部30節、3部45節、4部52、54、55節で、50節は2倍以上に書き足している。

　本書を書き進めるうえで、役に立ったのは、かつて買い求めていた書籍の数々である。

　これらの書籍は、自分の興味で入手したものがもちろん多いが、勉強仲間から推薦されたものも少なくない。入手時は、専門外の書は「積読」状態であったが、今回初めて読み通して新しい発見を沢山した。

　また、これまで、いろいろな伝手を頼って勉強会、研究会に参加してきた。例を二つだけ挙げる。

　一つは「高度成長期を考える会」という。日本エディタースクール出版部から『高度成長と日本人』「1　個人篇」（1985年）「2　家庭篇」（同）「3　社会

編」（1986年）という3分冊の本が出版された。各10の分野（テーマ）を設定して、3冊計で30テーマ。それぞれの分野の専門家が執筆した。「2」に「食事」という分野があり、私がその一部（「学校給食」「外食派サラリーマン」）を担当した。同書の編集執筆のあいだ、各分野担当の著者が交代でスピーカーに立って報告し議論するという研究会が催された。見知らぬ分野の蒙が開かれたことの感動を覚えている。

　もう一つは、「貴稿会」という。1970年代から開催されていた会で、私は1980年代の前期から中期にかけて参加した。いまでいうフリーランスの人たちの勉強会で、月に1回、話題の人をゲストに呼んで口角泡を飛ばすというものだ。1960年代1970年代は雑誌の創刊が相次いだ。なかでも週刊誌の勢いが強かった。これら雑誌メディアのパワーの源となったのがフリーランスの人たちである。雑誌創刊の時代は、ノンフィクションやジャーナリズムの社会的勢いが増していた時代である。時の政権中枢にある人や著名知識人もゲスト（講演料無料）で登壇した。注目作品の著者や名物編集長のお話しはたいへん面白かった。同会メンバーから多くの作家、評論家が輩出している。

　企業人実務家の方々との勉強会もいくつもあった。そこで机を並べていたメンバーには本書に登場する経済人も何人かいる。研究会での議論が本書執筆内容のヒントとなったところもある。

　私の修業時代にご指導くださった師匠3人の名を挙げる。

　山口重克先生（経済原論）。よく質問をさせていただいたが、先生からの回答が1週間後になったり1か月後になったりすることもしばしばだった。私が忘れていても倦まず弛まず熟考を続けておられたと気づき、研究することの精髄を教わった。

　大島清先生（農業経済学）。理論（資本論）から農業史、農民運動論まで広く現実を追いかけ、農村調査にもお伴させていただき概念化と分析法の手解きを受けた。

　玉城哲先生（風土論、水利論）。『国家論研究』（論創社）という雑誌の片隅に案内されていた勉強会に行って、そのまま数人規模の勉強会に毎週のように通わせていだいた。

　本書執筆時にすでに故人となられている3先生の遺訓を意識することが多かった。ありがとうございます。

あとがき

　『月刊冷凍食品情報』は、(一般社団法人)日本冷凍食品協会の機関誌である。茂木稿の連載に紙面をご用意くださった同会と、編集担当の坂中敏文氏(オンリーワンジャーナル社)にお礼申し上げます。散逸してしまっていた「コールドチェーン報告書」のコピーをご用意くださったのも同会と坂中氏です。

　また、「缶詰」論では、(公益財団法人)日本缶詰びん詰レトルト協会に資料の探索、借り出しなどでたいへんお世話になりました。東洋食品工業短期大学では保蔵しているニコラ・アペールの原書の閲覧をご許可くださいました。ありがとうございます。

　最後に、出版環境が厳しいなかで本書刊行のためお世話くださった時潮社相良智毅様、阿部進様に感謝申し上げます。

2024年9月

著者　茂木信太郎

著者紹介

茂木信太郎（もぎ しんたろう）
　博士（観光学）
　元信州大学大学院教授　元亜細亜大学経営学部教授
　奈良県立なら食と農の魅力創造国際大学校　非常勤講師
　〒319-1552　茨城県北茨城市中郷町足洗592
　e-mail:shintarou.mogi@gmail.com
　著書：『食の社会史』(2019年、創成社)、『フードサービスの教科書』(2017年、創成社)、『食の企業伝説』(2007年、一草社)、『吉野家』(2006年、生活情報センター)、『外食産業の時代』(2006年、農林統計協会)、『キーワードで読み解く　現代の食』(1998年、農林統計協会)、『現代の外食産業』(1997年、日本経済新聞社)、『外食産業テキストブック』(1996年、日経BP社)、『都市と食欲の物語』(1993年、第一書林)

フードビジネスの社会史

2024年10月29日　第1版第1刷　定　価＝4,000円＋税

著　　者　茂　木　信太郎　Ⓒ
発 行 人　相　良　智　毅
発 行 所　㈲　時　潮　社

175-0081　東京都板橋区新河岸1-18-3
電　話　(03) 6906-8591
ＦＡＸ　(03) 6906-8592
郵便振替　00190-7-741179　時潮社
URL https://www.jichosha.jp
E-mail kikaku@jichosha.jp

印刷・相良整版印刷　製本・仲佐製本

乱丁本・落丁本はお取り替えします。
ISBN978-4-7888-0771-6